液压与气压传动应用

（活页式）

梁新平　主　编

西南交通大学出版社
·成　都·

内容简介

本教材按照液压气动系统安装调试的实际工作任务，分为液压传动系统的认知、液压传动系统元件选择、液压传动基本回路设计分析仿真、液压系统工作原理图识读、气压传动系统的认知、气压传动系统元件选择、气压传动基本回路设计分析仿真、液压气动系统电气控制设计仿真等几个项目进行。编写过程中把培养岗位职业能力作为主线并贯穿始终，突出岗位技能要求，将项目分为具体的任务实施教学。每个任务采用活页的形式展示，按照教学目标的确定，任务书的下达，相关任务的知识准备、引导、实施及评价等环节进行展开教学。本教材编写的特色在于能紧扣岗位实际工作任务，突出技能培养，符合高职学生的特点及人才培养方案的要求，让学生既掌握相关理论知识，又掌握了实际操作及检修技能。

图书在版编目（CIP）数据

液压与气压传动应用：活页式 / 梁新平主编. —成都：西南交通大学出版社，2023.8

ISBN 978-7-5643-9412-7

Ⅰ. ①液… Ⅱ. ①梁… Ⅲ. ①液压传动②气压传动 Ⅳ. ①TH137②TH138

中国国家版本馆 CIP 数据核字（2023）第 142212 号

Yeya yu Qiya Chuandong Yingyong (Huoye Shi)

液压与气压传动应用（活页式）

梁新平 / 主　编

责任编辑 / 何明飞

封面设计 / 墨创文化

西南交通大学出版社出版发行

（四川省成都市金牛区二环路北一段 111 号西南交通大学创新大厦 21 楼　610031）

发行部电话：028-87600564　028-87600533

网址：http://www.xnjdcbs.com

印刷：四川玖艺呈现印刷有限公司

成品尺寸　185 mm × 260 mm

印张　14　　字数　345 千

版次　2023 年 8 月第 1 版　　印次　2023 年 8 月第 1 次

书号　ISBN 978-7-5643-9412-7

定价　42.00 元

课件咨询电话：028-81435775

前言

PREFACE

本书以工作过程为导向，以职业岗位能力为目标，按照项目化模式编写而成。在每个项目下设多个学习任务，完成每个任务需要的知识点扫码即可观看视频学习，方便学习者随时随地学习；每个学习任务按照“任务导入—任务目标—任务分组—任务准备—任务实施—任务评价”的顺序进行编写，理论知识以“适度够用”为原则，注重仿真软件的使用和实践能力的培养，突出职业教育的特色。

本书具有三个主要特点：一是紧紧围绕教学目标，精心选取机电设备中涉及的液压、气动知识作为教学内容；二是大部分学习项目都设置了多个体现教学目标要求的典型工作任务，并按照工作任务的要求，将学生需要掌握的元器件和基本回路的结构、原理、分析方法、故障排除方法、设计方法等有机融入其中；三是本书采用活页式，具有丰富的资源，在智慧职教慕课学院有在线课，每个知识点扫码即可观看讲解视频。

本书包括“液压篇”“气动篇”“电气控制篇”三个模块，前四个项目学习液压传动的工作原理、元件、基本回路和原理图识读；项目五、六、七学习气压传动的工作原理、元件、基本回路；项目八学习液压气动系统的电气控制方法。本教材集液压气动系统工作原理、液压气动系统安装、液压气动系统调试、液压气动系统电气控制、液压气动系统检修于一体，让学生全面了解液压气动系统的知识特点，并运用机电类基础知识，使其掌握液压气动系统的工作原理及安装调试技能，目的在于培养学生扎实的专业基础，树立现代的机电理念，具有现代机电行业的安装调试理念和专业素质，具备独立思考、独立解决问题和创造性思维能力，具有良好的职业道德和行为规范，具有科学的思维和法律意识，以及职业安全防护、职业生涯规划等能力。

本书由具有多年教学工作经验的教师团队编写。西安铁路职业技术学院梁新平担任主编（编写项目二、项目三、项目七和附录），师利娟（编写项目一）、牛晓玲（编写项目四）、姚芳芳（编写项目五）担任副主编，郭艳珠（编写项目八任务一）、崔少晨（编写项目八任务二）、朱亚利（编写项目六任务二）和张曹辉（编写项目八任务三）参编，湖北国铁轨道设备有限公司邹静成（编写项目六任务一）参加编写。

本书的编写得到西北机器股份有限公司、中铁一局集团新运工程有限公司的大力支持，在此深表谢意。同时，本书的编写还参阅了一些相关的文献资料，在此向文献资料的作者表示诚挚的感谢。

由于高职教育教学改革还处于探索阶段，行动导向教学经验还需不断积累，加之编写时间仓促及编写水平有限，书中难免存在疏漏和不妥之处，恳请读者指正。

“液压与气压传动”在线开放课程网：

https://mooc.icve.com.cn/cms/courseDetails/index.htm?cid=yyyxat061lxp428

“液压与气压传动”
在线开放课程

编　者

2023 年 5 月 25 日

LIST OF QR CORD

二维码目录

续表

序号	项目	资源名称	资源类型	页码
26	项目三 液压系统基本回路 设计、分析和仿真	节流口的形式及流量特性	视频	094
27		节流阀	视频	095
28		节流调速回路	视频	096
29		容积调速回路	视频	099
30		容积节流调速回路	视频	101
31		调速阀工作原理	视频	107
32		快速运动回路	视频	108
33		速度换接回路	视频	110
34	项目四 液压系统 工作原理图识读	液压系统工作原理图的识读方法	视频	116
35		动力滑台工作原理图识读	视频	116
36	项目五 气压传动系统认知	气压传动工作原理	视频	127
37		气压传动系统组成	视频	128
38	项目六 气压传动系统 元件选择	气源装置	视频	136
39		普通气缸	视频	146
40		特殊气缸	视频	147
41	项目七 气动基本回路的 设计、分析和仿真	气压传动方向控制元件	视频	160
42		气压传动换向回路	视频	163
43		气压传动压力控制元件	视频	169
44		气压传动压力控制回路	视频	171
45		气压传动流量控制元件	视频	177
46		气压传动速度控制回路	视频	178
47	项目八 液压气动系统 电气控制回路 设计、仿真	气压传动常用电气控制元件	视频	189
48		常用控制回路	视频	191
49		经验法设计控制回路	视频	194
50		串级法设计控制回路	视频	200
51		串级法设计实例	视频	201
52		气压传动 PLC 控制回路设计	视频	207
53		气压传动 PLC 控制设计实例	视频	207

CONTENTS 目录

液压篇

气动篇

液压篇

项目一　液压传动系统认知

任务一　挖掘机液压传动系统认知

任务导入

观察挖掘机的工作过程，重点观察其大臂、小臂实现伸缩运动的方式。在实训室操作挖掘机模型，控制大臂、小臂的伸缩，挖斗的收放，整体的旋转，调节其速度，认知液压传动系统的工作原理、组成，以及各部分的作用。

任务目标

【知识目标】

（1）掌握液压传动的工作原理。

（2）掌握液压传动的组成。

（3）掌握液压传动各组成部分的功用。

【能力目标】

（1）能区分液压传动和液力传动。

（2）能够区分液压传动各个组成部分。

（3）能够操作液压试验台。

【素质目标】

（1）培养学生发现问题、解决问题的能力，增强学生的求知欲。

（2）培养学生动手操作能力。

（3）培养学生良好的职业素质。

任务分组

班级		组号		指导老师	
组长		学号			
组员	小组成员	任务内容分配			

任务准备

引导问题 1：液压传动的工作原理是什么？

____

____

____

____

引导问题 2：液压传动系统由哪些部分组成？各部分的功用是什么？

____

____

____

____

任务实施

操作液压挖掘机模型，在模型上找出液压传动系统各组成部分，填写其名称及作用。

液压挖掘机模型		
组成部分	元件名称及符号	功用

相关知识

用液体作为工作介质来实现能量传递的传动方式称为液体传动。主要利用非封闭状态下液体的动能来进行工作的传动方式称为液力传动；主要利用密闭系统中的受压液体来传递运动和动力的传动方式称为液压传动。

一、液压传动的工作原理

液压传动工作原理

图 1-1-1 所示为液压千斤顶的液压系统工作原理图。液压千斤顶由手动柱塞泵和举升缸两部分构成。手动柱塞泵由杠杆 1、小活塞 2、小缸体 3、单向阀 4 和 5 等组成；举升缸由大活塞 7、大缸体 6、泄油阀 9 组成，另外还有油箱 10 和重物 8。

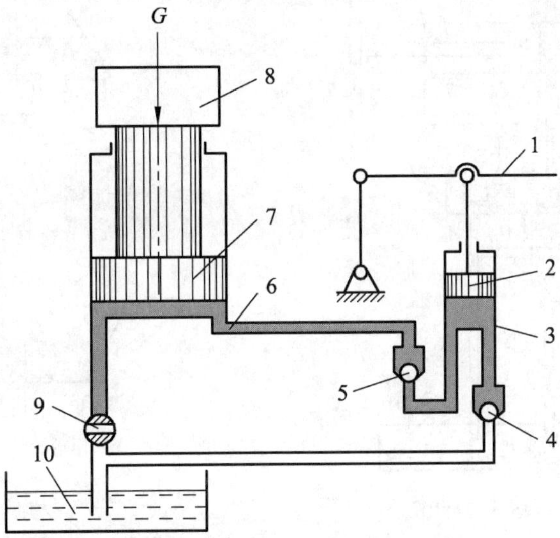

1—杠杆；2—小活塞；3—小缸体；4，5—单向阀；6—大缸体；7—大活塞；8—重物；9—泄油阀；10—油箱。

图 1-1-1　液压千斤顶的工作原理

工作时，先提起杠杆 1，小活塞 2 被带动上升，小缸体 3 下腔的密闭容积增大，腔内压力降低，形成部分真空，单向阀 5 将所在油路关闭，而油箱 10 中油液则在大气压力的作用下，推开单向阀 4 的钢球，沿吸油孔道进入并充满小缸体 3 的下腔，完成一次吸油动作。接着压下杠杆 1，小活塞 2 下移，小缸体 3 下腔的密闭容积减小，缸体内压力升高，使单向阀 4 关闭，阻断了油液流回油箱的通路，并使单向阀 5 的钢球受到一个向上的作用力，当这个作用力大于缸体 6 下腔对它的作用力时，钢球被推开，油液便进入大缸体的下腔，推动大活塞 7 向上移动，将重物 8 顶起一段距离。反复提压杠杆 1，就可以使大活塞 7 推举重物 8 不断上升，达到起重的目的。将泄油阀 9 转动 90°，大缸体 6 下腔与油箱连通，大活塞 7 在重物 8 推动下下移，下腔的油液通过泄油阀 9 排回油箱 10。

从液压千斤顶的工作过程，可以归纳出液压传动的基本原理如下：

（1）液压传动以液体作为传递运动和动力的工作介质；

（2）液压传动中经过两次能量转换，先把机械能转换为便于输送的液体的压力能，然后把液体的压力能转换为机械能对外做功；

（3）液压传动是依靠密封容积的变化来传递能量的。

二、液压传动系统的组成

图 1-1-2（a）所示为一台简化了的机床工作台液压系统工作原理，通过它可以进一步了解一般液压传动系统应具备的基本性能和组成情况。

液压传动系统组成

在图 1-1-2（a）中，液压缸 7 固定在床身上，活塞 8 连同活塞杆带动工作台 9 做往复运动。

液压泵 3 由电动机驱动，通过滤油器 2 从油箱 1 中吸油并送入密闭的系统内。

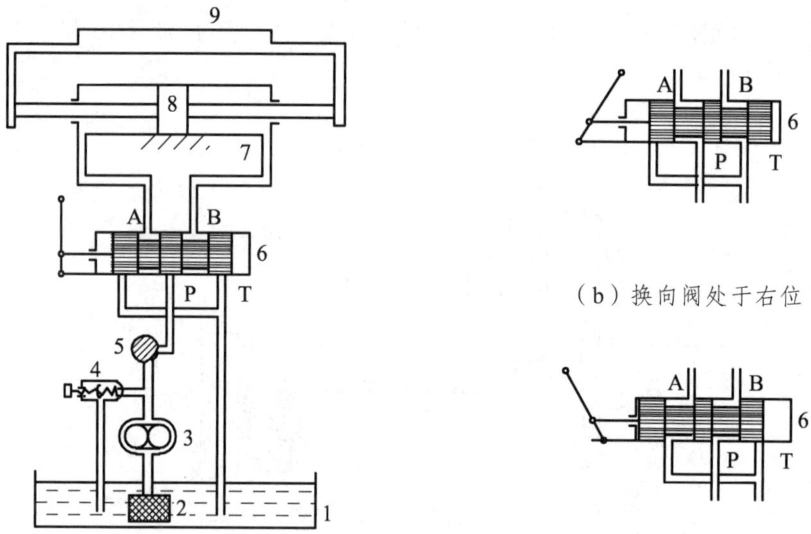

（a）换向阀处于中位　（b）换向阀处于右位　（c）换向阀处于左位

1—油箱；2—过滤器；3—液压泵；4—溢流阀；5—节流阀；6—换向阀；7—液压缸；8—活塞；9—工作台。

图 1-1-2　机床工作台液压系统工作原理图

若将换向阀 6 的手柄向右推，使阀芯处于图 1-1-2（b）所示位置，则来自液压泵的压力油经节流阀 5 到换向阀 6 并进入液压缸 7 左腔，推动活塞连同工作台 9 向右移动。液压缸 7 右腔的油液经换向阀 6 流回油箱。

若将换向阀 6 的手柄 7 向左推，使阀芯处于图 1-1-2（c）所示位置，则来自液压泵的压力油经节流阀 5 到换向阀 6 并进入液压缸 7 右腔，推动活塞连同工作台 9 向左移动。液压缸 7 左腔的油液经换向阀 6 流回油箱。

若换向阀阀芯处于图 1-1-2（a）所示中间位置时，液压缸两腔被封闭，活塞停止不动。

工作台移动的速度通过节流阀 5 调节。当节流阀的阀口增大时，经由液压缸的油液流量增大，工作台的移动速度升高；关小节流阀，则工作台的移动速度将减小。

转动溢流阀 4 的调节螺钉，可调节弹簧的预紧力。弹簧的预紧力越大，密闭系统中的油压就越高，工作台移动时，能克服的负载就越大；预紧力越小，其能得到的最大工作油压力就越小，能克服的负载就越小。另外，一般情况下，泵输给系统的油量多于液压缸所需要的油量，多余的油液需通过溢流阀及时地排回油箱。因此，溢流阀 4 在该系统中起调压、溢流作用。

从此例可以看出，要使液压传动系统能正常工作，则必须包括 5 部分：

（1）动力元件，是将机械能转换成液体压力能的装置。常见的是液压泵，为系统提供压力油液。如图 1-1-1 中的小液压缸 3，图 1-1-2 中液压泵 3。

（2）执行元件，是将流体的压力能转换成机械能输出的装置，其主要作用是在压力油的推动下输出力和速度或力矩和转矩。它可以是做直线运动的液压缸，也可以是做回转运动的液压马达、摆动缸，如图 1-1-1 中的大缸体 6，图 1-1-2 中的液压缸 7。

（3）控制元件，是对系统中流体的压力、流量及流动方向进行控制和调节的装置，以及进行信号转换、逻辑运算以及信号放大等的信号控制元件，这些元件的不同组合形成了不同功能的液压传动系统。如图 1-1-2 中的溢流阀 4、节流阀 5、换向阀 6。

（4）辅助元件，是指油箱、蓄能器、油管、管接头、滤油器、压力表以及流量计等。这些元件分别起散热、蓄能、输油、连接、过滤、测量压力和测量流量等作用，以保证系统正常工作，是液压传动系统不可缺少的组成部分。

（5）工作介质，液压系统以液压油液作为工作介质，并利用工作介质进行能量和信号的传递。

三、液压传动的图形符号

图 1-1-1 和图 1-1-2 所示的液压传动系统是一种半结构式的传动系统，具有主观性强、容易理解的特点，但绘制困难。为了便于阅读、分析、设计和绘制液压系统，在工程实践中，国内外都采用液压元件的图形符号来表示。按照规定，这些符号只表示元件的功能、操作方法及外部连接口，不表示元件的具体结构及参数、连接口的实际位置和元件的安装位置。《液压气动图形符号》（GB/T 786.1—2021）对液压气动元件的图形符号做了具体规定。图 1-1-3 即为用图形符号表达的机床往复运动工作台的液压传动系统工作原理。

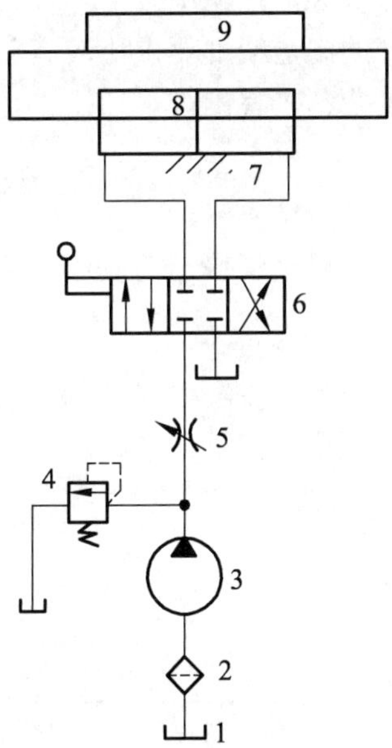

1—油箱；2—过滤器；3—液压泵；4—溢流阀；5—节流阀；6—换向阀；7—液压缸；8—活塞；9—工作台。

图 1-1-3　使用图形符号表示的机床工作台液压系统原理

四、液压传动的特点

（一）液压传动的优点

与机械传动、电气传动相比，液压传动有以下主要优点：

（1）液压传动传递的功率大，能输出大的力或力矩。在传递同等功率的情况下，液压传动装置的体积小、质量轻、结构紧凑。据统计，液压马达的质量只有同功率电动机的 10% ~ 20%，至于尺寸，相差更大，前者约为后者的 12% ~ 13%。

（2）液压装置由于质量轻、惯性小、工作平稳、换向冲击小，所以易实现快速启动、制动和高频率换向。对于回转运动可达 500 次/分钟，直线往复运动可达 400 ~ 1 000 次/分钟，这是其他传动方式无法比拟的。

（3）液压传动装置能在运动过程中实现无级调速，调速范围大（调速比可达 1∶2 000），速度调整容易，而且调速性能好。

（4）液压传动装置易实现过载保护，能实现自润滑，故使用寿命较长。

（5）液压传动装置调节简单、操纵方便，易于实现自动化，与电气控制相配合，可方便地实现顺序动作和远程控制。

（6）液压元件已实现标准化、系列化和通用化，便于设计、制造和推广使用。

（7）液压装置比机械装置更容易实现直线运动。

（二）液压传动的缺点

（1）油液的泄漏和可压缩性使传动无法保证恒定的传动比。

（2）液压传动能量损失大（机械摩擦损失、压力损失和泄漏损失等），因此传动效率低。

（3）液压传动对油温的变化比较敏感，油的黏度发生变化时，流量也会跟着改变，造成速度不稳定，因此不宜在温度变化较大的环境中工作。

（4）为了减少泄漏，液压元件的制造精度要求比较高，因此其造价较高。

（5）液压传动故障的原因较复杂，查找困难。

五、液压传动的应用

因为液压传动的显著优点，所以得到了普遍的应用。液压传动在机械工业各部门的应用情况见表 1-1-1。

表 1-1-1　液压传动在各类机械行业中的应用实例

行业名称	应用场所
机床工业	磨床、铣床、刨床、拉床、压力机、自动机床、组合机床、数控机床、加工中心等
工程机械	挖掘机、装载机、推土机、压路机、铲运机等
起重运输机械	汽车吊、港口龙门吊、叉车、装卸机械、皮带运输机等
矿山机械	凿岩机、开掘机、开采机、破碎机、提升机、液压支架等
建筑机械	打桩机、液压千斤顶、平地机等
农业机械	联合收割机、拖拉机、农具悬挂系统等

续表

行业名称	应用场所举例
冶金机械	电炉炉顶及电极升降机、轧钢机、压力机等
轻工机械	打包机、注塑机、校直机、橡胶硫化机、造纸机等
汽车工业	自卸式汽车、平板车、高空作业车、汽车中的转向器、减振器等
船舶港口机械	起货机、锚机、舵机等
铸造机械	砂型压实机、加料机、压铸机等
智能机械	折臂式小汽车装卸器、数字式体育锻炼机、模拟驾驶舱、机器人等

检查考核评价

考核内容		自评	组长评价	教师评价
		达到标准画√，没达到标准画×		
作业完成	1. 按时完成任务	□	□	□
	2. 内容正确	□	□	□
	3. 字迹工整，整洁美观	□	□	□
操作过程	1. 启动液压泵	□	□	□
	2. 调整系统的工作压力到 3 MPa	□	□	□
	3. 操作液压挖掘机模型	□	□	□
	4 区分各组成部分	□	□	□
	5. 描述各指出部分的功用	□	□	□
	6. 描述液压传动的工作原理	□	□	□
工作态度	1. 不旷课	□	□	□
	2. 不迟到，不早退	□	□	□
	3. 学习积极性高	□	□	□
	4. 学习认真，虚心好学	□	□	□
职业操守	1. 安全、文明工作	□	□	□
	2. 具有良好的职业操守	□	□	□
团队合作	1. 服从组长的工作安排	□	□	□
	2. 按时完成组长分配的任务	□	□	□
	3. 热心帮助小组其他成员	□	□	□
项目完成	1. 操作完成正确	□	□	□
	2. 液压系统组成、工作原理叙述正确	□	□	□
项目报告	1. 报告书规范、排版好	□	□	□
	2. 结构完整，内容翔实	□	□	□
	3. 能将任务的设计过程及结果完整展现	□	□	□
评价等级				
项目最终评价（自评 20%、组评 30%、师评 50%）				

评语

1. 自我评价

个人签字：　　　　　　日期：

2. 组长评价

组长签字：　　　　　　日期：

3. 教师评价

教师签字：　　　　　　日期：

拓展思考题

简述液压传动系统的组成及其功用。

项目二　液压传动系统元件选用

任务一　压力机液压泵选用

任务导入

液压压力机是利用液压传动进行工作的，其动力元件是液压泵。某液压压力机液压泵在转速 $n=950\,\mathrm{r/min}$ 时，理论流量 $q_t=160\,\mathrm{L/min}$ 。在同样的转速和压力 $p=29.5\,\mathrm{MPa}$ 时，测得泵的实际流量为 $q=150\,\mathrm{L/min}$ ，总效率 $\eta=0.87$ 。请为该系统选择合适的液压泵和驱动电机。

任务目标

【知识目标】

（1）掌握液压泵的工作原理。

（2）掌握液压泵的工作参数。

（3）掌握齿轮泵、叶片泵和柱塞泵的使用条件。

【能力目标】

（1）能够计算液压泵的功率、效率。

（2）能够根据使用条件，选择驱动合适的泵。

（3）能够为液压泵选择驱动电机。

【素质目标】

（1）培养学生一丝不苟、精益求精的作风。

（2）培养学生动手操作能力。

（3）培养学生良好的职业素质。

任务分组

班级		组号		指导老师	
组长		学号			
组员	小组成员	任务内容分配			

任务准备

引导问题 1：容积泵正常工作要满足哪些条件？

引导问题 2：液压泵的主要参数有哪些？

任务实施

（1）根据压力机液压泵的压力、流量和工作条件，选择泵的类型。

（2）压力机液压泵各参数计算。

参数	符号	具体值	每步注意事项

相关知识

一、容积式液压泵的工作原理

容积泵工作原理

如图 2-1-1 所示为容积式液压泵的工作原理。电动机带动凸轮 1 旋转时，柱塞 2 在凸轮和弹簧的作用下，在缸体的柱塞孔内左右往复移动，缸体与柱塞之间构成了容积可变的密封工作腔 4。柱塞 2 向右移动时，工作容积变大，形成局部真空，油箱中的油便在大气压作用下通过单向阀 5 流入泵体内，单向阀 6 关闭，防止系统油液回流，这时液压泵吸油。柱塞向左移动时，工作腔容积变小，油液受挤压，便经单向阀 6 压入系统，单向阀 5 关闭，避免油液流回油箱，这时液压泵压油。若凸轮不停地旋转，泵就不断地吸油和泵油。

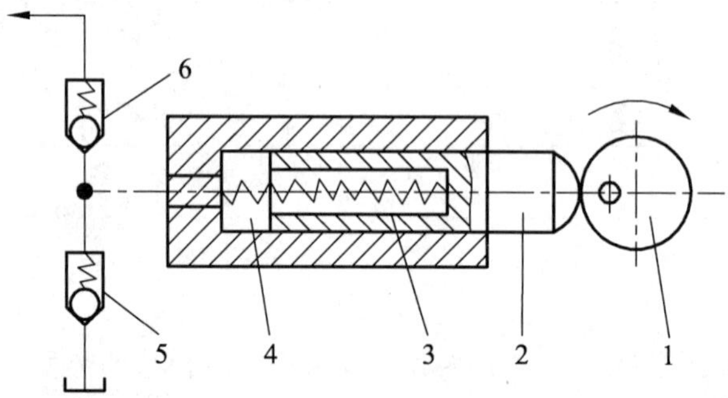

1—凸轮；2—柱塞；3—弹簧；4—密封工作腔；5，6—单向阀。

图 2-1-1　液压泵工作原理

根据工作腔的容积变化而进行吸油和压油是液压泵的共同特点,因而这种泵又称容积泵。液压泵正常工作必备的条件如下：

（1）有周期性变化的密封容积。密封容积由小变大时吸油，由大变小时压油。

（2）一般需有配油装置。配油装置的作用是保证密封容积在吸油过程中与油箱相通，同时关闭供油通路；压油时与供油管路相通而与油箱切断。图 2-1-1 中的单向阀 5 和 6 就是配油装置，配油装置的形式随着泵的结构差异而不同，它是液压泵工作必不可少的部分。

（3）吸油过程中，油箱必须和大气相通，这是吸油的必要条件。

二、液压泵的主要性能参数

（一）液压泵的压力

容积泵主要技术参数

（1）工作压力 p：液压泵的工作压力是指泵在工作时输出油液的实际压力，其大小由工作负载决定：当负载增加时，液压泵的压力升高；当负载减少时，液压泵压力下降。

（2）额定压力 p_n：液压泵额定压力是指泵在正常工作条件下，连续运转时所允许的最高压力。液压泵的额定压力受泵本身的泄漏和结构强度所制约，它反映了泵的能力，一般泵铭牌上所标的就是额定压力。超过这个压力值，液压泵有可能发生机械或密封方面的损坏。

由于液压传动的用途不同，系统所需要的压力也不相等，液压泵的压力分为几个等级，见表 2-1-1。

表 2-1-1　压力分级

压力等级	低压	中压	中高压	高压	超高压
压力/MPa	≤2.5	>2.5 ~ 8	>8 ~ 16	>16 ~ 32	>32

（二）液压泵的排量

排量 V 是指在无泄漏情况下，液压泵转一转所能排出的油液体积。可见，排量的大小只与液压泵中密封工作容腔的几何尺寸和个数有关。

根据泵的排量是否可调，泵可分为变量泵和定量泵。

（三）液压泵的流量

（1）理论流量 q_t：液压泵的理论流量是指在不考虑泄漏的情况下，液压泵单位时间内输出的油液体积，其值等于泵的排量 V（排量）和泵轴转数 n 的乘积，即

$$q_t = Vn \tag{2-1-1}$$

（2）实际流量 q：液压泵的实际流量是指单位时间内液压泵实际输出的油液体积。由于工作过程中泵的出口压力不等于零，因而存在内部泄漏量Δq（泵的工作压力越高，泄漏量越大），使泵的实际流量小于泵的理论流量，即

$$q = q_t - \Delta q \tag{2-1-2}$$

（3）额定流量 q_n：是指泵在正常工作条件下，按试验标准规定（如在额定压力和额定转速下）必须保证的流量。

（四）液压泵的功率

（1）输入功率 P_i：是驱动液压泵的机械功率，由电动机或柴油机给出。

$$P_i = T_i 2\pi n \tag{2-1-3}$$

式中 T_i——泵轴上的实际输入转矩；

n——泵轴的转速。

（2）泵的输出功率 P_o：液压泵的实际输出功率为泵的实际工作压力 p 和实际供油流量 q 的乘积，即

$$P_o = pq \tag{2-1-4}$$

（五）液压泵的效率

（1）容积效率 η_V：在转速一定的条件下，液压泵的实际流量与理论流量之比为泵的容积效率，即：

$$\eta_V = \frac{q}{q_t} \tag{2-1-5}$$

（2）机械效率 η_M：机械损失是指机械运动副之间的摩擦而产生的转矩损失。对于液压泵来说，泵的实际转矩总是大于理论上需要的转矩，所以，机械效率为理论转矩(T_t)与实际转矩(T)之比，即：

$$\eta_M = \frac{T_t}{T} \tag{2-1-6}$$

（3）总效率η：泵的实际输出功率 $P_{出}$ 与驱动泵的输入功率 $P_{入}$ 之比，它也等于容积效率和机械效率之乘积，即

$$\eta = \frac{P_{出}}{P_{入}} = \eta_V \cdot \eta_M \tag{2-1-7}$$

三、液压泵的结构

液压泵的种类很多，按流量是否能调节可分为变量泵和定量泵。输出流量可以根据需要来调节的称为变量泵，流量不能调节的称为定量泵；液压泵按液流方向能否改变可分为单向泵和双向泵等；按结构形式不同可分为齿轮泵、叶片泵和柱塞泵等，每一类泵中还可细分为多种类型。液压泵的图形符号如图 2-1-2 所示。

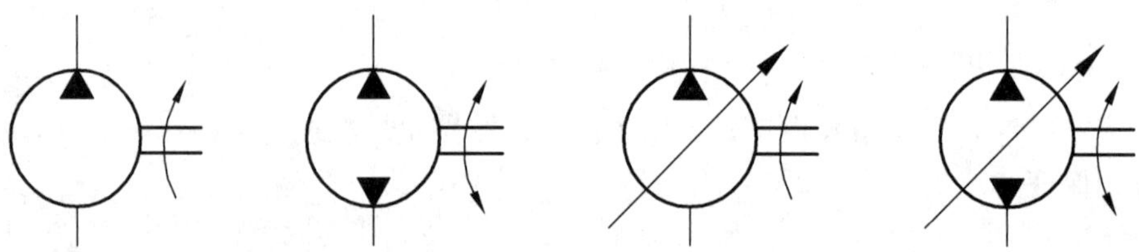

（a）单向定量泵　（b）双向定量泵　（c）单向变量泵　（d）双向变量泵

图 2-1-2　液压泵的图形符号

（一）齿轮泵

齿轮泵是一种常用的液压泵，它一般做成定量泵。按结构不同，齿轮泵分为外啮合齿轮泵和内啮合齿轮泵，其中外啮合齿轮泵应用广泛，而内啮合齿轮泵则多为辅助泵。

齿轮泵的特点

1. 外啮合齿轮泵的工作原理

图 2-1-3 所示为外啮合齿轮泵的工作原理图，泵的最主要结构为装在泵壳体内的一对齿轮，齿轮两侧由端盖进行封闭，泵的壳体、端盖和齿轮的各个齿间组成了一个个相互密封的独立工作腔。当齿轮按图示方向不断旋转时，这些密封工作腔在左边的吸油腔内充满了油液，并随着齿轮的高速转动把油液沿齿轮的外缘带入左边的高压油腔。在齿的啮合区，随着两齿轮牙齿的相互啮合作用，把两齿间的油液强行挤出，使压油腔的油液压力不断升高；而在右

侧的吸油腔，由于油液不断地被带走，形成了局部的真空负压，把进油管的油液不断地吸入油腔，形成了泵的吸油。两齿轮连续回转，泵就不断地从油箱内吸油，并将油液压向液压系统。这就是齿轮泵的基本工作原理。

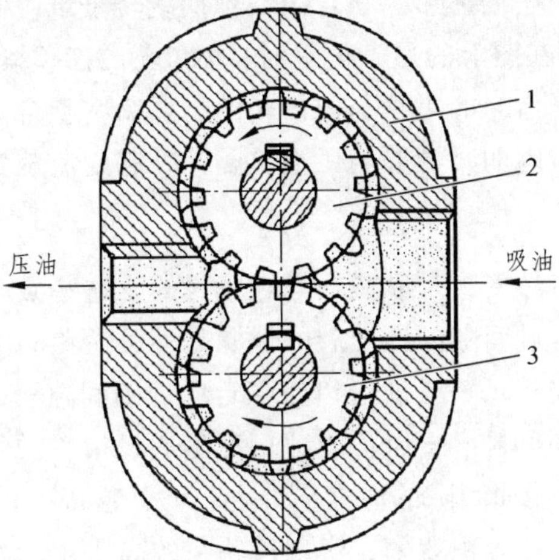

1—壳体；2—主动齿轮；3—从动齿轮。

图 2-1-3　外啮合齿轮泵

两齿轮在啮合区内轮齿的啮合挤压，形成了左右两个油腔相互间的隔离和密封，从而保证了吸油腔始终与油箱接通，而与压油腔隔离，起到了配流的作用，满足了泵的第二个基本条件。油泵齿轮不断回转，左右两个腔体内容积不断变化。压油腔在不断地挤压密封空间，而吸油腔中各个密封空间在不断地向压油腔转移，则不断地形成局部的真空负压，所以齿轮的回转形成了密封容积的周期变化，从而形成了容积泵的第一个基本条件。

2. 内啮合齿轮泵

内啮合齿轮泵有渐开线齿形和摆线齿形两种，其工作原理如图 2-1-4 所示。

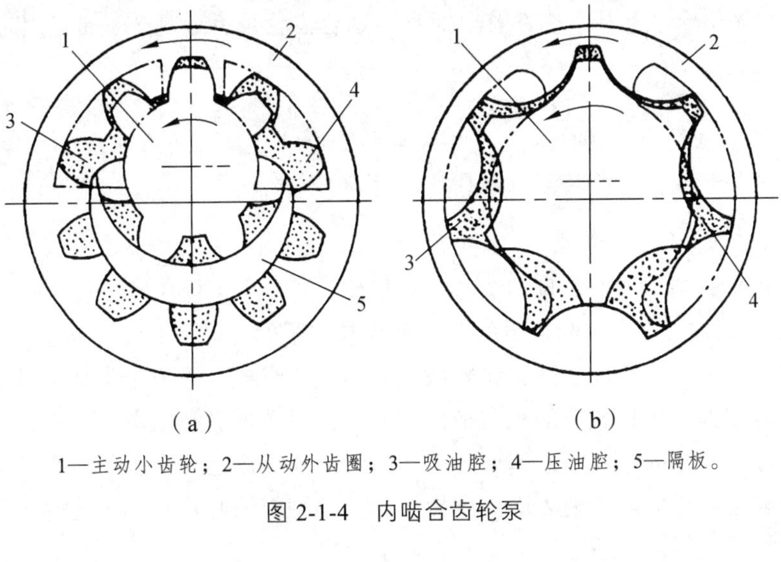

（a）　　（b）

1—主动小齿轮；2—从动外齿圈；3—吸油腔；4—压油腔；5—隔板。

图 2-1-4　内啮合齿轮泵

如图 2-1-4（a）所示，在渐开线齿形内啮合齿轮泵中，当小齿轮按图示方向旋转时，轮齿退出啮合时容积增大而吸油，进入啮合时容积减小而压油。主动小齿轮 1 和从动外齿圈 2 之间要装一块月牙隔板 5，以便把吸油腔 3 和压油腔 4 隔开。

如图 2-1-4（b）所示的摆线齿形内啮合泵又称摆线转子泵，由于小齿轮和内齿轮相差一齿，因而不需设置隔板。当在图上的最高位置时，小齿轮的齿顶紧紧顶在内齿轮的齿槽底部；当在图上的最低位置时，小齿轮的齿顶与内齿轮的齿顶紧密吻合。图中纵轴上的小齿轮轮齿与内齿轮轮齿相啮合将泵体内的吸油腔与压油腔隔开，起配流装置的作用。

3. 齿轮泵的泄漏

在液压泵中，运动件间的密封是靠微小间隙密封的，这些微小间隙从运动学上形成摩擦副，同时，高压腔的油液通过间隙向低压腔的泄漏是不可避免的。齿轮泵压油腔的压力油可通过三条途径泄漏到吸油腔去：一是通过齿轮啮合线处的间隙——齿侧间隙；二是通过泵体定子环内孔和齿顶间的径向间隙——齿顶间隙；三是通过齿轮两端面和侧板间的间隙——端面间隙。在这三类间隙中，端面间隙的泄漏量最大，压力越高，由间隙泄漏的液压油就越多。

为了提高齿轮泵的压力和容积效率，实现齿轮泵的高压化，需要从结构上采取措施，对端面间隙进行自动补偿。通常采用的自动补偿端面间隙装置有浮动轴套式和弹性侧板式两种，其原理都是引入压力油使轴套或侧板紧贴在齿轮端面上，压力越高，间隙越小，可自动补偿端面磨损和减小间隙。

4. 齿轮泵的应用特点

一般外啮合齿轮泵具有结构简单、制造方便、质量轻、自吸性能好、价格低廉、对油液污染不敏感等特点；但由于径向力不平衡及泄漏的影响，一般使用的工作压力较低，另外其流量脉动较大，噪声也大，因而常用于负载小、功率小的机床设备及机床辅助装置，如送料、夹紧等不重要的场合，在工作环境较差的工程机械上也广泛应用。

与外啮合齿轮泵相比，内啮合齿轮泵结构紧凑、质量轻、运转平稳、噪声低、无困油现象，且流量脉动小，在高转速工作时容积效率高。但是在低速、高压下工作时，压力脉动大，容积效率低，也不适合在高压场合工作。而且内啮合齿轮泵齿形复杂、加工困难、价格较贵。

（二）叶片泵

叶片泵按其排量是否可变分为定量叶片泵和变量叶片泵，还可以按吸、压油液次数分为双作用叶片泵和单作用叶片泵。

叶片泵的特点

1. 双作用叶片泵工作原理

双作用叶片泵的基本工作原理如图 2-1-5 所示，它是由定子 1、转子 2、叶片 3 和配油盘（图中未画出）等组成。双作用叶片泵的转子轴线与定子的几何中心保持同轴，定子的内表面曲线由两段长半径 R、两段短半径 r 和 4 段过渡曲线所组成，形成了类似椭圆的内腔型面，以便形成密封容积的变化；转子的径向槽内装有可以沿着槽做径向滑动的叶片，借助叶片的重力，当转子在驱动轴的带动下高速回转工作时，叶片在离心力和根部压力油的作用下，沿转子槽做径向移动而压向定子内表面。这样，由两片相邻的叶片和定子的内表面、转子的外表面和两侧配油盘就形成了一个个独立的密封空间。当转子按图示方向旋转时，处在小圆弧上的密封空间经过渡曲线而运动到大圆弧的过程中，由于定子曲线变化，使密闭空间的容积不断增大，而此时的密封容积正处于吸油腔的区域范围，要吸入油液；再向前运动，密封空间从大圆弧经过渡曲线运动到小圆弧的过程中，叶片被定子内壁逐渐压进槽内，密封空间容积变小，将油液从压油口压出，完成了吸油和压油的泵油过程，而同样的动作在转子的上下两侧同时发生。这种叶片泵具有对称的 2 个吸油腔和 2 个压油腔，因而，在转子每转一周的过程中一个密封空间要完成两次吸油和压油，所以称之为双作用叶片泵。双作用叶片泵采用了两侧对称的吸油腔和压油腔结构，所以作用在转子上的径向压力是相互平衡的，不会给高速转动的转子造成径向的偏载。因此，双作用叶片泵又称为卸荷式叶片泵。为了要使径向力完全平衡，密封空间数（即叶片数）应当保持双数，而且定子曲线要对称。

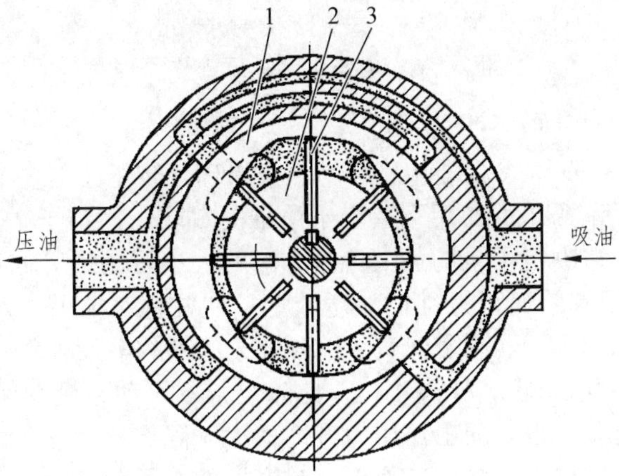

1—定子；2—转子；3—叶片。

图 2-1-5 双作用叶片泵工作原理

2. 单作用叶片泵的工作原理

如图 2-1-6 所示，单作用叶片泵由转子 2、定子 1、叶片 3 和配油盘 4 等组成。在配油盘上开有吸油和压油窗口，分别与泵的吸、压油口连通。定子具有圆柱形内表面，定子和转子间有偏心距 e。叶片装在转子的叶片槽中，并可在槽内滑动，当转子回转时，由于离心力的作用，使叶片紧靠在定子内壁，这样在定子、转子、叶片和两侧配油盘间就形成若干个密封空间。当转子按图示的方向回转时，在图的下部，叶片逐渐伸出叶片槽，叶片间的密封容积逐渐增大，经配油盘的吸油窗从吸油口吸油；在图的上部，叶片被定子内壁逐渐压进叶片槽内，密封容积逐渐减小，将油液经配油盘的压油窗从压油口压出。吸油窗口对应的区域为吸油腔，压油窗口对应的区域为压油腔，在吸油窗口和压油窗口之间的区域为封油区，它把吸油腔和压油腔隔开。这种叶片泵转子每转一周，每个密封空间完成一次吸油和压油，因此称为单作用叶片泵。转子不停地旋转，泵就不断地吸油和排油。泵只有一个吸油区和一个压油区，因而作用在转子上的径向液压力不平衡，所以又称为非平衡式叶片泵。由于转子与定子偏心距 e 和偏心方向可调，所以单作用叶片泵可作双向变量泵使用。

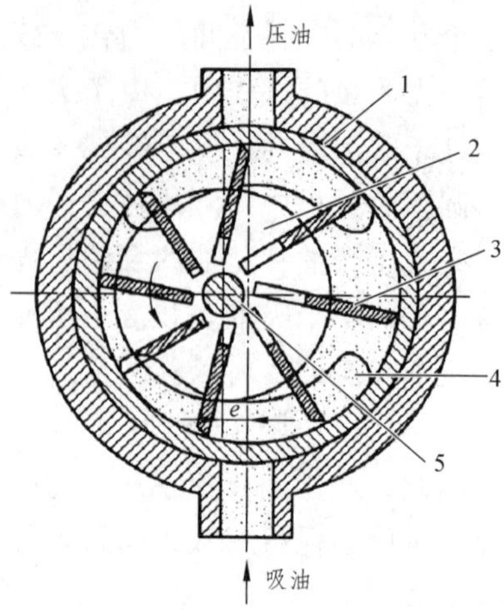

1—定子；2—转子；3—叶片；4—配油盘；5—轴。

图 2-1-6　单作用叶片泵工作原理

3. 限压式变量叶片泵的工作原理

图 2-1-7（a）所示为限压式变量叶片泵的工作原理。转子 1 的中心 O_1 是固定的，定子 2 可以左右移动。在限压弹簧 3 的作用下，定子被推向右端，使定子中心 O_2 和转子中心 O_1 之间有一初始偏心量 e_o，它决定了泵的最大流量。e_o 的大小可用螺钉 6 调节。泵的出口压力为 p，经泵体内通道作用于有效面积为 A 的柱塞 5 上，使柱塞对定子 2 产生一作用力 p_A。泵的限定压力 p_B 可通过调节螺钉 4，改变弹簧 3 的压缩量来获得。设弹簧 3 的预紧力为 Fs，当泵的工作压力小于限定压力 p_B 时，则 $p_A < Fs$，此时定子不移动，最大偏心量 eo 保持不变，泵输出流量基本上维持最大；当泵的工作压力升高而大于限定压力 p_B 时，$p_A \geqslant Fs$，定子左移，偏心量减小，泵的流量也减小。泵的工作压力越高，偏心量就越小，泵的流量也就越小；当泵的压力达到极限压力 p_C 时，偏心量接近零，泵不再有流量输出。

如图 2-1-7（b）所示，为限压式变量叶片泵的特性曲线。图中曲线 AB 段，泵的工作压力小于限定压力 p_B，实际偏心距 e 就是最大偏心距 e_0，泵输出流量最大，稍有下降是由泵的内部流量泄漏引起的；BC 段是泵的变量段，B 点被称为曲线的拐点。此时，泵的工作压力大于限定压力 p_B，输出流量随着工作压力升高而逐渐减小，在 C 点泵的工作压力达到极限压力 $p_C=p_{max}$，偏心量 e 为零，泵没有输出流量。

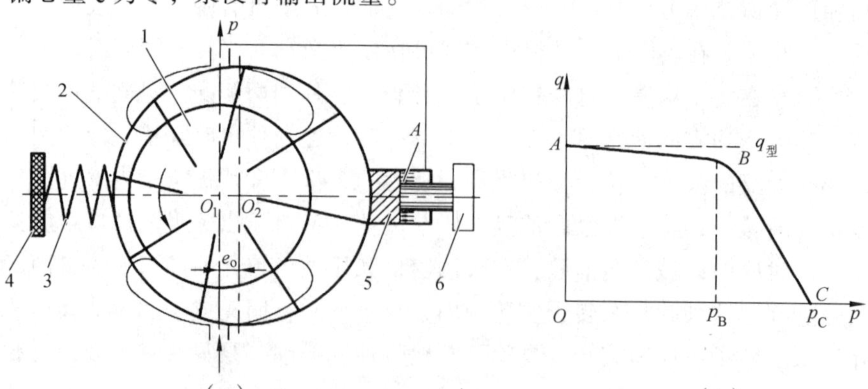

1—转子；2—定子；3—弹簧；4，6—调节螺钉；5—反馈缸柱塞。

图 2-1-7　限压式变量叶片泵的工作原理及特性曲线

4. 叶片泵的应用特点

叶片泵具有结构紧凑、体积小、流量脉动小、工作平稳、噪声较小、寿命较长、容积效率较高等优点。双作用叶片泵不仅作用在转子上的径向力平衡，且运转平稳、输油量均匀；单作用式叶片泵易于实现流量调节，常用于快慢速运动的液压系统，可降低功率损耗，减少油液发热，简化油路，节省液压元件。但叶片泵的结构较复杂，吸油特性差，对油液的污染较敏感。

叶片泵广泛应用于完成各种中等负荷的工作。由于其流量脉动小，故在金属切削机床液压传动中，尤其是在各种需调速的系统中，应用较多。

（三）柱塞泵

柱塞泵的特点

柱塞泵按柱塞相对于驱动轴位置的排列方向的不同，可分为径向柱塞泵和轴向柱塞泵两大类。

1. 径向柱塞泵的工作原理

径向柱塞泵的工作原理如图 2-1-8 所示，柱塞 1 径向排列装在缸体 2 中，缸体由原动机带动连同柱塞 1 一起旋转，所以缸体 2 一般称为转子，柱塞 1 在离心力（或压力油）的作用下抵紧定子 4 的内壁，当转子按图示方向回转时，由于定子和转子之间有偏心距 e，柱塞绕经上半周时要向外伸出，则柱塞底部的容积会逐渐增大，形成部分真空，因此便经过衬套 3（衬套 3 是压紧在转子内，并和转子一起回转）上的油孔从配油轴 5 和吸油口 b 吸油；当柱塞转到下半周时，定子内壁将柱塞向里推，柱塞底部的容积逐渐减小，向配油轴的压油口 c 压油，当转子回转一周时，每个柱塞底部的密封容积完成一次吸压油，转子连续运转，即完成压吸油工作。配油轴 5 是固定不动的，油液从配油轴上半部的两个进油孔 a 流入，从下半部两个压油孔 d 压出。为了实现配油，配油轴在与相衬套 3 接触的部位开有两个缺口，从而形成吸油口 b 和压油口 c，而留下的部分则形成封油区。封油区的宽度能封住衬套上的吸压油孔，以防吸油口和压油口相连通。径向柱塞泵的输出流量受偏心距 e 大小的控制，若偏心距 e 做成可调的（一般是使定子做水平移动以调节偏心距），泵就成为变量泵，偏心的方向改变，进油口和压油口也随之互相交换，这就形成了双向变量泵。径向柱塞泵的柱塞是沿转子的径向分布的，所以，泵的外形结构尺寸大，且由于配油结构较复杂，自吸能力较差，配油轴的径向作用力不平衡，易单向弯曲并加剧磨损，因此限制了径向柱塞泵的转速和压力的提高，目前径向柱塞泵的应用较少。

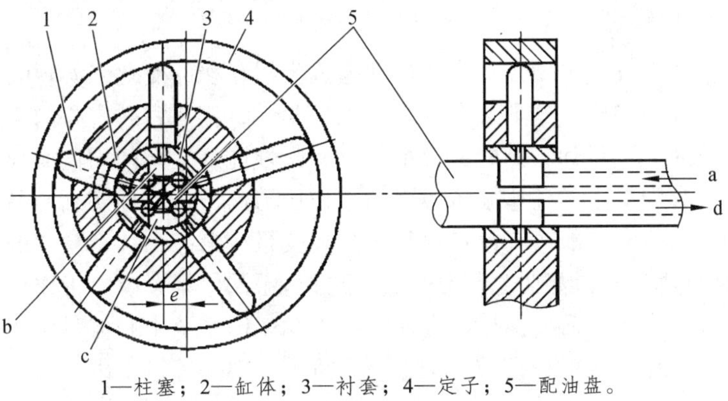

1—柱塞；2—缸体；3—衬套；4—定子；5—配油盘。

图 2-1-8　径向柱塞泵工作原理

2. 轴向柱塞泵

轴向柱塞泵是将多个柱塞配置在一个转子（缸体）的圆周上，并使柱塞轴线与转子轴线相互平行的一种泵。它避免了由于柱塞径向分布所带来的泵的径向尺寸大的缺点，并且其配流结构简单，没有径向力不平衡的问题，所允许的压力和转速都较高，所以得到了较广泛的应用。

为了构成柱塞的往复运动条件，轴向柱塞泵都具有倾斜结构，所以，轴向柱塞泵根据其倾斜结构的不同分为斜盘式（直轴式）和斜轴式（摆缸式）两种形式。图 2-1-9 所示为斜盘式轴向柱塞泵的工作原理，这种泵主体由缸体 1、配油盘 2、柱塞 3 和斜盘 4 组成。几个柱塞沿圆周均匀分布在缸体内。斜盘轴线与缸体轴线倾斜一角度，柱塞靠机械装置或在低压油（图中为弹簧）作用下压紧在斜盘上，配油盘 2 和斜盘 4 固定不转，当原动机通过传动轴使缸体转动时，由于斜盘的作用，迫使柱塞在缸体内做往复运动，并通过配油盘的配油窗口进行吸油和压油。如图 2-1-9 所示，当柱塞运动到下半圆范围（$\pi \sim 2\pi$）内时，柱塞将逐渐向缸套外伸出，柱塞底部的密封工作容积将增大，通过配油盘的吸油窗口进行吸油；而在 $o \sim \pi$时，柱塞被斜盘推入缸体，使密封容积逐渐减小，通过配油盘的压油窗口压油。缸体每转一周，每个柱塞各完成吸油、压油一次。

改变斜盘倾角，就能改变柱塞行程的长度，即改变液压泵的排量，改变斜盘倾角的方向，就能改变吸油和压油的方向，从而使泵成为双向变量泵。

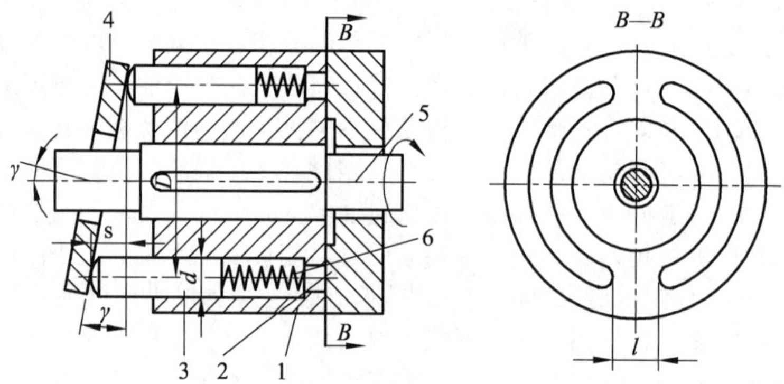

1—缸体；2—配油盘；3—柱塞；4—斜盘；5—传动轴；6—弹簧。

图 2-1-9　轴向柱塞泵工作原理

3. 柱塞泵应用特点

柱塞泵是靠柱塞在缸体中做往复直线运动造成密封容积的变化来实现吸油与压油的液压泵，与齿轮泵和叶片泵相比，这种泵有许多优点：第一，构成密封容积的零件为圆柱形的柱塞和缸体，加工方便，可得到较高的配合精度，密封性能好，泵的内泄漏很小，在高压条件下工作具有较高的容积效率，柱塞泵所容许的工作压力高，这是柱塞泵的最大特点；第二，只需改变柱塞的工作行程就能改变流量，易于实现变量；第三，柱塞泵中的主要零件均受压应力作用，材料强度能力可得到充分利用。由于柱塞泵的结构紧凑，工作压力高、效率高，流量调节方便，故常应用于需要高压、大流量、大功率的系统中和流量需要调节的场合，如龙门刨床、剪床、液压机、工程机械、矿山冶金机械、船舶等设备中。

考核评价

<table>
<tr><td colspan="2" rowspan="2">考核内容</td><td>自评</td><td>组长评价</td><td>教师评价</td></tr>
<tr><td colspan="3">达到标准画√，没达到标准画×</td></tr>
<tr><td rowspan="3">作业完成</td><td>1. 按时完成任务</td><td>□</td><td>□</td><td>□</td></tr>
<tr><td>2. 内容正确</td><td>□</td><td>□</td><td>□</td></tr>
<tr><td>3. 字迹工整，整洁美观</td><td>□</td><td>□</td><td>□</td></tr>
<tr><td rowspan="6">操作过程</td><td>1. 泵类型选择</td><td>□</td><td>□</td><td>□</td></tr>
<tr><td>2. 压力计算</td><td>□</td><td>□</td><td>□</td></tr>
<tr><td>3. 流量计算</td><td>□</td><td>□</td><td>□</td></tr>
<tr><td>4. 功率计算</td><td>□</td><td>□</td><td>□</td></tr>
<tr><td>5. 效率计算</td><td>□</td><td>□</td><td>□</td></tr>
<tr><td>6. 电机选择</td><td>□</td><td>□</td><td>□</td></tr>
<tr><td rowspan="4">工作态度</td><td>1. 不旷课</td><td>□</td><td>□</td><td>□</td></tr>
<tr><td>2. 不迟到，不早退</td><td>□</td><td>□</td><td>□</td></tr>
<tr><td>3. 学习积极性高</td><td>□</td><td>□</td><td>□</td></tr>
<tr><td>4. 学习认真，虚心好学</td><td>□</td><td>□</td><td>□</td></tr>
<tr><td rowspan="2">职业操守</td><td>1. 安全、文明工作</td><td>□</td><td>□</td><td>□</td></tr>
<tr><td>2. 具有良好的职业操守</td><td>□</td><td>□</td><td>□</td></tr>
<tr><td rowspan="3">团队合作</td><td>1. 服从组长的工作安排</td><td>□</td><td>□</td><td>□</td></tr>
<tr><td>2. 按时完成组长分配的任务</td><td>□</td><td>□</td><td>□</td></tr>
<tr><td>3. 热心帮助小组其他成员</td><td>□</td><td>□</td><td>□</td></tr>
<tr><td rowspan="2">项目完成</td><td>1. 液压泵参数正确完成</td><td>□</td><td>□</td><td>□</td></tr>
<tr><td>2. 液压泵选择正确</td><td>□</td><td>□</td><td>□</td></tr>
<tr><td rowspan="3">项目报告</td><td>1. 报告书规范、排版好</td><td>□</td><td>□</td><td>□</td></tr>
<tr><td>2. 结构完整，内容翔实</td><td>□</td><td>□</td><td>□</td></tr>
<tr><td>3. 能将任务的设计过程及结果完整展现</td><td>□</td><td>□</td><td>□</td></tr>
<tr><td>评价等级</td><td></td><td></td><td></td><td></td></tr>
<tr><td colspan="2">项目最终评价（自评 20%、组评 30%、师评 50%）</td><td colspan="3"></td></tr>
</table>

评语

1. 自我评价

个人签字：　　　　日期：

2. 组长评价

组长签字：　　　　日期：

3. 教师评价

教师签字：　　　　日期：

拓展思考题

1. 容积泵工作必须满足什么条件？
2. 容积泵有哪些工作参数？

任务二　挖掘机执行元件认知

任务导入

在项目一中大家已经对挖掘机模型的工作原理、组成进行了认知。挖掘机主要运动有大臂、小臂的伸缩，挖斗的收放，整体的旋转。这些运动都是液压系统驱动的，用到了不同的执行元件，本任务要识别这些执行元件。

任务目标

【知识目标】

（1）掌握液压缸的工作原理。

（2）掌握活塞式液压缸的组成。

（3）掌握活塞式液压缸速度、输出力的计算方法。

【能力目标】

（1）能够根据应用场合选择液压缸。

（2）能够区分液压传动各个组成部分。

（3）能够计算活塞缸的运动速度。

【素质目标】

（1）培养学生完整的逻辑思维体系，树立正确的世界观。

（2）培养学生严谨求实、一丝不苟的工匠精神。

（3）培养学生分析问题、解决问题、迎难而上的意志品质。

任务分组

班级		组号		指导老师	
组长		学号			
组员	小组成员	任务内容分配			

任务准备

引导问题 1：液压缸有哪些类型？用在哪些场合？

引导问题 2：活塞式液压缸有几种类型？单杆活塞式液压缸的三种进油方式的速度、输出力计算方法。

任务实施

液压挖掘机模型					
序号	运动部件	部件功用	需要的运动	执行元件名称	符号

相关知识点

在液压传动系统中，液压执行元件是把通过回路输入的液压能转变为机械能输出的能量转换装置。液压执行元件分为液压缸和液压马达两种类型，前者可实现直线或摆动运动，后者可实现旋转运动。

一、液压缸

（一）液压缸的分类

液压缸按其结构形式，分为直线运动液压缸（如活塞缸、柱塞缸等）和摆动缸。直线运动液压缸可实现往复直线运动，输出推力（或拉力）和直线运动速度。摆动缸可实现小于 360°的往复摆动，输出转矩和角速度。

按其供油的不同分为单作用式和双作用式两种。其中，单作用式液压缸中液压力只能使活塞（或柱塞）单方向运动，而反方向运动必须依靠外力（如弹簧力或自重等）实现；双作用式液压缸的液压力可实现两个方向运动。

（二）活塞式液压缸

1. 双活塞杆式液压缸

活塞式液压缸

双活塞杆式液压缸的两腔中都有活塞杆伸出。图 2-2-1（a）所示为缸体固定式结构，又称为实心双活塞杆式液压缸。当液压缸的左腔进油，推动活塞向右移动，右腔活塞杆向外伸出，左腔活塞杆向内缩进，液压缸右腔油液回油箱；反之，活塞向左移动。其工作台的往复运动范围约为有效行程 L 的 3 倍。这种液压缸因运动范围大，占地面积较大，一般用于行程短的小型液压设备上。

图 2-2-1（b）所示为活塞杆固定式结构，又称为空心双活塞杆式液压缸。当液压缸的左腔进油，缸体向左移动；反之，缸体向右移动。其工作台的往复运动范围约为有效行程 L 的 2 倍，因运动范围不大，占地面积较小，常用于行程长的大、中型液压设备。

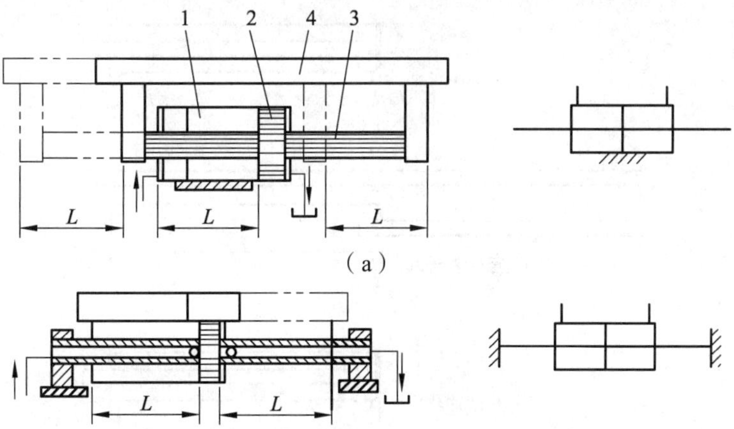

（b）

1—缸筒；2—活塞；3—活塞杆；4—工作台。

图 2-2-1　双活塞杆液压缸

2. 单杆活塞式液压缸

单杆活塞式液压缸仅一端有活塞杆伸出。单杆活塞式液压缸按固定方式也有缸体固定和活塞杆固定两种形式。图 2-2-2（a）所示为缸体固定式结构，图 2-2-2（b）所示为活塞杆固定式结构。单杆活塞式液压缸无论缸体固定还是活塞杆固定式，工作台的运动范围都等于活塞或缸体有效行程 L 的两倍，所以其结构紧凑，应用广泛。

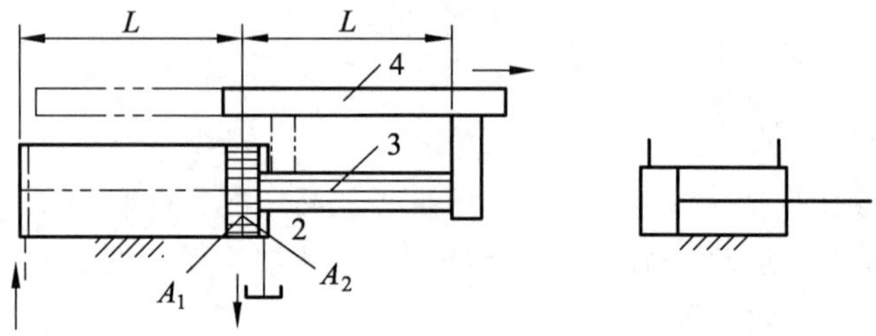

（a）

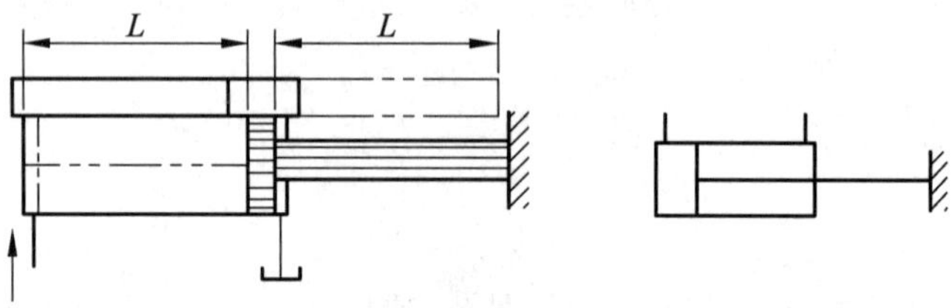

（b）

1—缸筒；2—活塞；3—活塞杆；4—工作台。

图 2-2-2　单杆活塞式液压缸

单杆活塞式液压缸有三种进油方式，如图 2-2-3 所示，分别是无杆腔进油、有杆腔进油和差动连接。由于单杆活塞式液压缸有杆腔和无杆腔的活塞面积不相等，因此三种进油方式的速度大小、输出力的大小不相同。

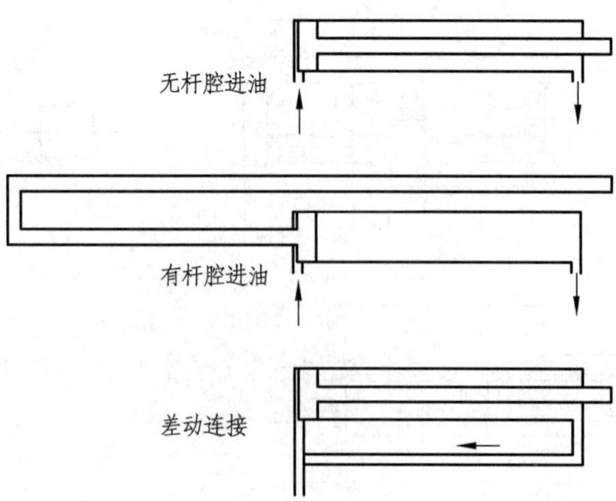

图 2-2-3　单杆活塞式液压缸的三种进油方式

如何比较三种进油方式的不同呢？假设单杆双作用活塞缸活塞直径为 D，活塞杆直径为 d，液压油压力为 p，流量为 q，计算当活塞缸有杆腔进油、无杆腔进油和差动连接三种连接方式时，活塞杆伸出的速度 v（回油压力为零）和输出力的大小 F（不考虑摩擦）。

1）无杆腔进油

受力活塞面积 A_1

$$A_1 = \frac{\pi D^2}{4} \tag{2-2-1}$$

速度 v_1：

$$v_1 = \frac{4q}{\pi D^2} \tag{2-2-2}$$

输出力：

$$F_1 = p\pi D^2/4 \tag{2-2-3}$$

2）有杆腔进油

受力活塞面积 A_2：

$$A_2 = (D^2 - d^2)/4 \tag{2-2-4}$$

速度 v_2：

$$v_2 = \frac{4q}{\pi\left(D^2 - d^2\right)} \tag{2-2-5}$$

输出力：

$$F_2 = p\pi\left(D^2 - d^2\right)/4 \tag{2-2-6}$$

3）差动连接

受力活塞面积 A_3：

$$A_3 = \pi d^2/4 \tag{2-2-7}$$

速度 v_3：

$$v_3 = \frac{4q}{\pi d^2} \tag{2-2-8}$$

输出力 F_3：

$$F_3 = p\pi d^2/4 \tag{2-2-9}$$

通过计算，差动连接速度最快，输出力最小；无杆腔进油速度最慢，输出力最大；有杆腔进油居中。

（三）柱塞缸

活塞缸的缸孔要求精加工，行程长时孔的加工比较困难，因此，在长行程的场合，可采用柱塞式液压缸，因为柱塞缸的缸筒内壁不与柱塞接触，缸体内壁可以粗加工或不加工，只对柱塞精加工。

柱塞式液压缸是单作用式液压缸，只能实现单向运动，它的回程需要借助外力（如重力或弹力等）来完成。柱塞式液压缸一般由缸体、柱塞、导向套、压盖等主要零件组成，如图 2-2-4（a）所示。当压力油进入缸体时，在压力油推动下，柱塞带动运动部件向右运动，如果要获得双向运动，可将两个柱塞液压缸相对安装，如图 2-2-4（b）所示，它可以使工作台得到双向运动。

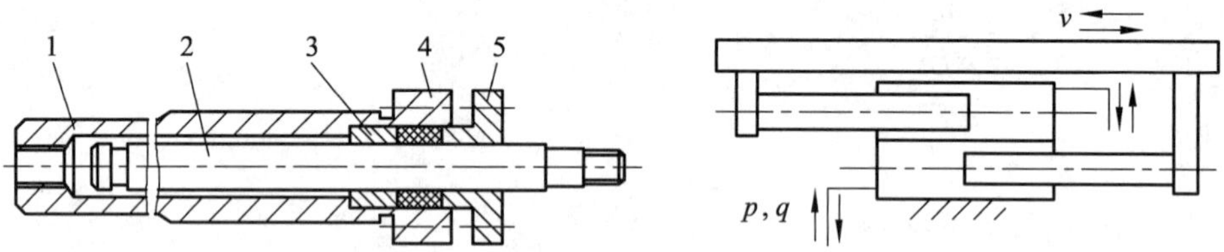

（a）　　（b）

1—缸筒；2—柱塞；3—导向套；4—密封圈；5—压盖。

图 2-2-4　柱塞式液压缸

（四）摆动式液压缸

摆动式液压缸能实现小于 360°的往复摆动运动。由于它直接输出扭矩，故又称为摆动液压马达，主要有单叶片式和双叶片式两种结构形式。图 2-2-5（a）所示为单叶片摆动液压缸。它的摆动角较大，可达 300°。单叶片摆动液压缸主要由叶片 1、摆动轴 2、定子块 3、缸体 4 等主要零件组成。两个工作腔之间的密封靠叶片和隔板外缘所嵌的框形密封件来保证。定子块固定在缸体上，而叶片和摆动轴连接在一起。当两油口相继通过压力油时，叶片即带动摆动轴做往复摆动。

摆动缸结构紧凑，输出转矩大，但密封困难，一般只用于中、低压系统中往复摆动、转位或间歇运动的地方。

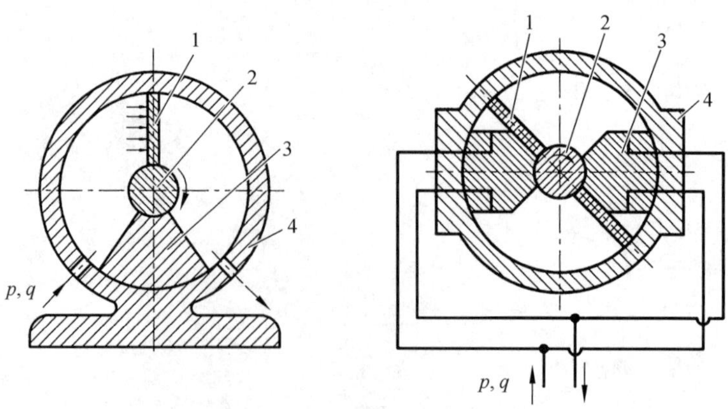

（a）单叶片式摆动液压缸　　（b）双叶片式摆动液压缸

1—叶片；2—摆动轴；3—定子块；4—缸体。

图 2-2-5　摆动液压缸

二、液压缸的结构

图 2-2-6 所示的是一个较常用的双作用单活塞杆液压缸。它是由缸底1、缸筒 11、缸盖 15、活塞 8、活塞杆 12、导向套 13 和密封装置等零件组成。缸筒一端与缸底焊接，另一端缸盖与缸筒用螺钉连接，以便拆装检修，两端设有油口 A 和 B。活塞 8 与活塞杆 12 利用半环 5、挡环 4 和弹簧卡圈 3 组成的半环式结构连在一起。活塞与缸孔的密封采用的是一对 Y 形聚氨酯密封圈 6，由于活塞与缸孔有一定间隙，采用由尼龙制成的耐磨环（又叫支承环）9 定心导向。活塞杆 12 和活塞 8 的内孔由 O 形密封圈 10 密封。较长的导向套 13 则可保证活塞杆不偏离中心，导向套外径由 O 形圈 14 密封，而其内孔则由 Y 形密封圈 16 和防尘圈 19 分别防止油外漏和灰尘带入缸内。液压缸通过杆端销孔与外界连接，销孔内有尼龙衬套抗磨。

液压缸的结构

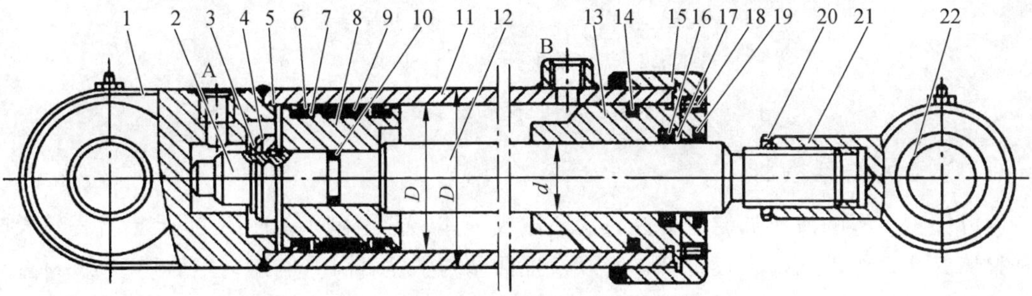

1—缸底；2—缓冲柱塞；3—弹簧卡圈；4—挡环；5—半环；6，10，14，16—密封圈；7—挡圈；8—活塞；9—支撑环；11—缸筒；12—活塞杆；13—导向套；15—缸盖；17—挡圈；18—锁紧螺钉；19—防尘圈；20—锁紧螺母；21—耳环；22—耳环衬套圈。

图 2-2-6　柱塞式液压缸

（一）缸筒和缸盖

一般来说，缸筒和缸盖的结构形式和其使用的材料有关。当工作压力 $p<10$ MPa 时，使用铸铁缸筒；$p<20$ MPa 时，使用无缝钢管缸筒；$p>20$ MPa 时，使用铸钢或锻钢缸筒。

图 2-2-7 所示为缸筒和缸盖的常见结构形式。图 2-2-7（a）所示为法兰连接式，结构简单，容易加工，也容易装拆，但外形尺寸和质量都较大，常用于铸铁制的缸筒上。图 2-2-7（b）所示为半环连接式，它的缸筒外壁因开了环形槽而削弱了强度，为此有时要加厚缸壁，它容易加工和装拆，质量较轻，常用于无缝钢管或铸钢制的缸筒上。图 2-2-7（c）所示为螺纹连接式，它的缸筒端部结构复杂，外径加工时要求保证内外径同心，装拆要使用专用工具，它的外形尺寸和质量都较小，常用于无缝钢管或铸钢制的缸筒上。图 2-2-7（d）所示为拉杆连接式，结构的通用件大，容易加工和装拆，但外形尺寸较大，且较重。图 2-2-7（e）所示为焊接连接式，结构简单，尺寸小，但缸底处内径不易加工，且可能引起变形。

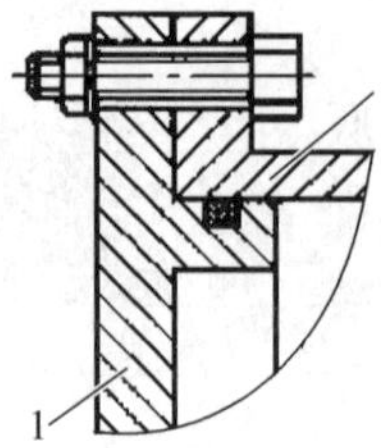

（a）法兰连接式

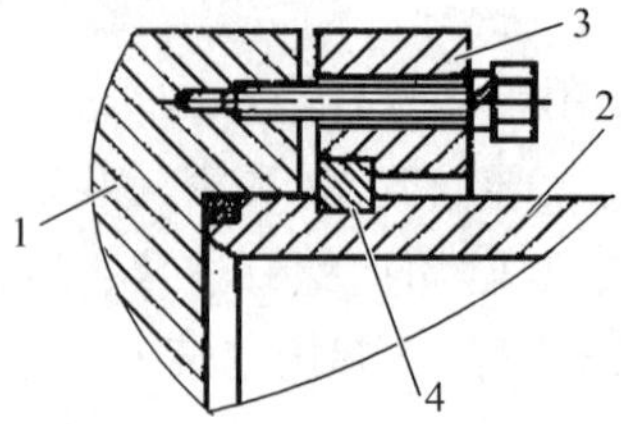

（b）半环连接式

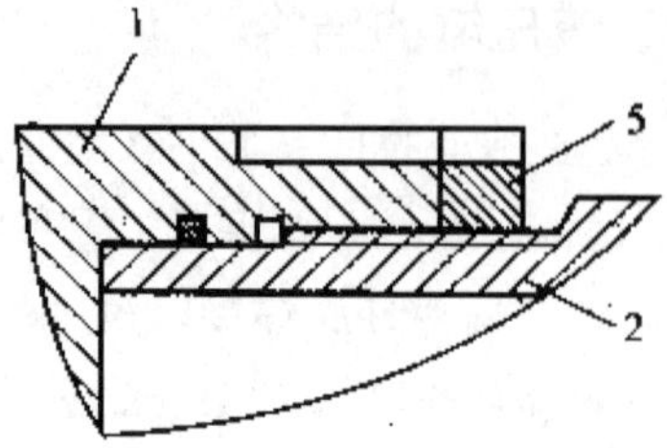

（c）螺纹连接式

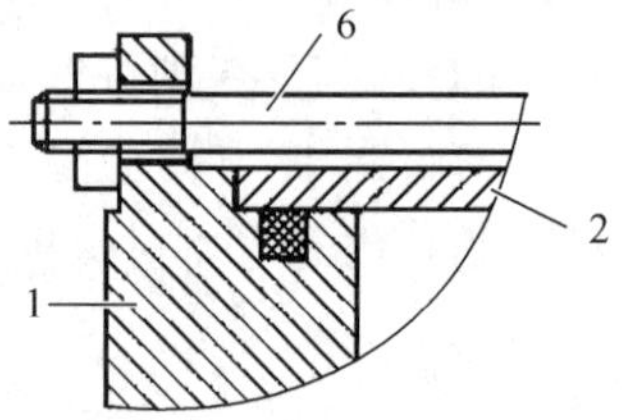

（d）拉杆连接式

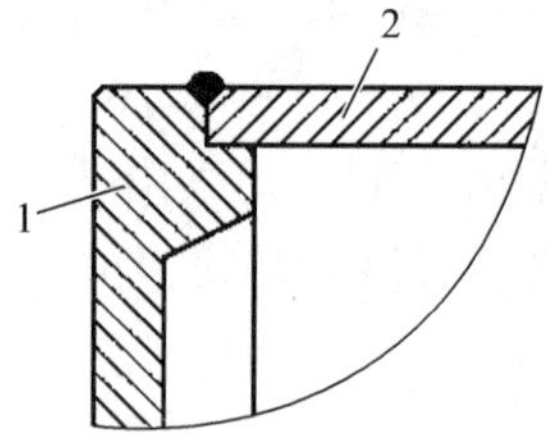

（e）焊接连接式

1—缸盖；2—缸筒；3—压板；4—半环；5—防松螺母； 6—拉杆。

图 2-2-7 缸筒和缸盖结构

（二）活塞与活塞杆

可以把短行程的液压缸的活塞杆与活塞做成一体，这是最简单的形式。但当行程较长时，这种整体式活塞组件的加工较费事，所以常把活塞与活塞杆分开制造，然后连接成一体。图 2-2-8 所示为几种常见的活塞与活塞杆的连接形式。

1—活塞杆；2—螺母；3—活塞。

（a）螺纹连接

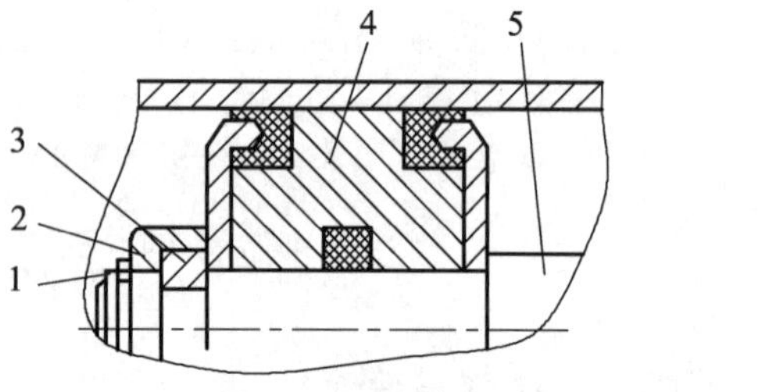

1—弹簧卡圈；2—轴套；3—半环；4—活塞；5—活塞杆。

（b）单半环连接

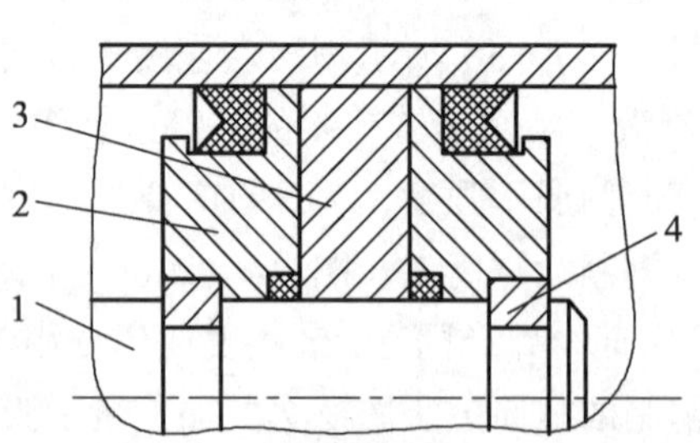

1—活塞杆；2—密封圈座；3—活塞；4—半环。

（c）双半环连接

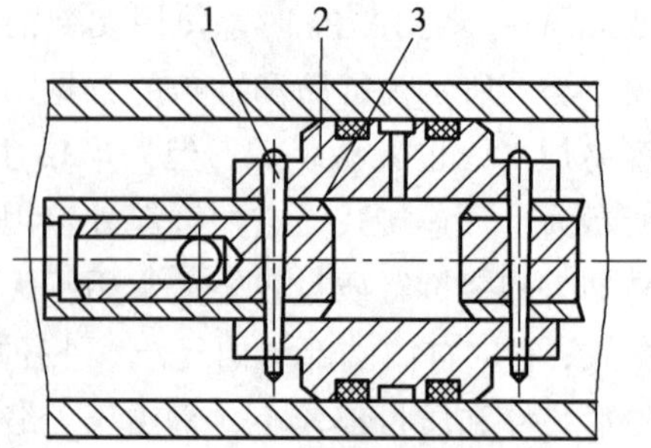

1—锥销；2—活塞；3—活塞杆。

（d）锥销连接

图 2-2-8 活塞和活塞杆结构

图 2-2-8（a）所示为活塞与活塞杆之间采用螺纹连接，它用于负载较小，受力无冲击的液压缸中。螺纹连接虽然结构简单，安装方便可靠，但在活塞杆上车螺纹将削弱其强度。图 2-2-8（b）和（c）所示为半环式连接方式。图 2-2-8（b）中活塞杆 5 上开有一个环形槽，槽内装有两个半环 3 以夹紧活塞 4，半环 3 由轴套 2 套住，而轴套 2 的轴向位置用弹簧卡圈 1 来固定。图 2-2-8（c）中的活塞杆，使用了两个半环 4，它们分别由两个密封圈座 2 套住，半圆形的活塞 3 安放在密封圈座的中间。半环连接一般用在高压大负荷的场合，特别是当工作设备有较大振动的情况下。图 2-2-8（d）所示是一种径向锥销式连接结构，用锥销 1 把活塞 2 固连在活塞杆 3 上，这种连接方式适用于双出杆式活塞，特别是轻载的机床。

（三）密封装置

液压缸高压腔中的油液向低压腔泄漏称为内泄漏，液压缸中的油液向外部泄漏称为外泄漏。由于液压缸存在内泄漏和外泄漏，使得液压缸的容积效率降低，从而影响液压缸的工作性能，严重时使系统压力上不去，甚至无法工作，并且外泄漏还会污染环境。因此，为了防止泄漏，液压缸中需要密封的地方必须采取相应的密封措施。液压缸中需要密封的部位有活塞、活塞杆和端盖等处。

设计和选用密封装置的基本要求是：密封装置应具有良好的密封性能，并随压力的增加能自动提高；动密封处运动阻力要小；密封装置要耐油抗腐蚀、耐磨、寿命长、制造简单、拆装方便。常用的密封装置如图 2-2-9 所示。

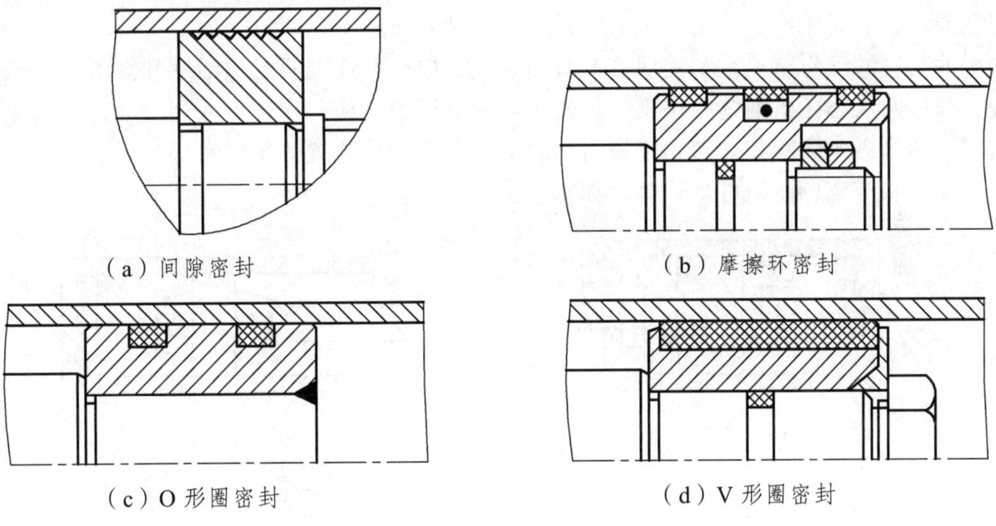

图 2-2-9　密封装置

1. 间隙密封

如图 2-2-9（a）所示，它依靠两运动件配合面间保持一很小的间隙，使其产生液体摩擦阻力来防止泄漏的一种密封方法。为了提高这种装置的密封能力，常在活塞的表面上制出几条细小的环形槽，其尺寸为 0.5 mm × 0.5 mm，槽间距为 3 ~ 4 mm，这些环形槽的作用有两方面，一是提高间隙密封的效果，当油液从高压腔向低压腔泄漏时，由于油路截面突然改变，在小槽中形成旋涡而产生阻力，于是使油液的泄漏量减少；二是阻止活塞轴线的偏移，从而有利于保持配合间隙，保证润滑效果，减少活塞与缸壁的磨损，增强间隙密封性能。它的结构简单，摩擦阻力小，可耐高温，但泄漏大，加工要求高，磨损后无法恢复原有能力，只有在尺寸较小、压力较低、相对运动速度较高的缸筒和活塞间使用。

2. 摩擦环密封

如图 2-2-9（b）所示，它依靠套在活塞上的摩擦环（尼龙或其他高分子材料制成）在 O 形密封圈弹力作用下贴紧缸壁而防止泄漏。这种材料效果较好，摩擦阻力较小且稳定，可耐高温，磨损后有自动补偿能力，但加工要求高，装拆较不便，适用于缸筒和活塞之间的密封。

3. 密封圈（O 形圈、Y 形圈、V 形圈等）密封

图 2-2-9（c）、（d）所示为密封圈密封，它利用橡胶或塑料的弹性使各种截面的环形圈贴紧在静、动配合面之间来防止泄漏。其结构简单，制造方便，磨损后有自动补偿能力，性能可靠，在缸筒和活塞之间、缸盖和活塞杆之间、活塞和活塞杆之间、缸筒和缸盖之间都能使用。

4. 防尘圈

对于活塞杆外伸部分来说，由于其很容易把脏物带入液压缸，污染油液，磨损密封件，因此常需在活塞杆密封处增添防尘圈，并放在向着活塞杆外伸的一端。

（四）缓冲装置

液压缸一般都设置缓冲装置，特别是对大型、高速或要求高的液压缸，行程终点时和缸盖相互撞击，引起噪声、冲击，则必须设置缓冲装置。

缓冲装置的工作原理是利用活塞或缸筒在其走向行程终端时封住活塞和缸盖之间的部分油液，强迫它从小孔或细缝中挤出，以产生很大的阻力，使工作部件受到制动，逐渐减慢运动速度，达到避免活塞和缸盖相互撞击的目的。常见缓冲装置的结构有环状间隙式、节流口面积可变式和节流口面积可调式等，如图 2-2-10 所示。

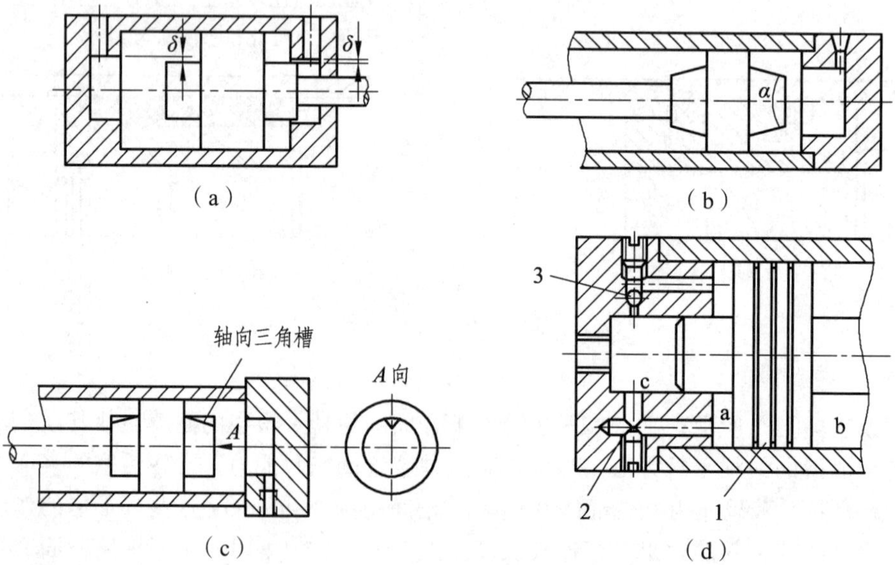

1—活塞；2—节流阀；3—单向阀。

图 2-2-10　液压缸的缓冲装置

1. 环状间隙式

如图 2-2-10（a）所示，当缓冲柱塞进入与其相配的缸盖上的内孔时，孔中的液压油只能通过间隙δ排出，使活塞速度降低。图 2-2-10（b）中活塞设计成锥形，使间隙逐渐减小，从而使阻力逐渐增大，缓冲效果更好。

2. 节流口面积可变式缓冲装置

如图 2-2-10（c）所示，在缓冲柱塞上开有三角槽，随着柱塞逐渐进入配合孔中面积越来越小，使活塞运动速度逐渐减慢而实现制动缓冲作用。

3. 节流口面积可调式缓冲装置

如图 2-2-10（d）所示，在端盖上装有节流阀，当缓冲凸台进入凹腔 c 后，活塞与端盖（a 腔）间的油液经节流阀 2 的开口流入 c 腔而排出，于是回油阻力增大，形成缓冲液压阻力，使活塞运动速度减慢，实现制动缓冲。节流阀 2 的开口可根据负载情况调节，从而改变缓冲的速度。当活塞 1 反向运动时，压力油由 c 腔经单向阀 3 进入 a 腔，使活塞迅速起动。

（五）排气装置

液压缸在安装过程中或长时间停放重新工作时，液压缸里和管道系统中会渗入空气，为了防止执行元件出现爬行、噪声和发热等不正常现象，须把缸中和系统中的空气排出。一般可在液压缸的最高处设置进出油口把气带走，也可在最高处设置排气孔[见图 2-2-11（a）]或专门的排气阀[见图 2-2-11（b）、（c）]。

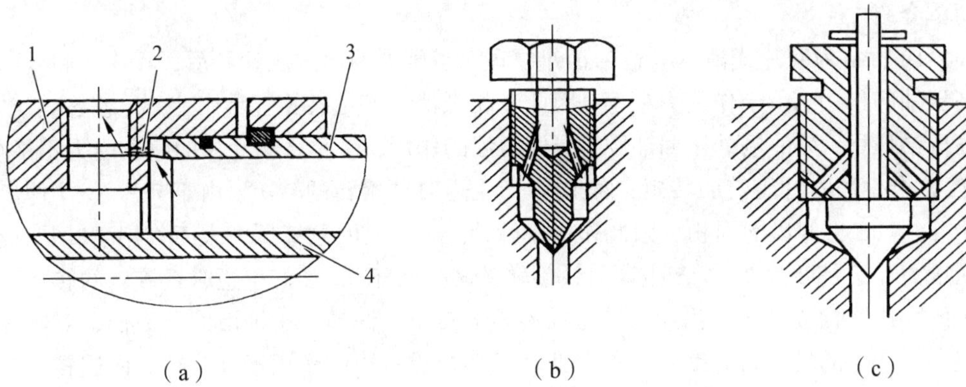

1—缸盖；2—放气小孔；3—缸体；4—活塞杆。

图 2-2-11　放气装置

三、液压马达

（一）液压马达的特点及分类

从能量转换的观点来看，液压泵与液压马达是可逆工作的液压元件，向任何一种液压泵输入工作液体，都可使其变成液压马达工况；反之，当液压马达的主轴由外力矩驱动旋转时，也可变为液压泵工况。因为它们具有同样的基本结构要素——密闭而又可以周期性变化的容积和相应的配油机构。但是，由于液压马达和液压泵的工作条件不同，对它们的性能要求也不一样，所以同类型的液压马达和液压泵之间，仍存在许多差别。首先，液压马达应能够正、反转，因而要求其内部结构对称；液压马达的转速范围需要足够大，特别对它的最低稳定转速有一定的要求因此它通常都采用滚动轴承或静压滑动轴承；其次，液压马达由于在输入压力油条件下工作，因而不必具备自吸能力，但需要一定的初始密封性，才能提供必要的起动转矩。由于存在着这些差别，使得液压马达和液压泵在结构上比较相似，但不能可逆工作。

液压马达按其结构来分可以分为齿轮式、叶片式、柱塞式等几种。按液压马达的额定转速分为高速和低速两大类。额定转速高于 500 r/min 的属于高速液压马达，额定转速低于500 r/min 的属于低速液压马达。高速液压马达的基本类型有齿轮式、螺杆式、叶片式和轴向柱塞式等。它们的主要特点是转速较高、转动惯量小，便于起动和制动，调节（调速及换向）灵敏度高。通常高速液压马达输出转矩不大，所以又称为高速小转矩液压马达。通常低速液压马达输出转矩较大，所以又称为低速大转矩液压马达，其基本类型为径向柱塞式，此外在轴向柱塞式、叶片式和齿轮式中也有低速的结构类型。低速液压马达的主要特点是排量大、体积大转速低（有时可达每分钟几转甚至零点几转），因此可直接与工作机构连接，不需要减速装置，使传动机构大为简化。

（二）液压马达的工作原理

常用的液压马达的结构与同类型的液压泵很相似，下面以叶片式液压马达为例对其工作原理做简单介绍。

图 2-2-12 所示为叶片式液压马达的工作原理。当压力油通入压油腔后，叶片 2 和 6 两侧面均受高压油的作用，由于作用力相等，因此互相抵消不产生转矩。叶片 1、3（或 5、7）上，一侧受高压油作用，另一侧处于回油腔，受低压油的作用，因此每个叶片的两侧受力不平衡。故叶片 3、7 产生顺时针旋转的转矩，而 1、5 产生逆时针旋转的转矩。由于叶片 3、7 伸出的面积大于叶片 1、5 伸出的面积，因此作用于叶片 3、7 上的总液压力大于作用于叶片 1、5 上的总液压力，于是叶片 3、7 产生顺时针旋转的转矩大于 1、5 产生逆时针旋转的转矩。这两种转矩的合成就构成了转子沿顺时针方向旋转的转矩。回油腔中油液的压力低，对叶片的作用力很小，产生的转矩可忽略不计。因此转子在合成转矩的作用下顺时针方向旋转。若改变输油方向，则液压马达反转。叶片式液压马达的输出转矩与液压马达的排量和液压马达进出油口之间的压力差有关，其转速由输入液压马达的流量大小来决定。

由于液压马达—般都要求能正反转，所以叶片式液压马达的叶片要径向放置。为了使叶片根部始终通有压力油，在回、压油腔通入叶片根部的通路上应设置单向阀，为了确保叶片式液压马达在压力油通入后能正确起动，必须使叶片顶部和定子内表面紧密接触，以保证良好的密封，因此在叶片根部应设置预紧弹簧。叶片式液压马达体积小，转动惯量小，动作灵敏，可适应的双向频率较高。但泄漏较大，低速工作时不稳定，因此，叶片马达一般用于转速高、转矩小和动作要求灵敏的场合。

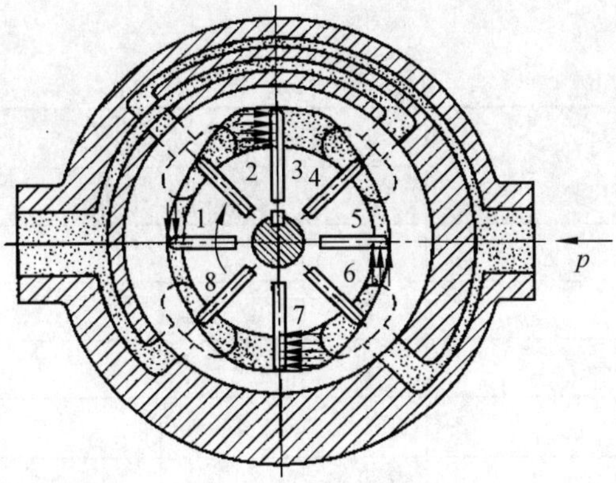

1～8—叶片。

图 2-2-12　叶片式液压马达的工作原理

考核评价

考核内容		自评	组长评价	教师评价
		达到标准画√，没达到标准画×		
作业完成	1. 按时完成任务	□	□	□
	2. 内容正确	□	□	□
	3. 字迹工整，整洁美观	□	□	□
操作过程	1. 启动实验台	□	□	□
	2. 大臂执行元件识别	□	□	□
	3. 小臂执行元件识别	□	□	□
	4. 挖斗执行元件识别	□	□	□
	5. 整体旋转执行元件识别	□	□	□
	6. 停止实验台	□	□	□
工作态度	1. 不旷课	□	□	□
	2. 不迟到，不早退	□	□	□
	3. 学习积极性高	□	□	□
	4. 学习认真，虚心好学	□	□	□
职业操守	1. 安全、文明工作	□	□	□
	2. 具有良好的职业操守	□	□	□
团队合作	1. 服从组长的工作安排	□	□	□
	2. 按时完成组长分配的任务	□	□	□
	3. 热心帮助小组其他成员	□	□	□
项目完成	1. 执行元件识别正确	□	□	□
	2. 执行元件功能描述正确	□	□	□
项目报告	1. 报告书规范、排版好	□	□	□
	2. 结构完整，内容翔实	□	□	□
	3. 能将任务的设计过程及结果完整展现	□	□	□
评价等级				
项目最终评价（自评20%、组评30%、师评50%）				

评语

1. 自我评价

个人签字：　　　　　　日期：

2. 组长评价

组长签字：　　　　　　日期：

3. 教师评价

教师签字：　　　　　　日期：

拓展思考题

1. 单杆活塞式液压缸有哪三种进油方式？请画图说明。
2. 活塞式液压缸包括哪些组成部分？

任务三　挖掘机液压系统辅助元件认知

任务导入

辅助元件起散热、蓄能、输油、连接、过滤、测量压力和测量流量等作用，主要包括油箱、蓄能器、油管、管接头、滤油器、压力表以及流量计等。在任务一中大家已经对挖掘机模型的液压传动系统进行了认知，本任务要识别挖掘机模型液压系统的辅助元件。

任务目标

【知识目标】

（1）掌握辅助元件的类型。

（2）掌握辅助元件的工作原理。

（3）掌握辅助元件的图形符号。

【能力目标】

（1）能够根据应用场合选择辅助元件。

（2）能够区分不同的辅助元件。

（3）能够绘制、识别辅助元件的符号。

【素质目标】

（1）培养学生树立系统意识、全局意识。

（2）培养严谨求实，严格遵循国标和设计规范。

（3）培养动手实践、深入探究的能力和团队协作意识。

任务分组

班级		组号		指导老师	
组长		学号			
组员	小组成员	任务内容分配			

任务准备

引导问题 1：辅助元件有哪些类型？各有什么作用？

引导问题 2：油箱有什么作用？

任务实施

序号	辅助元件名称	数量	符号	作用

相关知识

辅助元件起散热、蓄能、输油、连接、过滤、测量压力和测量流量等作用，主要包括油箱、蓄能器、油管、管接头、滤油器、压力表以及流量计等。这些元件能保证系统正常工作，是液压传动系统不可缺少的组成部分。

一、油　箱

油箱的主要功能是储存油液，此外，还有散热（以控制油温），阻止杂质进入，沉淀油中杂质，分离气泡等功能。

（一）油箱的形式

油箱可分为开式和闭式两种，开式油箱中油的油液面和大气相通，而闭式油箱中的油液面和大气隔绝。液压系统中大多数采用开式油箱。

（二）油箱的结构

开式油箱大部分是由钢板焊接而成的，图 2-3-1 所示为工业上使用的典型焊接式油箱。

（三）隔板及配管的安装位置

隔板装在吸油侧和回油侧之间，如图 2-3-2 所示，以起到沉淀杂质、分离气泡及散热的作用。

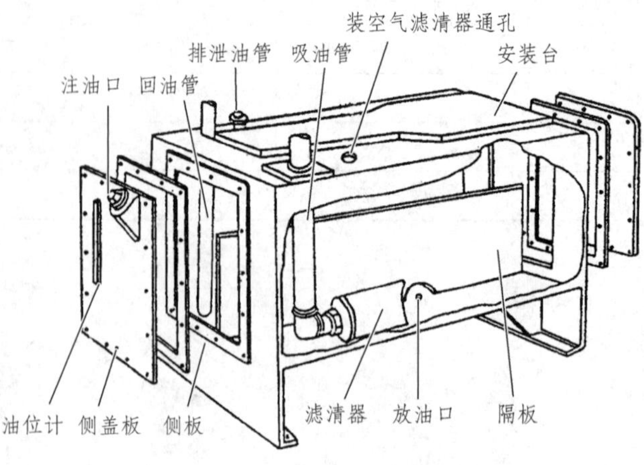

图 2-3-1　焊接油箱结构

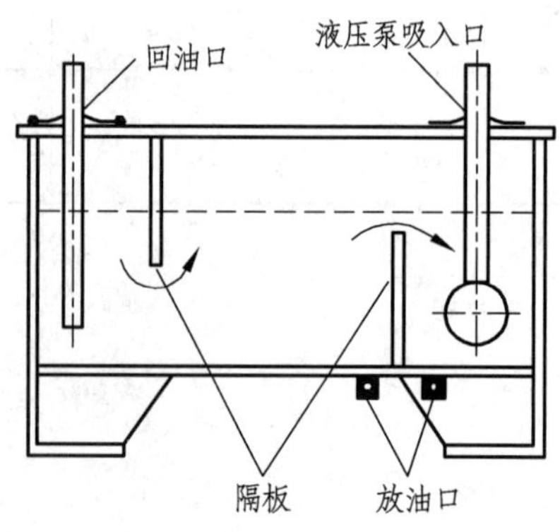

图 2-3-2　油箱中隔板的位置

（四）附设装置

为了监测液面，油箱侧壁应装油面指示计。为了检测油温，一般在油箱上装温度计，且温度计直接浸入油中。在油箱上还装有压力计，可用以指示泵的工作压力。

二、滤油器

滤油器作为液压系统不可少的辅助元件，其功用是过滤混在油液中的杂质，降低进入系统中油液的污染度，保证系统正常工作。

（一）滤油器类型

滤油器按其滤芯材料的过滤机制来分有，表面型滤油器、深度型滤油器、吸附型滤油三种。常见的滤油器式样及其特点见表 2-3-1。

（二）滤油器的职能符号

滤油器的职能符号如图 2-3-3 所示。图 2-3-3（a）为过滤器一般符号；图 2-3-3（b）为磁芯过滤器的符号；2-3-3（c）图为污染提示过滤器的符号。

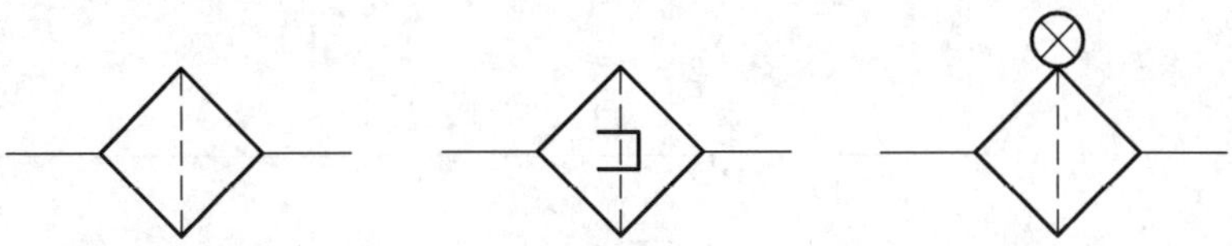

（a）　　（b）　　（c）

图 2-3-3　滤油器的符号

表 2-3-1　常见的滤油器及其特点

类型	名称及结构简图	特点说明
网式过滤器	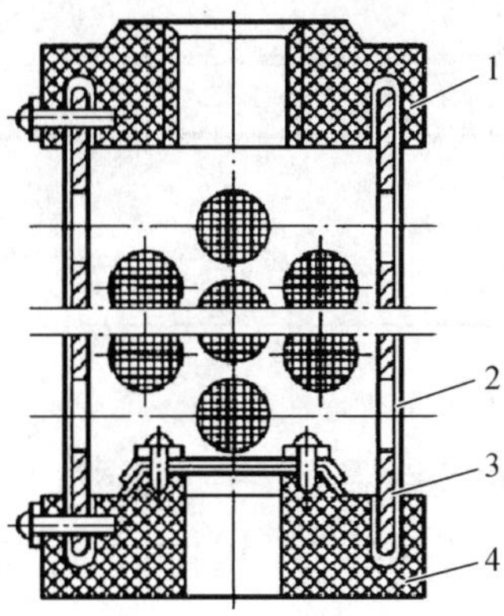 1—上端盖；2—滤网；3—骨架；4—下端盖。	1. 过滤精度与铜丝网层数及网孔大小有关。在压力管路上常用 100、150、200 目（每英寸长度上孔数）的铜丝网，在液压泵吸油管路上常采用 20~40 目铜丝网。 2. 压力损失不超过 0.004 MPa。 3. 结构简单，通流能力大，清洗方便，但过滤精度低

续表

类型	名称及结构简图	特点说明
线隙式过滤器	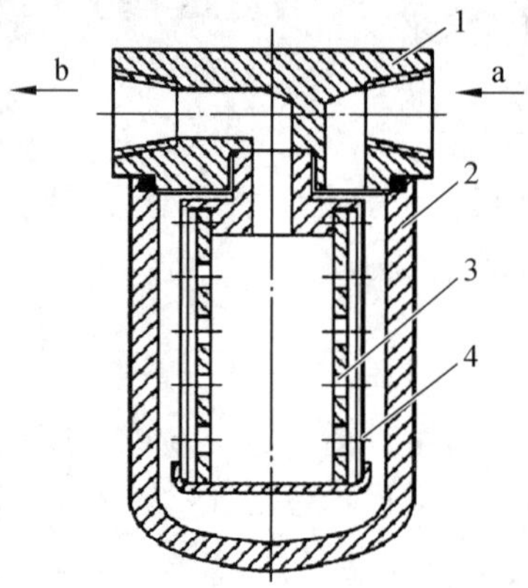1—端盖；2—壳体；3—骨架；4—金属绕线。	1. 滤芯由绕在芯架上的一层金属线组成，依靠线间微小间隙来挡住油液中的杂质。 2. 压力损失为 0.03~0.06 MPa。 3. 结构简单，通流能力大，过滤精度高，但滤芯材料强度低，不易清洗。 4. 用于低压管道中，当用在液压泵吸油管上时，它的流量规格宜选得比泵大
纸芯式过滤器	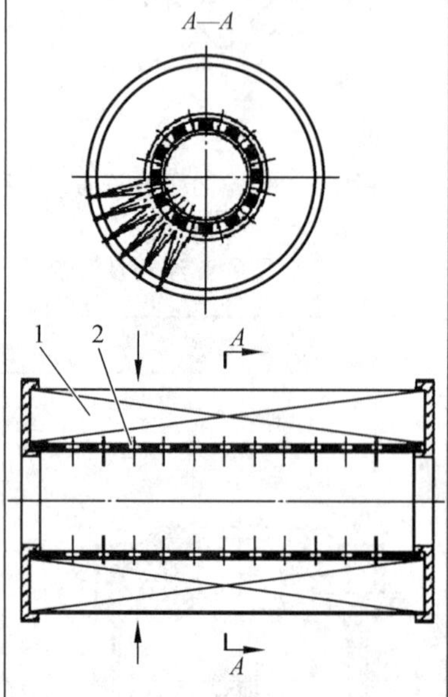1—纸芯；2—骨架。	1. 结构与线隙式相同，但滤芯为平纹或波纹的酚醛树脂或木浆微孔滤纸制成的纸芯。为了增大过滤面积，纸芯常制成折叠形 2. 压力损失为 0.01~0.04 MPa。 3. 过滤精度高，但堵塞后无法清洗，必须更换纸芯。 4. 通常用于精过滤

（三）滤油器的选用

滤油器按过滤精度不同分为粗过滤器、普通过滤器、精密过滤器和特精过滤器 4 种，它们分别能滤去大于 100 μm、10 ~ 100 μm、5 ~ 10 μm 和 1 ~ 5 μm 大小的杂质。

（四）滤油器的安装

滤油器在液压系统中的安装位置通常有以下几种：

（1）安装在泵的吸油口处。如图 2-3-4 中 1 所示，泵的吸油路上一般都安装有表面型滤油器。

（2）安装在压力油路上。如图 2-3-4 中 2 所示，精滤油器可用来滤除可能侵入阀类等元件的污染物。

（3）安装在系统的回油路上。如图 2-3-4 中 3、4 所示，这种安装起间接过滤作用。一般与过滤器并联安装一背压阀，当过滤器堵塞达到一定压力值时，背压阀打开。

（4）安装在专门的滤油回路中。如图 2-3-4 中 5 所示。

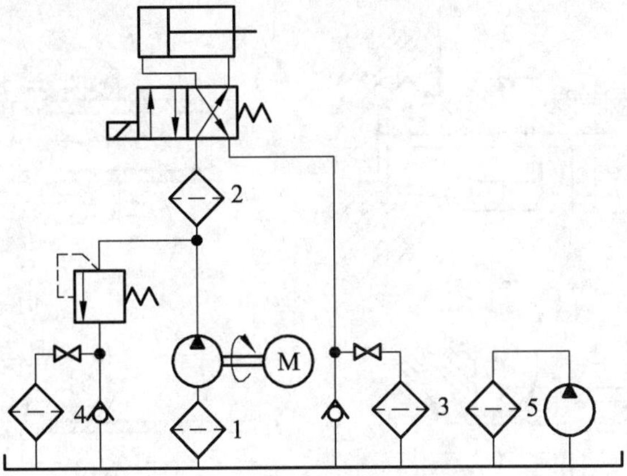

图 2-3-4　滤油器的安装位置

三、油管和管接头

（一）油　管

液压系统中使用的油管种类很多，有钢管、铜管、尼龙管、塑料管、橡胶管等，须按照安装位置、工作环境和工作压力来正确选用。油管的特点及其适用范围见表 2-3-2。

表 2-3-2　液压系统中使用的油管

种类		特点和适用场合
硬管	钢管	能承受高压、价格低廉、耐油、抗腐蚀、刚性好，但装配时不能任意弯曲；常在装拆方便处用作压力管道，中、高压用无缝管，低压用焊接管等
	紫铜管	易弯曲成各种形状，但承压能力一般不超过 6.5~10 MPa，抗振能力较弱，又易使油液氧化；通常用在液压装置内配接不便之处
软管	尼龙管	乳白色半透明，加热后可以随意弯曲成形或扩口，冷却后又能定形，承压能力（2.5~8 MPa）因材质而异
	塑料管	质轻耐油，价格便宜，装配方便，但承压能力低，长期使用会变质老化，只宜用作压力低于 0.5 MPa 的回油管、泄油管等
	橡胶管	高压管由耐油橡胶夹几层钢丝编织网制成，钢丝网层数越多，耐压越高，价格越昂贵，用作中、高压系统中两个相对运动件之间的压力管道。 低压管由耐油橡胶夹帆布制成，可用作回油管道

（二）管接头

管接头是油管与油管、油管与液压件之间的可拆装连接件。它必须具有外形尺寸小、通流能力大、压力损失小、装拆方便、连接牢固、密封可靠、工艺性好等特点。管接头的种类很多，其规格品种可查阅有关手册。常见的管接头如下：

（1）硬管接头。按管接头和管道的连接方式分，有扩口式管接头、卡套式管接头和焊接式管接头 3 种。图 2-3-5（a）所示为扩口式管接头。图 2-3-5（b）所示为卡套式管接头。图 2-3-5（c）、图 2-3-5（d）所示为焊接式管接头。

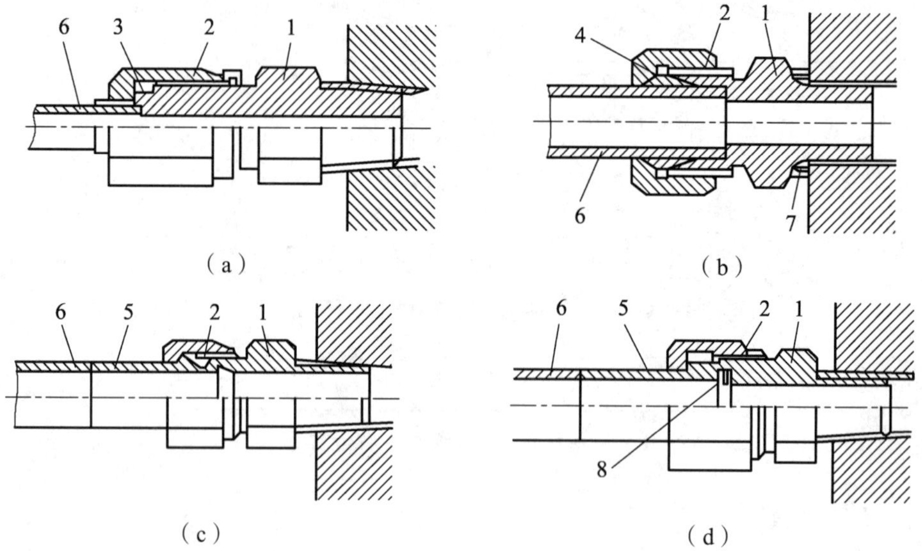

1—接头体；2—接头螺母；3—管套；4—卡套；5—接管；6—管子；7—组合密封垫圈；8—O 形密封圈。

图 2-3-5　硬管接头

（2）胶管接头。胶管接头有可拆式和扣压式两种，各有 A、B 和 C 三种类型，随管径不同可用于工作压力在 6 ~ 40 MPa 的系统。图 2-3-6 所示为 A 型扣压式胶管接头，装配时须剥离外胶层，然后在专门设备上扣压而成。

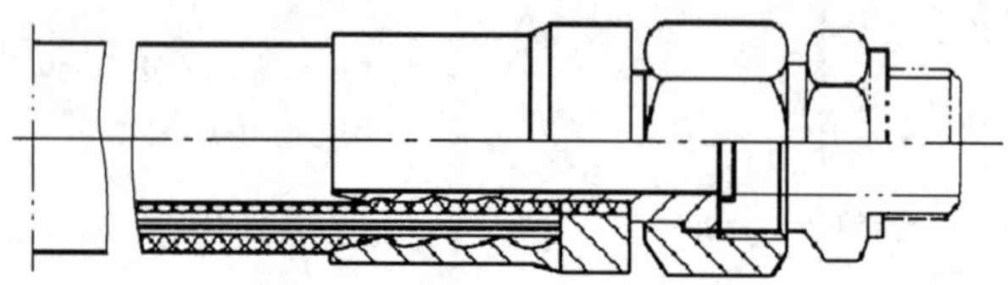

图 2-3-6　扣压式管接头

（3）快速接头。快速接头的全称为快速装拆管接头，它的装拆无须工具，适用于需经常装拆处。图 2-3-7 所示为油路接通的工作位置。

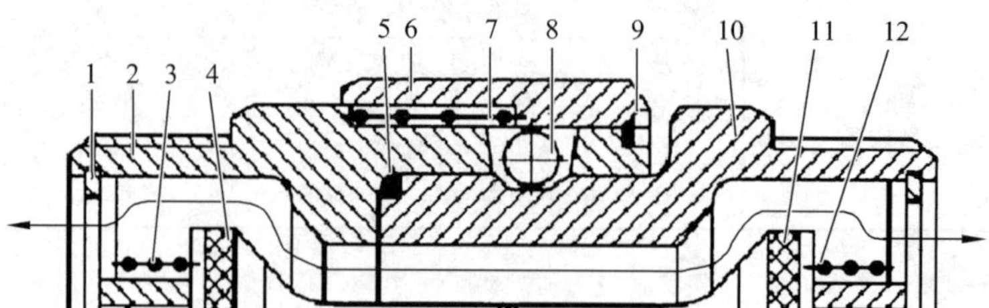

1—卡环；2—插座；3，7，12—弹簧；4，11—单向阀；5—密封圈；6—外套；8—钢球；9—卡环；10—接头体。

图 2-3-7　快速接头

四、蓄能器

蓄能器是液压系统中一个重要的部件，对液压系统的经济性、安全性和可靠性都有极其重要的影响。

（一）常用蓄能器的种类和特点

按其储存能量的方式不同分为重力加载式（重锤式）、弹簧加载式（弹簧式）和气体加载式。气体加载式又分为非隔离式（气瓶式）和隔离式，而隔离式包括活塞式、气囊式和隔膜式等。它们的结构简图和特点见表 2-3-3。

表 2-3-3　常用蓄能器的种类和特点

种类	结构	特点
重锤式	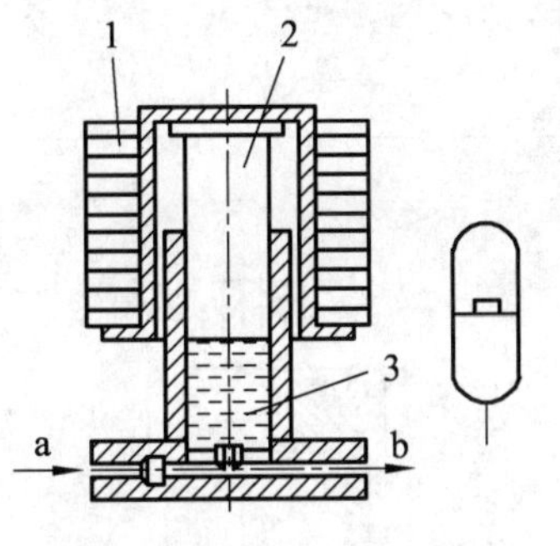 1—重物；2—柱塞；3—油液； a—输入孔；b—输出孔。	1. 利用重物的位置变化来存储和释放能量。 2. 结构简单、压力稳定，但容量小、体积大、反应不灵敏，容易泄流。 3. 目前只适用于少数大型固定设备的液压系统
弹簧式	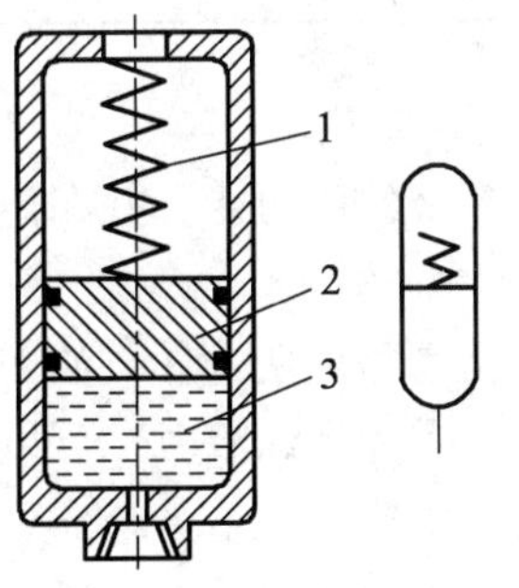 1—弹簧；2—活塞；3—液压油。	1. 利用弹簧的伸缩来存储和释放能量。 2. 结构简单，反应灵敏，但容量小、承压较低。 3. 液压油的压力取决于弹簧的预紧力和活塞的面积，由于弹簧伸缩时弹簧力发生变化，油压也发生变化，为了减少这种变化，弹簧的刚度不可太大，限制了蓄能器的工作压力，用于低压小流量的系统

续表

种类	结构	特点
气囊式	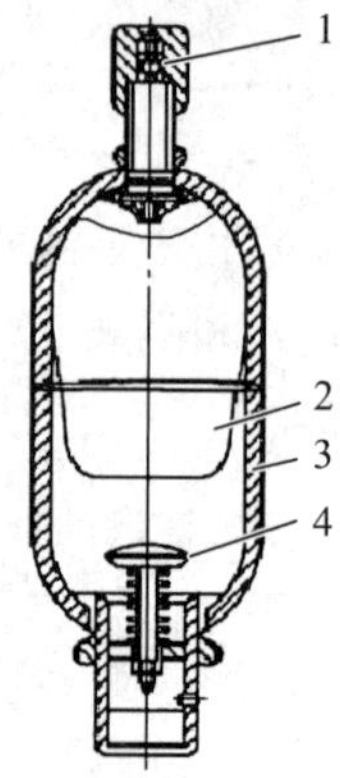 1—充气阀；2—气囊；3—壳体；4—限位阀。	1. 利用气体的压缩和膨胀来存储、释放压力能（气体和油液由蓄能器中的气囊隔开）。 2. 容量大，惯性小，反应灵敏、轮廓尺寸小，但气囊与壳体制造困难
活塞式	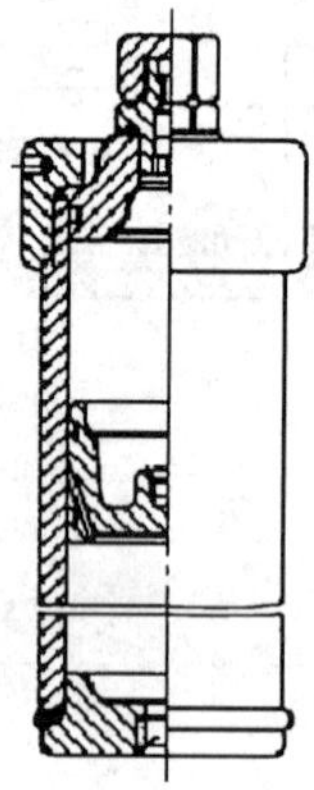	1. 利用气体的压缩和膨胀来存储、释放压力能（气体在蓄能器中由活塞隔开）。 2. 结构简单，工作可靠，容易安装，维护方便，但活塞惯性大，活塞和缸壁之间有摩擦，反应不够灵敏，密封要求高。 3. 用于存储能量或供中高压系统吸收压力脉动用

（二）蓄能器的用途

蓄能器的功用主要是储存油液多余的压力能，并在需要时释放出来。在液压系统中蓄能器常用在以下方面：

（1）作辅助动力源，用于存储能量和短期大量供油。若液压系统的执行元件在一个工作循环内运动速度相差较大，在系统不需大量油液时，可以把液压泵输出的多余压力油储存在蓄能器内，短时间需要时再由蓄能器快速释放给系统。可在液压系统中设置蓄能器，这样选择液压泵时可选用流量等于循环周期内平均流量的液压泵，以减小电动机功率消耗，降低系统温升。如图 2-3-8 所示，液压缸停止运动后，系统压力上升，压力油进入蓄能器存储能量。当换向阀切换，使液压缸快速运动时，系统压力降低，此时，蓄能器中的压力油排放出来与液压泵同时向系统供油。

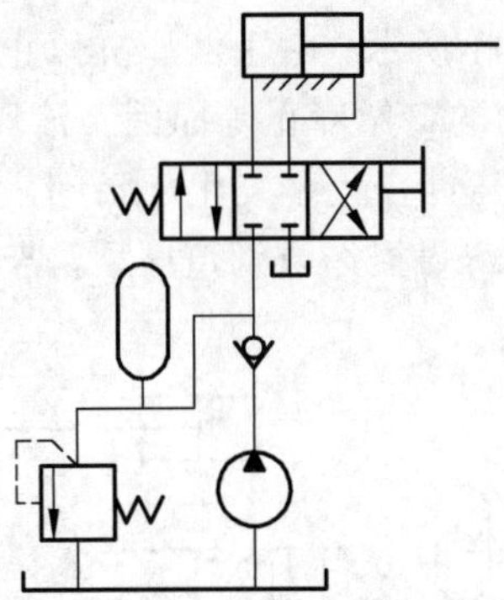

图 2-3-8　蓄能器用于存储能量

（2）维持系统压力。在液压泵停止向系统提供油液的情况下，蓄能器能把储存的压力油供给系统，补偿系统泄漏或充当应急能源，使系统在一段时间内维持系统压力。如图 2-3-9 所示，夹紧工件后，液压泵压力达到系统最高工作压力时，液压泵卸荷，此时液压缸依靠蓄能器来保持压力并补偿泄漏，保持恒压，以保证工件的可靠夹紧，从而减少功率损耗。

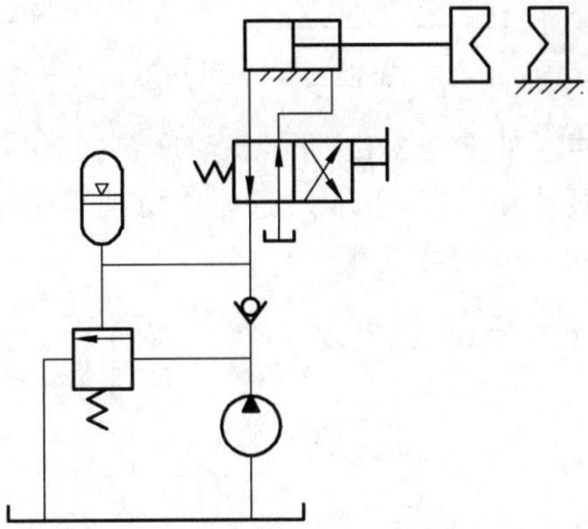

图 2-3-9　蓄能器用于系统保压和补偿泄漏

（3）作应急油源。液压设备在工作时遇到特殊情况，如泵故障或者停电等，执行元件应能继续完成必要的动作以紧急避险、保证安全。因此要求在液压系统中设置适当容量的蓄能器作为紧急动力源，避免油源突然中断所造成的机件损坏，如图 2-3-10 所示为蓄能器作为应急油源的回路。

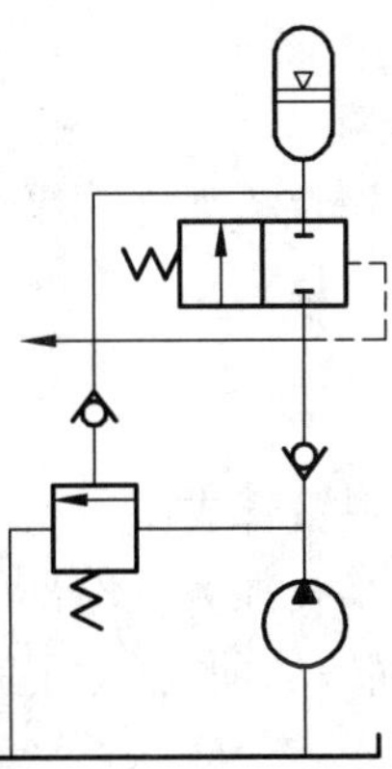

图 2-3-10　蓄能器用于应急油源

（4）缓和液压冲击。如图 2-3-11 所示，由于液压缸停止运动、换向阀的突然换向或关闭、液压泵的突然停转、执行元件运动的突然停止等原因，液压系统管路内的液体流动会发生急剧变化，产生液压冲击。因这类液压冲击大多发生于瞬间，液压系统中的安全阀来不及开启，因此常常造成液压系统中的仪表、密封损坏或管道破裂。若在冲击源的前端管路安装蓄能器，则可以缓和这种液压冲击。

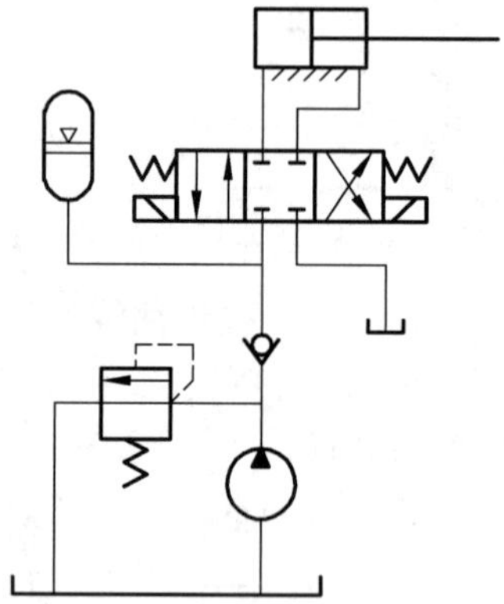

图 2-3-11　蓄能器用于缓和液压冲击

（5）吸收脉动，降低噪声。如图 2-3-12 所示，液压泵的流量脉动会使执行元件速度不均匀，引起系统压力脉动导致振动和噪声。因此，通常在液压泵的出口处安装蓄能器吸收脉动、降低噪声，减少因振动损坏仪表和管接头等元件。

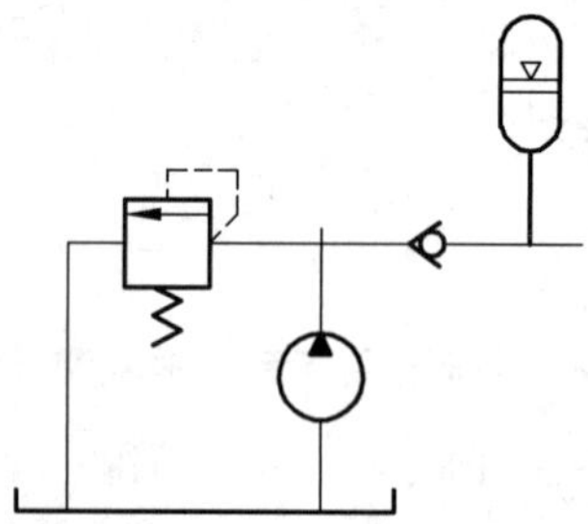

图 2-3-12　蓄能器用于吸收脉动降低噪声

五、压力表

（一）压力表的功用

压力表用于观察液压系统中各工作点（如液压泵出口、减压阀之后等）的压力，以便工作人员把系统的压力调整到要求的工作压力。

（二）压力表的类型

压力表的种类很多，最常用的是弹簧管式压力表，如图 2-3-13（a）所示。当压力油进入弹簧弯管 1 时，弯管变形而使其曲率半径加大，端部的位移通过杠杆 4 使齿扇 5 摆动。于是与齿扇 5 啮合的小齿轮 6 带动指针 2 转动，此时就可在刻度盘 3 上读出压力值。图 2-3-13（b）所示为压力表的图形符号。

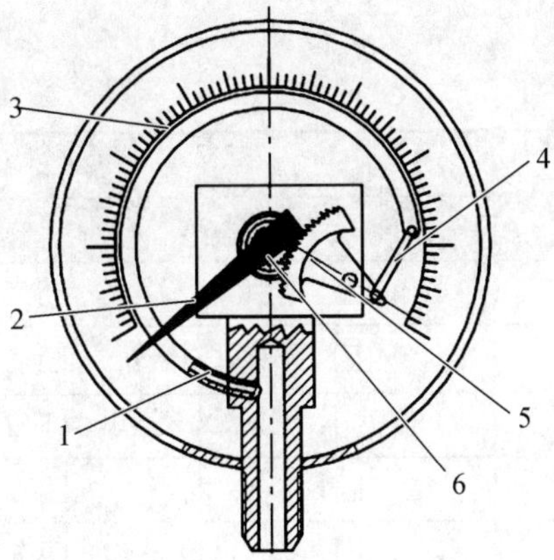

（a）结构

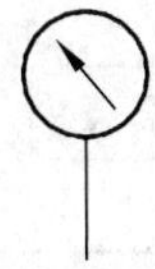

（b）图形符号

1—弯管；2—指针；2—刻度盘；4—杠杆；5—齿扇；6—小齿轮。

图 2-3-13　压力表

压力表精度等级的数值是压力表最大误差占量程（压力表的测量范围）的百分数。一般机床上的压力表用 2.5 ~ 4 级精度即可。选用压力表时，一般取系统压力为量程的 2/3 ~ 3/4（系统最高压力不应超过压力表量程的 3/4），压力表必须直立安装。为了防止压力冲击损坏压力表，常在压力表的通道上设置阻尼小孔。

考核评价

<table>
<tr><td colspan="2" rowspan="2">考核内容</td><td>自评</td><td>组长评价</td><td>教师评价</td></tr>
<tr><td colspan="3">达到标准画√，没达到标准画×</td></tr>
<tr><td rowspan="3">作业完成</td><td>1. 按时完成任务</td><td>□</td><td>□</td><td>□</td></tr>
<tr><td>2. 内容正确</td><td>□</td><td>□</td><td>□</td></tr>
<tr><td>3. 字迹工整，整洁美观</td><td>□</td><td>□</td><td>□</td></tr>
<tr><td rowspan="5">操作过程</td><td>1. 油箱识别</td><td>□</td><td>□</td><td>□</td></tr>
<tr><td>2. 油管、管接头识别</td><td>□</td><td>□</td><td>□</td></tr>
<tr><td>3. 流量计识别</td><td>□</td><td>□</td><td>□</td></tr>
<tr><td>4. 压力表识别</td><td>□</td><td>□</td><td>□</td></tr>
<tr><td>5 滤油器识别</td><td>□</td><td>□</td><td>□</td></tr>
<tr><td rowspan="4">工作态度</td><td>1. 不旷课</td><td>□</td><td>□</td><td>□</td></tr>
<tr><td>2. 不迟到，不早退</td><td>□</td><td>□</td><td>□</td></tr>
<tr><td>3. 学习积极性高</td><td>□</td><td>□</td><td>□</td></tr>
<tr><td>4. 学习认真，虚心好学</td><td>□</td><td>□</td><td>□</td></tr>
<tr><td rowspan="2">职业操守</td><td>1. 安全、文明工作</td><td>□</td><td>□</td><td>□</td></tr>
<tr><td>2. 具有良好的职业操守</td><td>□</td><td>□</td><td>□</td></tr>
<tr><td rowspan="3">团队合作</td><td>1. 服从组长的工作安排</td><td>□</td><td>□</td><td>□</td></tr>
<tr><td>2. 按时完成组长分配的任务</td><td>□</td><td>□</td><td>□</td></tr>
<tr><td>3. 热心帮助小组其他成员</td><td>□</td><td>□</td><td>□</td></tr>
<tr><td rowspan="2">项目完成</td><td>1. 液压元件识别按时正确完成</td><td>□</td><td>□</td><td>□</td></tr>
<tr><td>2. 辅助元件识别、作用描述正确</td><td>□</td><td>□</td><td>□</td></tr>
<tr><td rowspan="3">项目报告</td><td>1. 报告书规范、排版好</td><td>□</td><td>□</td><td>□</td></tr>
<tr><td>2. 结构完整，内容翔实</td><td>□</td><td>□</td><td>□</td></tr>
<tr><td>3. 能将任务的设计过程及结果完整展现</td><td>□</td><td>□</td><td>□</td></tr>
<tr><td>评价等级</td><td></td><td></td><td></td><td></td></tr>
<tr><td colspan="2">项目最终评价（自评 20%、组评 30%、师评 50%）</td><td colspan="3"></td></tr>
</table>

评语

1. 自我评价

个人签字： 日期：

2. 组长评价

组长签字： 日期：

3. 教师评价

教师签字： 日期：

拓展思考题

1. 辅助元件的功能主要是什么？
2. 常用辅助元件有哪些？画出其符号。

项目三　液压系统基本回路设计、分析和仿真

任务一　平面磨床换向回路设计、分析与仿真

任务导入

平面磨床在工作时，工作台带动工件做往复直线运动，而工作台由直线液压缸驱动，工作过程中液压缸需要不断换向来完成往复直线运动。此液压系统中，液压泵由电动机驱动，液压油从油箱中被吸出，油液经滤油器进入液压泵，油液在泵中从入口低压到出口高压，通过溢流阀、节流阀、换向阀进入液压缸左腔或右腔，推动活塞使工作台向右或向左移动。现要求设计和连接工作台液压换向回路。

任务目标

【知识目标】

（1）掌握滑阀式换向阀的工作原理及种类。

（2）掌握换向阀的常态位及中位机能。

（3）掌握换向回路的工作原理与适用场合。

【能力目标】

（1）能够区分不同换向阀的“位”和“通”。

（2）能够区分换向阀中位机能不同时的工作状态。

（3）能够设计简单的换向回路。

【素质目标】

（1）培养学生认识到规律是事物的内部联系和发展的必然趋势；

（2）培养学生认识实践的重要性；

（3）培养学生在实践中的安全意识与规范操作。

任务分组

班级		组号		指导老师	
组长		学号			
组员	小组成员	任务内容分配			

任务准备

引导问题 1：换向阀的工作原理是什么？

____

____

____

____

引导问题 2：滑阀式换向阀有哪些操纵方式？

____

____

____

____

任务实施

主要步骤	操作流程记录						
仿真	在仿真软件中选择各液压元件						
	在仿真软件中连接液压元件						
	在仿真软件中选择各控制电路元件						
	在仿真软件中连接控制电路元件						
	过程联合仿真						
选择液压元件	选择的各液压元件名称和数量	名称					
		数量					
在实验台合理布置液压元件	画出各液压元件布置位置图						
用油管正确连接元器件的各油口	回路连接顺序						
	检查各油口连接是否紧密						
选择电路元件	选择的控制电路各元件名称和数量	名称					
		数量					
连接电路	电路连接顺序						
	检查电路连接的正确性和各接头连接是否牢靠						

相关知识点

一、换向阀

（一）换向阀的工作原理

换向阀工作原理

换向阀通过改变阀芯在阀体内的相对工作位置，使阀体上各油口连通或断开，从而控制执行元件的起动、停止或改变方向。换向阀的工作原理如图 3-1-1 所示，在图示位置，液压缸两腔不通压力油，处于停止状态；若使换向阀的阀芯右移，阀体上的油口 P 和 A、B 和 T_2 连通。压力油经 P、A 进入液压缸的左腔，活塞右移，右腔油液经 B、T_2 回到油箱。反之，若阀芯左移，则 P 和 B、A 和 T_1 连通，活塞便左移。

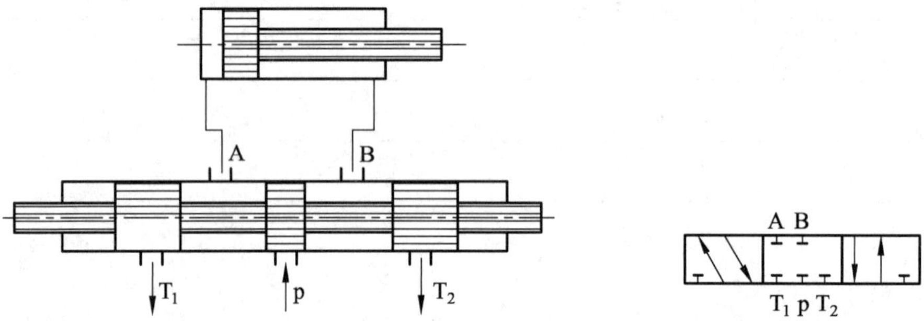

a）工作原理　　b）图形符号

图 3-1-1　换向阀的工作原理

（二）换向阀的分类

换向阀的类型

换向阀的作用是利用阀芯位置的变动，改变阀体上各油口的通断状态，从而控制油路连通、断开或改变液流方向。换向阀的用途十分广泛，种类也很多，其分类见表 3-1-1。

表 3-1-1　换向阀的分类

分类方式	类型
按阀的操纵方式	手动、机动、电动、液动、电液动
按阀的工作位置数和通路数	二位二通、二位三通、三位四通、三位五通等
按阀的结构形式	滑阀式、转阀式、锥阀式
按阀的安装方式	管式、板式、法兰式等

由于滑阀式换向阀数量多、应用广泛、具有代表性，下面以滑阀式换向阀为例说明换向阀的工作原理、图形符号、机能特点和操作方式等。

（三）滑阀式换向阀的换向原理

滑阀式换向阀是由阀体和阀芯两个主要部件组成的。阀芯是一个有多段台阶的圆柱体，直径大的部分称为凸肩，有的阀芯内部开有油液的阀内通道。阀体内孔加工出若干段环形槽称为沉割槽，每条沉割槽都通过相应的孔道与外部相通。换向原理是利用阀芯位置的变动，改变阀体上各油口的通断状态，从而控制油路连通、断开或改变液流方向。

图 3-1-2 所示为二位四通换向阀，其中 P 口为进油口，T 口为回油口，而 A 口和 B 口则通液压缸两腔。当阀芯处于中间位置时，4 个油口 P、A、B、T 互不相通，活塞停止运动；当阀芯右移时，P 口与 A 口相通，B 口与 T 口相通，液压缸左腔进油，右腔排油，活塞向右运动，此时换向阀工作在“左位”；当阀芯向左移时，P 口与 B 口相通，A 口与 T 口相通，液压缸右腔进油，左腔排油，活塞向左运动，此时换向阀工作在“右位”。

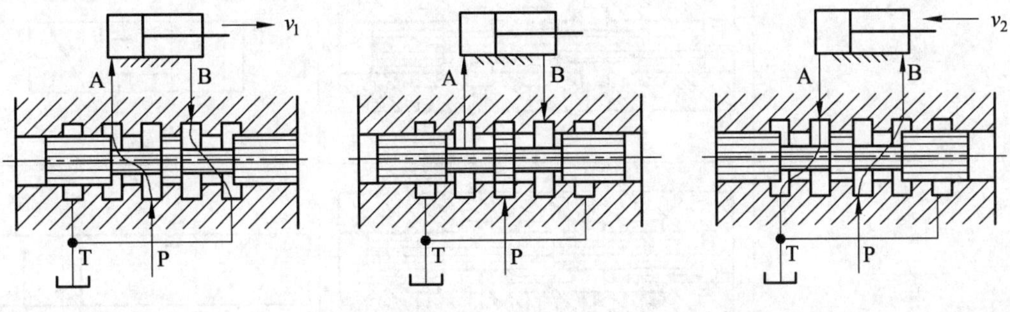

（a）　（b）　（c）

图 3-1-2　换向阀的工作原理

（四）换向阀的图形符号

一个完整的换向阀图形符号应包括：位、通、操纵方式、复位方式或定位方式。表 3-1-2 列出了几种常用的滑阀式换向阀的结构原理图及其图形符号。

换向阀的符号

表 3-1-2　常用换向阀的结构原理和图形符号

名称	结构原理图	图形符号图
二位二通	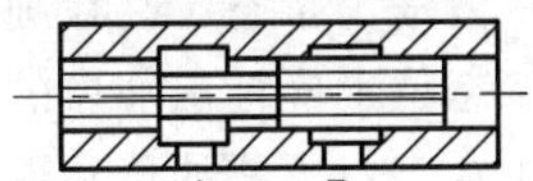 A　P	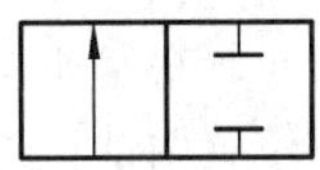 A P
二位三通	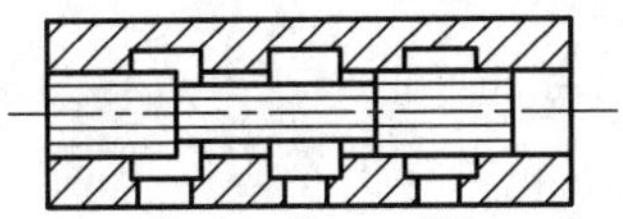 A　P　B	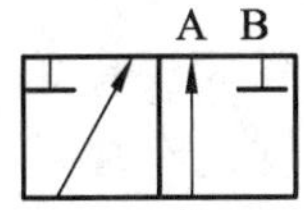 A B P
二位四通	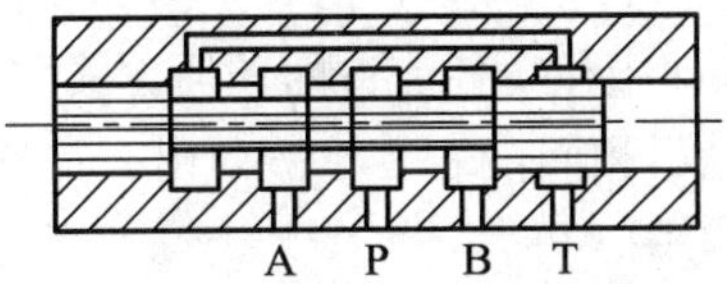 A　P　B　T	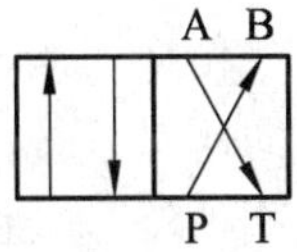 A B P T

续表

名称	结构原理图	图形符号图
二位五通	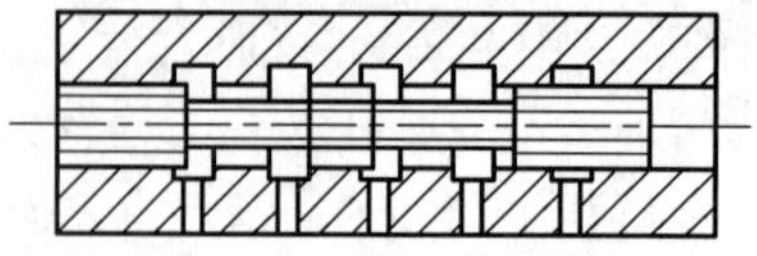	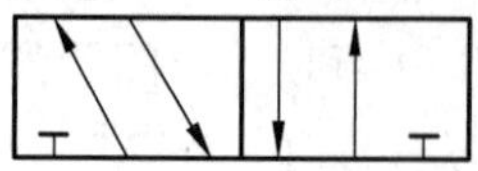
三位四通	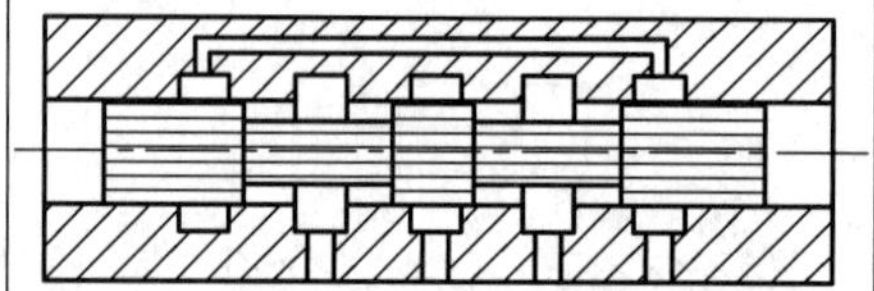	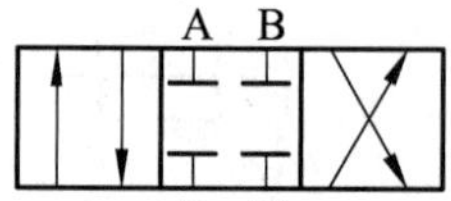
三位五通	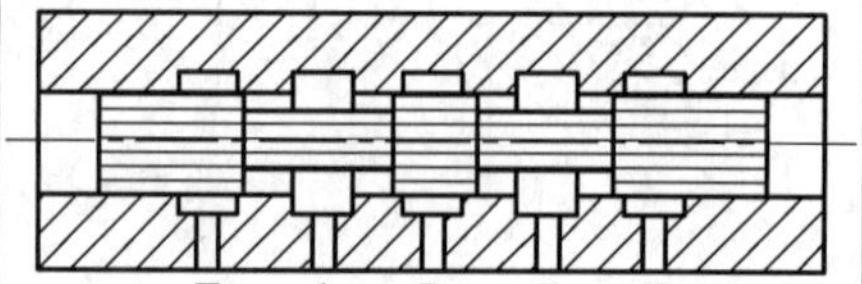	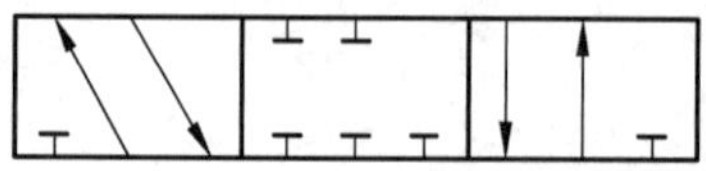

现对换向阀的图形符号含义做以下说明：

（1）用方格数表示阀的工作位置数，有几个方格就代表几位阀。

（2）在一个方格内，箭头或堵塞符号与方格的交点数为阀的通路数，有几个交点就是几通阀，箭头表示两油口相通，但不表示实际流向；“⊥”表示此油口截止（堵塞）。

（3）P 表示阀的进油口，T 表示回油口，A、B 表示控制油口，常与液压缸或液压马达相连。

（4）控制方式和复位弹簧的符号画在方格的两侧。

（5）常态位指阀芯在原始状态下（即施加控制信号之前的原始位置）的通路状况。三位阀的中位及二位阀侧面画有弹簧的那一方框为常态位。在画液压系统图时，换向阀与油路的连接一般应画在常态位上，同时，在常态位上应标出油口的代号。另外，二位二通阀有常开型（常态位置两油口连通）和常闭型（常态位置两油口不连通）。

（五）常态位和中位机能

当换向阀没有受到操纵力作用时各油口的连接方式称为常态位。二位二通换向阀有常开型和常闭型两种，常开型的常态位两油口是连通的，常闭型的常态位两油口是不通的。在液压系统原理图上，换向阀的图形符号与油路的连接应画在常态位上。

常态位和中位机能

对于三位换向阀，其常态位（即中位）各油口的连通方式称为中位机能。中位机能不同，中位时换向阀对系统的控制性能也不相同。表 3-1-3 列出了常见的中位机能的结构原理、机能代号、图形符号及机能特点和作用。

表 3-1-3　三位四通换向阀的中位机能

形式	结构原理图	中位符号	中位油口状况和特点	其他机能符号
O	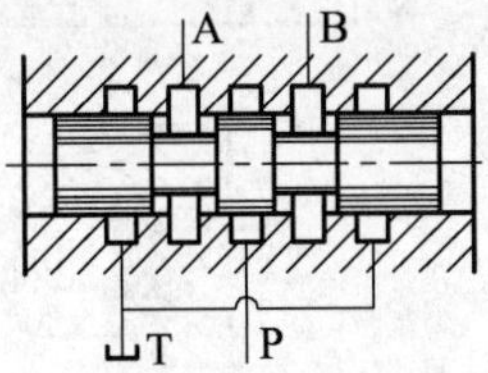	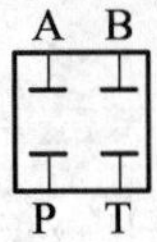	油口全封，执行元件锁死，泵不卸荷	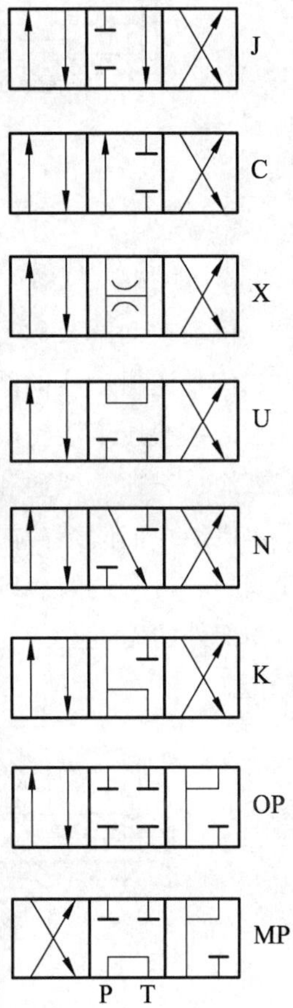
H	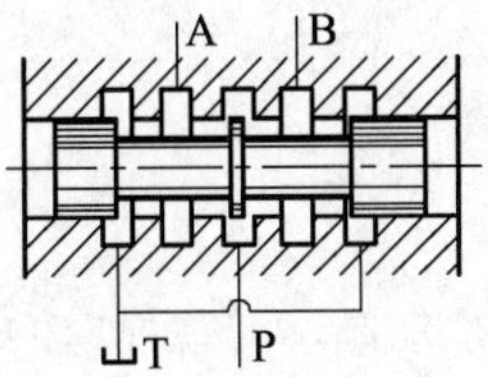	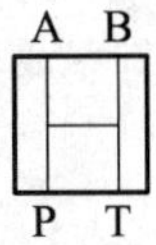	油口全通-执行元件浮动，泵卸荷	
Y	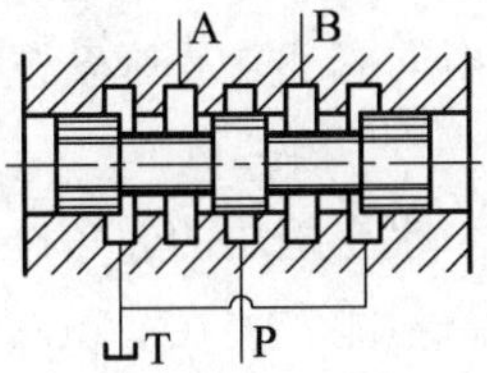	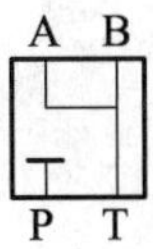	P 口封闭-A、B.T 口相通，执行元件浮动-泵保压	
P	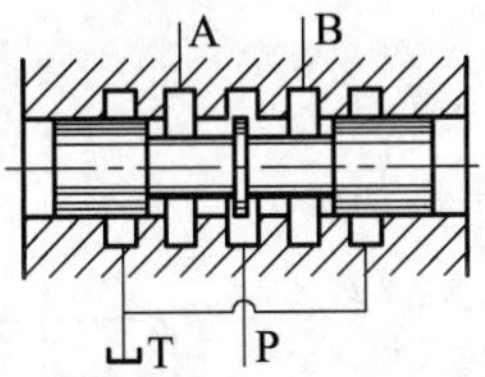	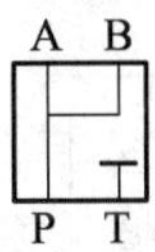	T 口封闭-P.A.B 口相通.单杠缸形成差动，泵不卸荷	
M	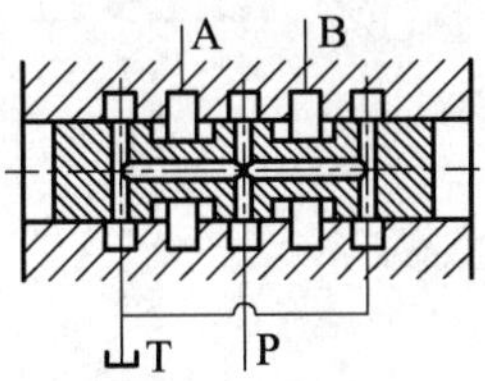	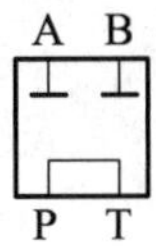	P.T 口相通、A.B 口封闭，执行元件顿死.泵卸荷	

（六）几种常见的换向阀

1. 手动换向阀

手动换向阀是利用手动杠杆来改变阀芯的位置，实现换向。按换向定位方式的不同，手动换向阀有弹簧自动复位式[见图 3-1-3（a）]和钢球定位式[见图 3-1-3（b）]两种。当操作手柄的外力撤销后，前者在弹簧力作用下使阀芯自动回复到初始位置（处于中位）；后者则因钢球卡在定位槽中，可保持阀芯处于原换向位置（称“记忆”功能）。

手动换向阀结构简单，操作安全，有的还可人为地控制阀口的大小，从而控制执行元件的速度。但由于依靠手动操纵，故只适用于间歇动作且要求人工控制的场合，如工程机械上。

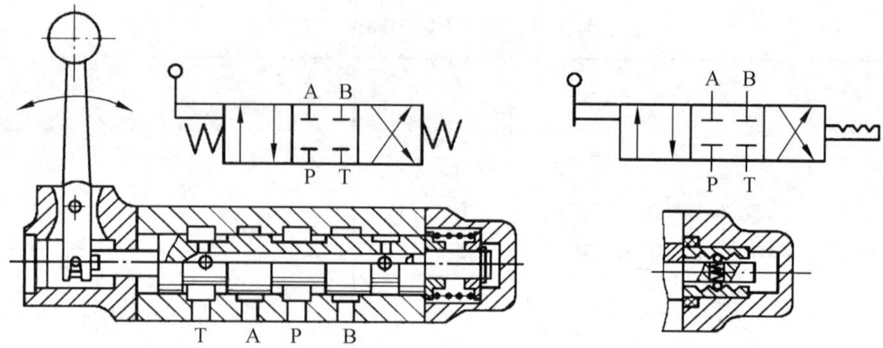

（a）弹簧自动复位　　（b）钢球定位式

图 3-1-3　三位四通手动换向阀

2. 机动换向阀

机动换向阀又称行程换向阀，是由行程挡块或凸轮推动阀芯实现换向的。图 3-1-4 所示为二位二通机动换向阀结构。在常态位（图示位置）时，P 口和 A 口不通；当固定在运动部件上的挡块压下滚轮时，阀芯移动，P 和 A 相通。机动换向阀通常是弹簧复位式的二位阀，有二通、三通、四通和五通几种。

机动换向阀结构简单，动作可靠，换向位置精度高。改变挡块的迎角或凸轮的形状，可使阀芯获得合适的换向速度，以减小换向冲击。但这种阀不能安装在液压站上，只能安装在运动部件的附近。

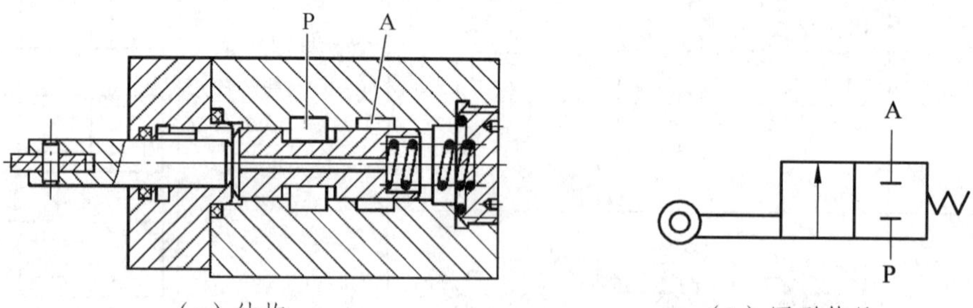

（a）结构　　（b）图形符号

图 3-1-4　二位二通行程换向阀

3. 电磁换向阀

电磁换向阀是利用电磁铁吸力使阀芯移动实现换向的。电磁铁按使用的电源不同，可分为交流和直流两种。交流电磁铁使用方便，吸力大，换向时间短（0.01 ~ 0.07 s），但换向冲击大，噪声大，换向频率低（约 30 次/分），且当阀芯被卡住或电压低等原因吸合不上时，线圈容易烧毁。直流电磁铁工作可靠，换向冲击小，使用寿命长，换向频率可达 120 次/分，其缺点是需要直流电源，成本较高。

（1）二位三通电磁换向阀，如图 3-1-5 所示，当电磁铁断电时，进油口 P 与油口 A 接通，油口 B 被关闭。当电磁铁通电时，产生的电磁吸力通过推杆 1 将阀芯 2 推向右端，进油口 P 与油口 B 接通，油口 A 被关闭。

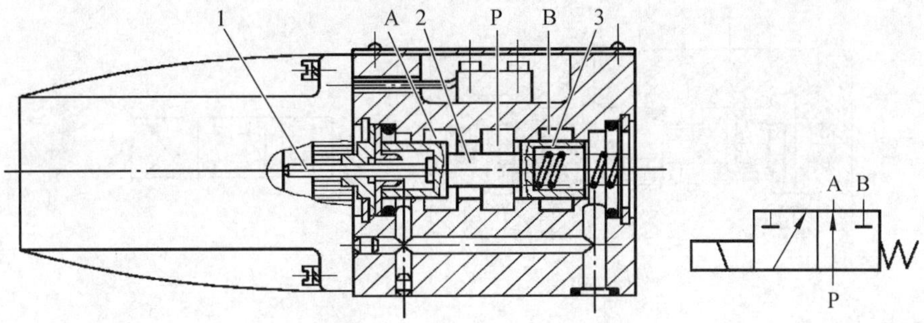

（a）结构　　（b）图形符号

图 3-1-5　二位三通电磁换向阀

（2）三位四通电磁换向阀，如图 3-1-6 所示，当两边电磁铁均不通电时，阀芯在两端对中弹簧的作用下处于中间位置，油口 P、A、B、T 互不相通（中位）。当左侧的电磁铁通电时，衔铁将阀芯推向右边，这时进油口 P 和油口 A 接通，油口 B 与回油口 T 相通（左位）；当右侧的电磁铁通电时，阀芯被推向左边，这时进油口 P 和油口 B 接通，油口 A 与回油口 T 相通（右位）。因此，通过控制左右电磁铁通电和断电，就可控制液流的方向，实现执行元件的换向。电磁换向阀具有动作迅速、操作方便，易于实现自动控制等优点。但由于电磁铁的吸力有限，所以电磁阀只宜用在流量不大的场合。

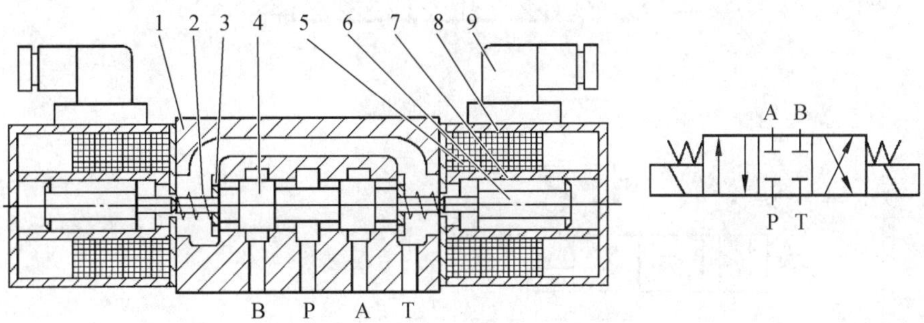

（a）结构　　（b）图形符号

图 3-1-6　三位四通电磁换向阀

4. 液动换向阀

液动换向阀是利用系统中的压力油（控制油）来改变阀芯工作位置实现换向的。

图 3-1-7 所示为三位四通液动换向阀。当阀芯两端控制油口 K_1 和 K_2 均不通入压力油时，阀芯在两端弹簧作用下处于中间位置，此时油口 P、A、B、T 互不相通（中位）；当 K_1 口通入压力油，K_2 口接通油箱时，阀芯右移，使进油口 P 与油口 A 接通，油口 B 与回油口 T 接通（左位）；当 K_2 口通入压力油，K1 口接通油箱时，阀芯左移，使进油口 P 与油口 B 接通，油口 A 与回油口 T 接通（右位）。

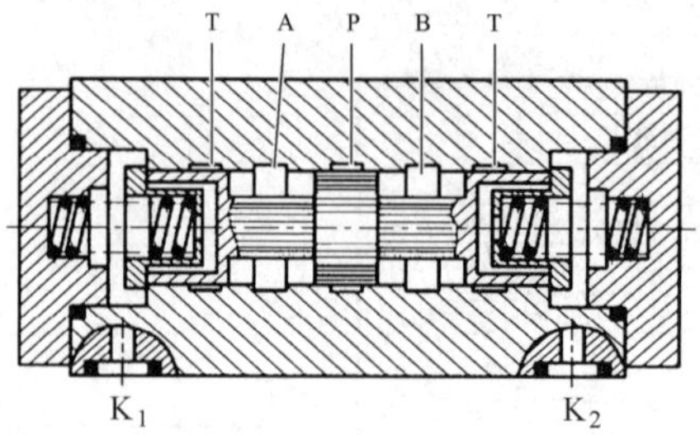

（a）结构

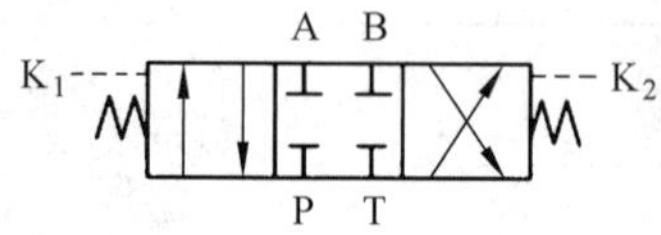

（b）图形符号

图 3-1-7　液动换向阀

5. 电液换向阀

电液换向阀（见图 3-1-8）是由电磁换向阀与液动换向阀组成的复合阀。其中，电磁换向阀用来改变液动换向阀的控制油路方向，称为先导阀；液动阀实现主油路的换向，称为主阀。

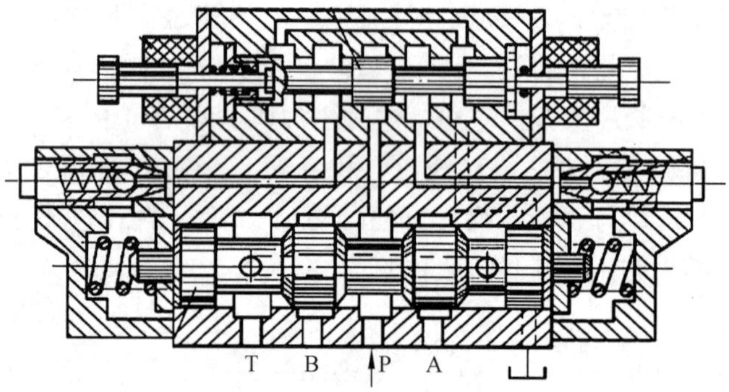

（a）结构

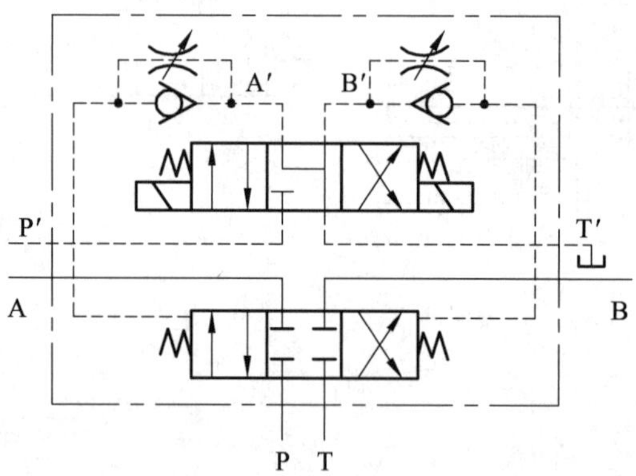

（b）图形符号

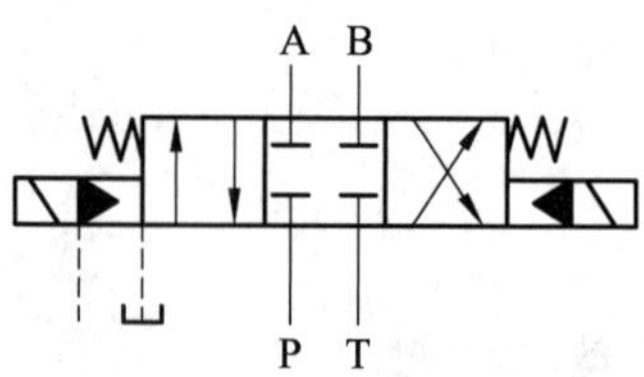

（c）简化图形符号

图 3-1-8　三位四通电液换向阀

图 3-1-8 所示为三位四通电液换向阀。当先导阀的两个电磁铁都不通电时，先导阀处于中位，液动阀两端控制口均不通压力油，主阀芯在两端对中弹簧的作用下，主阀也处于中位；当先导阀（左端电磁铁）通电时，其阀芯右移，先导阀换到左位，控制油路的压力油进入主阀左控制口，推动主阀阀芯右移，主阀也换到左位，此时 P 与 A 通，B 与 T 通；当先导阀（右端电磁铁）通电时，阀芯左移，先导阀换到右位，控制油路的压力油进入主阀右控制口，使主阀阀芯左移，主阀也换到右位，此时 P 与 B 通，A 与 T 通。调整液动阀两端阻尼调节器上

的节流阀开口大小，可以改变主阀芯的移动速度，从而调整主阀换向时间。电液换向阀综合了电磁阀和液动阀的优点，具有控制方便，通过流量大的特点。

二、换向回路

液压系统不论如何复杂，都是由一些液压基本回路组成的。所谓基本回路是指由若干个液压元件组成的且能够完成某种特定功能的液压元件和管路的组合，如用来调节液压泵供油压力的调压回路，改变液压执行元件运动方向的方向回路等都是常见的基本回路。熟悉和掌握典型的液压基本回路的组成、工作原理和性能，是分析、设计、使用和维护各种液压系统的基础。

液压基本回路根据完成的功能可分为方向控制回路、压力控制回路、速度控制回路和多缸工作控制回路等 4 种。

（一）换向阀换向回路

如图 3-1-9 所示，该回路是采用一个三位四通电磁换向阀控制的换向回路。当电磁铁 1Y1 得电时，阀芯向右移动，左位油路接通，油缸向右移动；当两电磁铁都没有电时滑阀位于中位，油缸停止；当电磁铁 1Y2 得电时，阀芯左移，右位油路接通，油缸左移。

换向阀换向回路

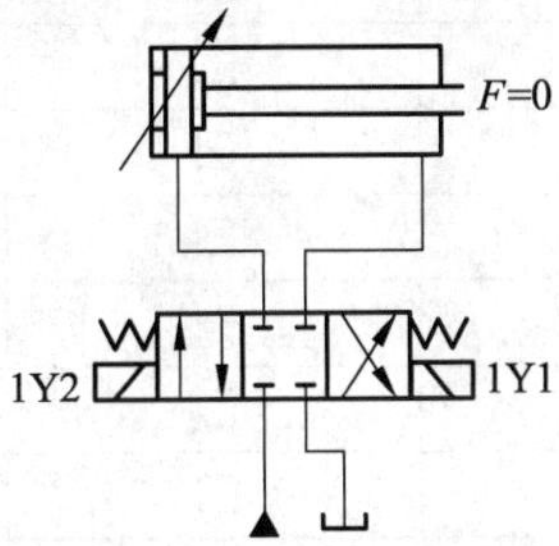

图 3-1-9　三位四通电磁换向阀换向回路

（二）泵控方向控制回路

利用双向泵的旋转方向的改变液流的方向，实现缸的运动方向的改变。液压泵可以是变量泵或定量泵。图 3-1-10 所示为双向变量泵方向控制回路。这种换向回路比普通换向阀换向平稳，多用于大功率的液压系统中，如龙门刨床、拉床等液压系统。

泵控换向回路

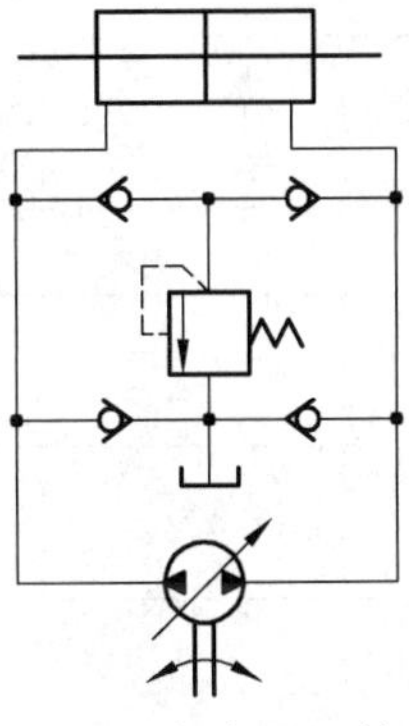

图 3-1-10　双向变量泵换向回路

考核评价

考核内容		自评	组长评价	教师评价
		达到标准画√，没达到标准画×		
作业完成	1. 按时完成任务	□	□	□
	2. 内容正确	□	□	□
	3. 字迹工整，整洁美观	□	□	□
操作过程操作过程	液压回路设计			
	1. 设计液压换向回路	□	□	□
	2. 通过液压换向回路仿真	□	□	□
	3. 选择液压元件	□	□	□
	4. 合理布置液压元件	□	□	□
	5. 可靠连接各油口	□	□	□
	调试			
	1. 动液压泵	□	□	□
	2. 调整系统的工作压力范围	□	□	□
	3. 调整液压缸行程	□	□	□
	4. 使用测试仪器、设备	□	□	□
	5. 找到故障点并正确解决问题	□	□	□
工作态度	1. 不旷课	□	□	□
	2. 不迟到，不早退	□	□	□
	3. 学习积极性高	□	□	□
	4. 学习认真，虚心好学	□	□	□
职业操守	1. 安全、文明工作	□	□	□
	2. 具有良好的职业操守	□	□	□
团队合作	1. 服从组长的工作安排	□	□	□
	2. 按时完成组长分配的任务	□	□	□
	3. 热心帮助小组其他成员	□	□	□
项目完成	1. 液压回路设计、连接正确	□	□	□
	2. 调试完成	□	□	□
项目报告	1. 报告书规范、排版好	□	□	□
	2. 结构完整，内容翔实	□	□	□
	3. 能将任务的设计过程及结果完整展现	□	□	□
评价等级				
项目最终评价（自评 20%、组评 30%、师评 50%）				

评语

1. 自我评价

个人签字：　　　　　　日期：

2. 组长评价

组长签字：　　　　　　日期：

3. 教师评价

教师签字：　　　　　　日期：

拓展思考题

1. 画出双电控二位四通换向阀、单气控二位二通换向阀的符号。
2. 滑阀中位机能有哪些？各有什么特点？

任务二　液压吊车支腿锁紧回路设计、分析与仿真

任务导入

液压吊车在工作过程中，要求支腿伸缩缸停止在某一位置而不受外界影响，仅依靠换向阀是不能保证的，这时就要利用液控单向阀来控制液压油的流动，安装满足此控制要求的液压锁紧回路，从而可靠地使支腿停在某处而不受外界影响。

任务目标

【知识目标】

（1）掌握单向阀的种类。

（2）熟悉单向阀的特点、功用。

（3）掌握单向阀图形符号含义及画法。

（4）掌握锁紧回路的工作原理和组成。

【能力目标】

（1）能够识别单向阀。

（2）会绘制单向阀的符号。

（3）能够识别锁紧回路。

（4）能够根据液压回路连接回路。

【素质目标】

（1）培养学生认真细致的工作习惯。

（2）培养学生认识事物之间联系的内涵。

任务分组

班级		组号		指导老师	
组长		学号			
组员	小组成员	任务内容分配			

任务准备

引导问题 1：单向阀的类型有哪些？液控单向阀有什么特点？

引导问题 2：锁紧回路有几种？各应用在什么场合？

任务实施

<table>
<tr><th>主要步骤</th><th colspan="8">操作流程记录</th></tr>
<tr><td rowspan="5">仿真</td><td>在仿真软件中选择各液压元件</td><td colspan="7"></td></tr>
<tr><td>在仿真软件中连接液压元件</td><td colspan="7"></td></tr>
<tr><td>在仿真软件中选择各控制电路元件</td><td colspan="7"></td></tr>
<tr><td>在仿真软件中连接控制电路元件</td><td colspan="7"></td></tr>
<tr><td>过程联合仿真</td><td colspan="7"></td></tr>
<tr><td rowspan="2">选择液压元件</td><td rowspan="2">选择的各液压元件名称和数量</td><td>名称</td><td></td><td></td><td></td><td></td><td></td><td></td></tr>
<tr><td>数量</td><td></td><td></td><td></td><td></td><td></td><td></td></tr>
<tr><td>在实验台合理布置液压元件</td><td>画出各液压元件布置位置图</td><td colspan="7"></td></tr>
<tr><td rowspan="2">用油管正确连接元器件的各油口</td><td>回路连接顺序</td><td colspan="7"></td></tr>
<tr><td>检查各油口连接是否紧密</td><td colspan="7"></td></tr>
<tr><td rowspan="2">选择电路元件</td><td rowspan="2">选择的控制电路各元件名称和数量</td><td></td><td></td><td></td><td></td><td></td><td></td><td></td></tr>
<tr><td></td><td></td><td></td><td></td><td></td><td></td><td></td></tr>
<tr><td rowspan="2">连接电路</td><td>电路连接顺序</td><td colspan="7"></td></tr>
<tr><td>检查电路连接的正确性和各接头连接是否牢靠</td><td colspan="7"></td></tr>
</table>

相关知识

一、单向阀

单向阀

单向阀分为普通单向阀和液控单向阀。

（一）普通单向阀

普通单向阀简称单向阀，它只允许油液向一个方向流动，而不允许反向流动。单向阀结构如图 3-2-1 所示，（a）图为管式连接，（b）图为板式连接，（c）图为单向阀的图形符号。单向阀由阀体 1、阀芯 2、弹簧 3 等零件组成。当压力油从 P_1 口进入时，克服弹簧 3 的阻力和阀芯 2 与阀体 1 之间的摩擦力，推动阀芯右移，顶开阀芯 2，再从 P_2 口流出。当压力油从反向流入时，油液压力和弹簧力将阀芯压紧在阀座上，阀口关闭，油液不能通过。

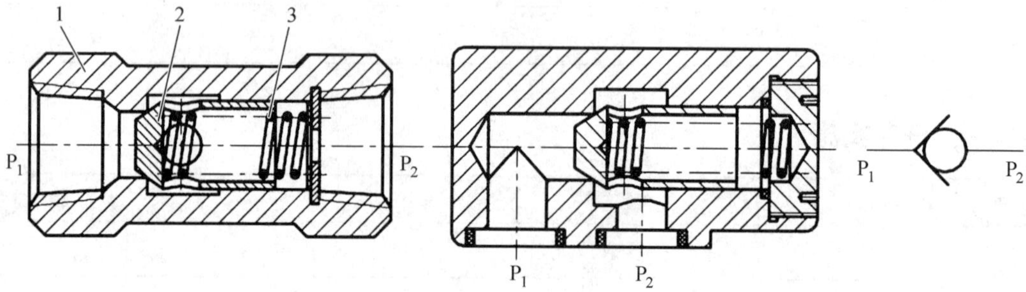

（a）管式连接　　（b）板式连接　　（c）图形符号

1—阀体；2—阀芯；3—弹簧。

图 3-2-1　单向阀

单向阀中弹簧较软，主要用于克服阀芯上惯性力和摩擦力，使阀芯复位快、工作灵敏可靠。其开启压力一般为 0.035 ~ 0.1 MPa。若将单向阀作为背压阀使用，弹簧要换为硬弹簧，其背压力一般为 0.2 ~ 0.6 MPa。

（二）液控单向阀

液控单向阀的特点是允许油液正向导通，而反向则受控导通。图 3-2-2（a）所示为液控单向阀的结构。当控制油口 K 不通压力油时，油液只能从 P_1 口流向 P_2 口，不能反向流动，此时阀的作用与普通单向阀相同；当控制口 K 通压力油时，控制活塞 1 右侧油腔通泄油口，压力油推动控制活塞 1 并通过顶杆 2 使阀芯 3 右移，使油口 P_1 与 P_2 相通，油液双向都能自由通过。图 3-2-2（b）所示为液控单向阀的图形符号。一般控制油的压力不应低于主油路压力的 30% ~ 50%。

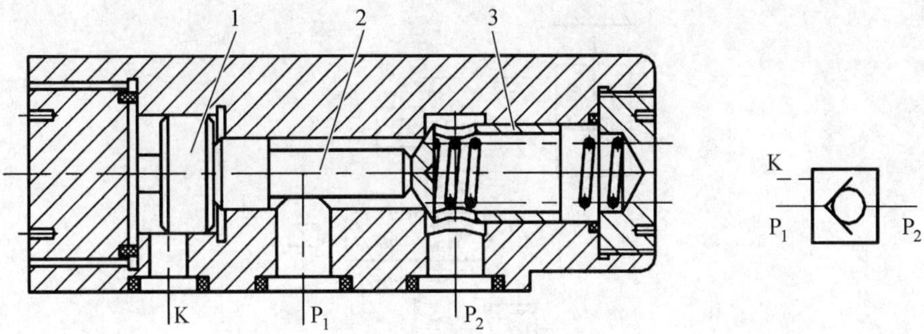

（a）结构　　　　　　　　（b）图形符号

1—控制活塞；2—顶杆；3—阀芯。

图 3-2-2　液控单向阀

（三）单向阀的应用

（1）普通单向阀安装在液压泵的出口，防止油液倒流而损坏液压泵，如图 3-2-3 所示。

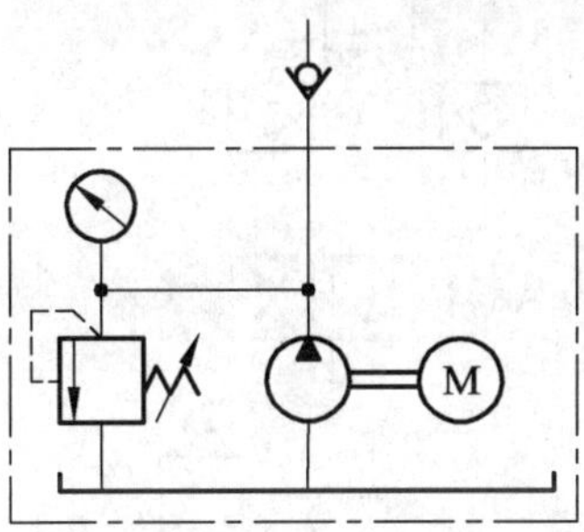

图 3-2-3　单向阀安装在泵的出口上

（2）普通单向阀与其他阀组合成复合阀，完成油液的双向流动，如图 3-2-4 所示。

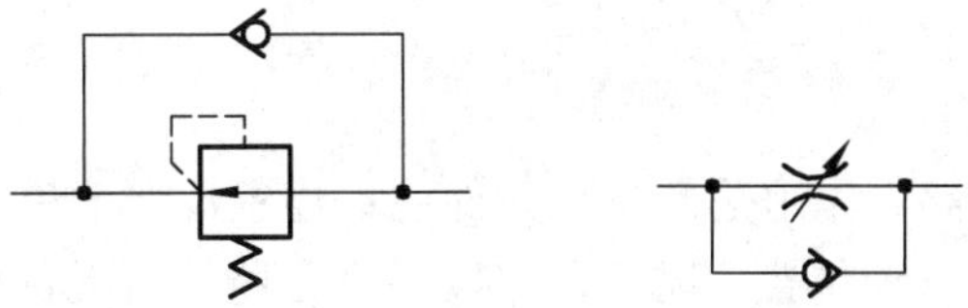

（a）单向减压阀　　　　（b）单向节流阀

图 3-2-4　单向阀与其他阀的组合

（3）普通单向阀安装在回油路上作背压阀，提高系统运动的稳定性。

（4）液控单向阀实现液压缸保压，如图 3-2-5 所示。

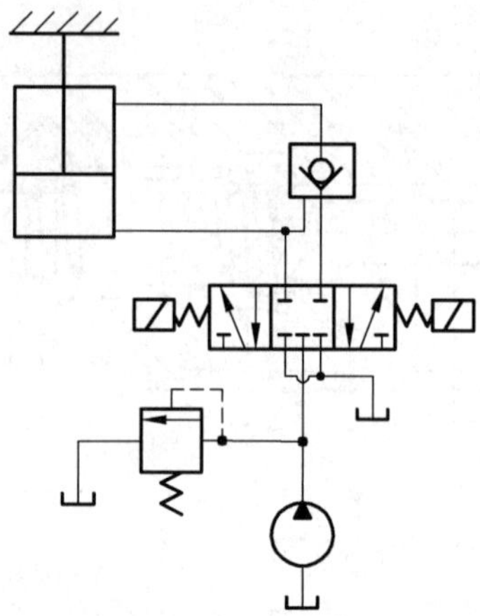

图 3-2-5　液控单向阀实现液压缸保压

（5）利用液控单向阀锁紧液压缸，如图 3-2-6 所示。

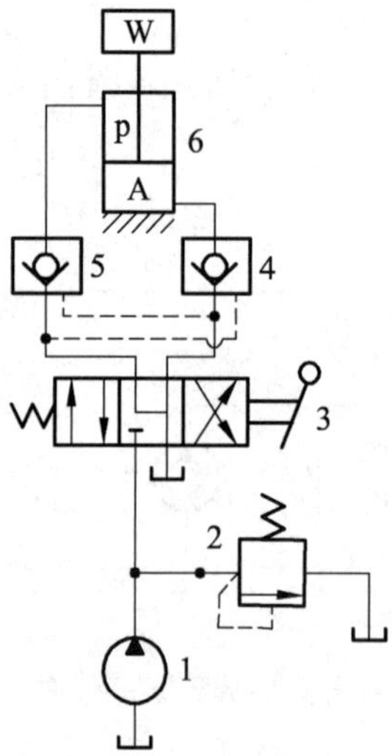

1—液压泵；2—溢流阀；3—手动换向阀；4，5—单向阀；6—液压缸。

图 3-2-6　液控单向阀实现液压缸锁紧

二、锁紧回路

闭锁回路又称锁紧回路，作用是使执行元件能在任意位置上停止，并防止停止后在外力作用下移动位置。闭锁回路的原理是将执行元件的进、回油路封闭，常用的有以下两种。

换向阀锁紧回路

（一）采用“O”型或“M”型滑阀机能三位换向阀的闭锁回路

图 3-2-7（a）所示为采用三位四通滑阀 O 型中位机能的电磁换向阀实现闭锁，当两电磁铁均断电时，弹簧使阀芯处于中间位置，液压缸的两工作油口被封闭。由于液压缸两腔都充满油液，而油液又是不可压缩的，所以向左或向右的外力均不能使活塞移动，活塞被双向锁紧。图 3-2-7（b）所示为采用三位四通 M 型滑阀机能的电液动换向阀，具有相同的锁紧功能。

不同的是前者液压泵不卸荷，并联的其他执行元件运动不受影响，后者的液压泵卸荷。

这种闭锁回路可使活塞在行程范围内的任意位置上停止运动，结构简单，但因滑阀密封性差，内泄漏较大，所以闭锁效果较差，只能用于对锁紧性能要求不高，停留时间不长的液压系统中。

（二）采用液控单向阀的闭锁回路

液控单向阀闭锁回路

图 3-2-7（c）所示为采用液控单向阀的闭锁回路。在液压缸的进、回油路上串接液控单向阀 A、B，当两侧电磁铁断电，换向阀处于中间位置时，液压泵卸荷，输出油液经换向阀回油箱，由于系统无压力，液控单向阀 A 和 B 反向截止，液压缸左右两腔的油液均不能流动，活塞被双向闭锁。当左侧电磁铁通电，换向阀左位工作，压力油经液控单向阀 A 进入液压缸左腔，同时沿控制油路进入液控单向阀 B 的控制油口，使其反向导通。液压缸右腔的油液可经单向阀 B 及换向阀回油箱，活塞向右运动。当右侧电磁铁通电时，换向阀右位工作，活塞向左运动。锁紧回路采用 H 型或 Y 型中位机能的三位换向阀锁紧效果比较好。这种闭锁回路液控单向阀有良好的密封性，闭锁效果较好，活塞可在行程中的任意位置停止并锁紧。它被广泛应用于工程机械、起重运输机械等有锁紧要求的场合。

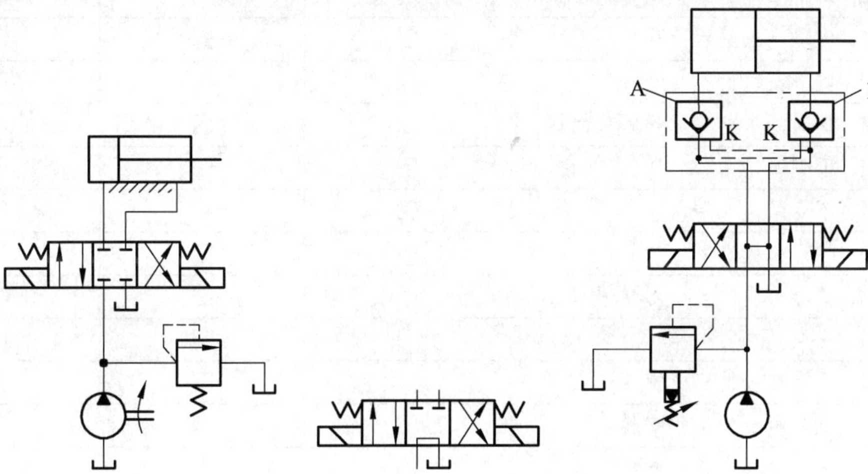

（a）　（b）　（c）

图 3-2-7　锁紧回路

考核评价

考核内容		自评	组长评价	教师评价
		达到标准画√，没达到标准画×		
作业完成	1. 按时完成任务	□	□	□
	2. 内容正确	□	□	□
	3. 字迹工整，整洁美观	□	□	□
操作过程	液压回路设计			
	1. 设计液压锁紧回路	□	□	□
	2. 通过液压锁紧回路仿真	□	□	□
	3. 选择液压元件	□	□	□
	4. 合理布置液压元件	□	□	□
	5. 可靠连接各油口	□	□	□
	调试			
	1. 起动液压泵	□	□	□
	2. 调整系统的工作压力范围	□	□	□
	3. 实现液压缸锁紧	□	□	□
	4. 使用测试仪器、设备	□	□	□
	5. 找到故障点并正确解决问题	□	□	□
工作态度	1. 不旷课	□	□	□
	2. 不迟到，不早退	□	□	□
	3. 学习积极性高	□	□	□
	4. 学习认真，虚心好学	□	□	□
职业操守	1. 安全、文明工作	□	□	□
	2. 具有良好的职业操守	□	□	□
团队合作	1. 服从组长的工作安排	□	□	□
	2. 按时完成组长分配的任务	□	□	□
	3. 热心帮助小组其他成员	□	□	□
项目完成	1. 液压回路设计、连接正确	□	□	□
	2. 调试完成	□	□	□
项目报告	1. 报告书规范、排版好	□	□	□
	2. 结构完整，内容翔实	□	□	□
	3. 能将任务的设计过程及结果完整展现	□	□	□
评价等级				
项目最终评价（自评 20%、组评 30%、师评 50%）				

评语

1. 自我评价

个人签字：　　　　日期：

2. 组长评价

组长签字：　　　　日期：

3. 教师评价

教师签字：　　　　日期：

拓展思考题

1. 液控单向阀有什么特性？
2. 锁紧回路有哪几种？

任务三　压锻机调压回路设计、分析与仿真

任务导入

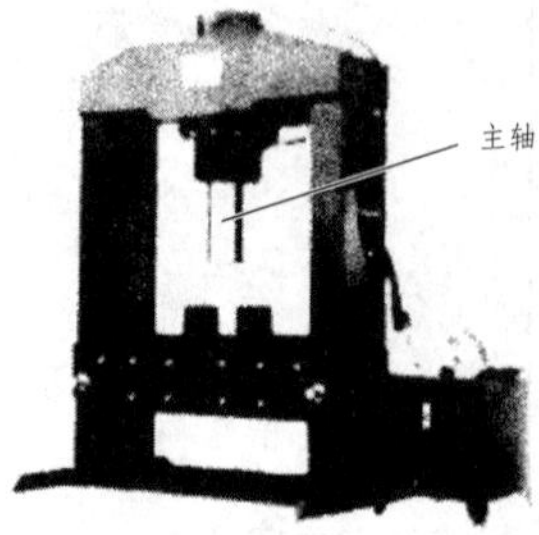

压锻机在工作时需要克服很大的材料变形阻力，需要液压系统主供油路中的液压油提供稳定的工作压力，同时为了保证系统安全，还必须在过载时能有效地卸荷。在液压系统中，能有效控制系统压力的压力控制阀常用的有溢流阀、减压阀和顺序阀等。它们的共同特点就是利用作用于阀芯上的油液压力和弹簧力相平衡的原理进行工作。其中溢流阀的主要作用就是稳压和卸荷。本任务要求完成此压锻机二级调压回路的构建。

任务目标

【知识目标】

（1）掌握压力控制阀的种类。

（2）熟悉溢流阀的结构、特点、功用。

（3）掌握溢流阀图形符号含义及画法。

（4）掌握调压回路的类型、工作原理和组成。

【能力目标】

（1）能识别溢流阀和符号。

（2）能识别调压回路。

（3）能用溢流阀调节手柄调节系统压力。

【素质目标】

（1）培养学生自我学习能力。

（2）培养学生查阅资料的能力。

（3）培养学生认识新事物的能力。

任务分组

班级		组号		指导老师	
组长		学号			
组员	小组成员	任务内容分配			

任务准备

引导问题 1：什么是压力控制阀？压力控制阀有哪些类型？各用于什么场合？有什么样的功用和特点？

引导问题 2：调压回路有几种类型？各自对溢流阀的压力有何要求？

任务实施

<table>
<tr><th>主要步骤</th><th colspan="8">操作流程记录</th></tr>
<tr><td rowspan="5">仿真</td><td>在仿真软件中选择各液压元件</td><td colspan="7"></td></tr>
<tr><td>在仿真软件中连接液压元件</td><td colspan="7"></td></tr>
<tr><td>在仿真软件中选择各控制电路元件</td><td colspan="7"></td></tr>
<tr><td>在仿真软件中连接控制电路元件</td><td colspan="7"></td></tr>
<tr><td>过程联合仿真</td><td colspan="7"></td></tr>
<tr><td rowspan="2">选择液压元件</td><td rowspan="2">选择的各液压元件名称和数量</td><td>名称</td><td></td><td></td><td></td><td></td><td></td><td></td></tr>
<tr><td>数量</td><td></td><td></td><td></td><td></td><td></td><td></td></tr>
<tr><td>在实验台合理布置液压元件</td><td>画出各液压元件布置位置图</td><td colspan="7"></td></tr>
<tr><td rowspan="2">用油管正确连接元器件的各油口</td><td>回路连接顺序</td><td colspan="7"></td></tr>
<tr><td>检查各油口连接是否紧密</td><td colspan="7"></td></tr>
<tr><td rowspan="2">选择电路元件</td><td rowspan="2">选择的控制电路各元件名称和数量</td><td>名称</td><td></td><td></td><td></td><td></td><td></td><td></td></tr>
<tr><td>数量</td><td></td><td></td><td></td><td></td><td></td><td></td></tr>
<tr><td rowspan="2">连接电路</td><td>电路连接顺序</td><td colspan="7"></td></tr>
<tr><td>检查电路连接的正确性和各接头连接是否牢靠</td><td colspan="7"></td></tr>
</table>

相关知识点

在液压系统中，用来控制油液压力高低或利用压力信号控制其他元件产生动作的阀通称为压力控制阀。压力控制阀有溢流阀、减压阀、顺序阀和压力继电器等。

一、溢流阀

（一）溢流阀的结构和工作原理

溢流阀主要作用是通过其阀口的溢流，使被控回路的压力维持恒定，从而实现稳压、调压或限压的作用。溢流阀按其结构原理分为直动型溢流阀和先导型溢流阀。

1. 直动型溢流阀

直动型溢流阀工作原理

图 3-3-1 所示为锥阀式直动型溢流阀。当进油口 P 从系统接入的油液压力不高时，锥阀芯 2 被弹簧 3 紧压在阀座孔上，阀口关闭；当进口油液压力升高能克服弹簧阻力时，便推开锥阀芯使阀口打开，油液就由进油口 P 流入，再从回油口 T 流回油箱（称为溢流），进油压力也就不再继续升高。在溢流时，溢流量随阀口的开大而增加，但溢流阀进口处的压力基本保持为定值，因此可认为溢流阀在溢流时具有稳压功能。拧动调压螺钉 4 改变弹簧的预压缩量，便可调整溢流阀的溢流压力。

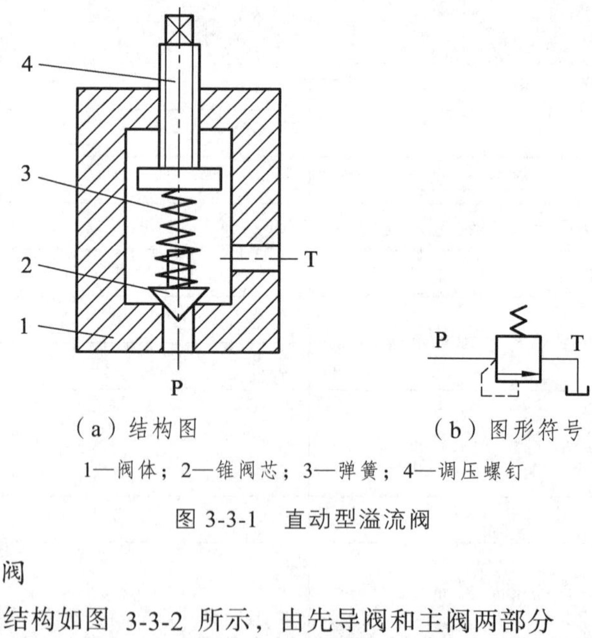

（a）结构图　　（b）图形符号

1—阀体；2—锥阀芯；3—弹簧；4—调压螺钉

图 3-3-1　直动型溢流阀

2. 先导型溢流阀

先导型溢流阀工作原理

先导型溢流阀的结构如图 3-3-2 所示，由先导阀和主阀两部分组成。先导阀实际上就是一个小流量的直动型溢流阀，其阀芯为锥形；主阀芯端部为锥形且开有一个阻尼孔 R。当压力油从进油口 P 进入，经阻尼孔 R 后到主阀弹簧腔并作用在先导阀（锥阀芯）的右侧（此时外控口 K 是堵塞的）。当进油压力不高时，作用在先导阀（锥阀芯）上的液压力不能克服先导阀的弹簧力，先导阀阀口关闭，阀内部无油液流动。这时主阀芯因上下腔油压相同，故主阀芯在其弹簧作用下压紧阀座，主阀口也关闭。当进油口压力升高到先导阀弹簧预调压力时，先导阀阀口打开，主阀弹簧腔的油液经过先导阀阀口，并经阀体上的通道和回油口 T 流回油箱。此时，因油液流经过主阀上阻尼孔 R 产生的压力损失使主阀芯上下形成了压力差。主阀芯在此压力差的作用下克服弹簧阻力（此主阀芯弹簧较软，仅起复位作用）向上移动，使阀口打开，进、回油口连通，达到稳压溢流的目的。

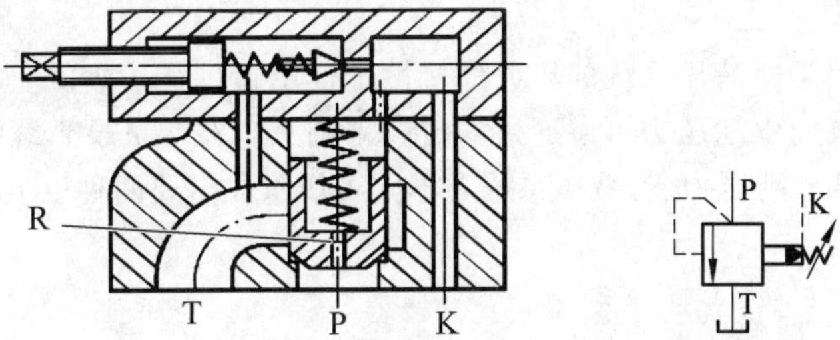

（a）结构　　（b）图形符号

图 3-3-2　先导型溢流阀

先导型溢流阀的总溢流量包括经先导阀阀口的流量（即流过阻尼孔的流量）和经主阀口的流量两部分组成。其中，由于阻尼孔很细，经过先导阀的流量很小，而绝大部分溢流量经主阀口流回油箱。在先导型溢流阀中，先导阀起控制和调节压力作用，主阀起溢流作用。

由于先导阀的阀口直径较小，即便在压力较高的情况下，作用在锥阀芯上的液压力也不大，因此选择调压弹簧刚度也不必很大，调整压力时也就比较轻便。主阀芯因上下均受油压作用，主阀弹簧只需很小的刚度。当溢流量变化较大时，主阀口变大变小引起的弹簧力变化很小，进油口的压力变化不大，因此先导型溢流阀的稳压性能优于直动型溢流阀。由于先导型溢流阀是二级阀，其灵敏度低于直动型溢流阀。先导型溢流阀适用于中、高压的液压系统。

（二）溢流阀的功用

溢流阀在液压系统中的功用主要有以下两个方面。

（1）溢流稳压：在定量泵供油的液压系统中，溢流阀通常并联在泵的出口处，如图 3-3-3（a）所示。泵供油的一部分按速度要求由流量阀调节流往执行元件，多余油液通过溢流阀流回油箱，同时在溢流的同时稳定了泵的供油压力。

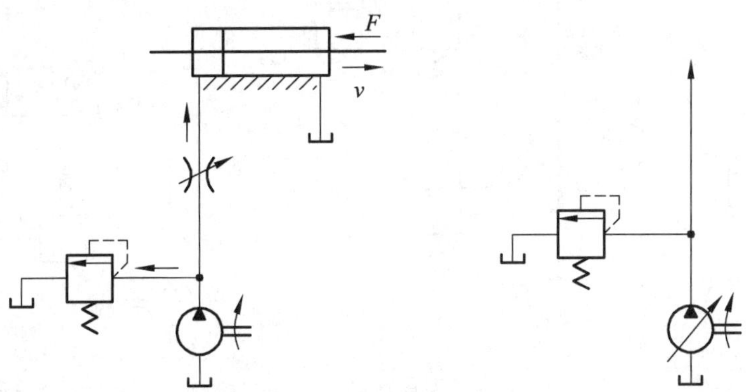

（a）溢流阀安装在定量泵出口　　（b）溢流阀安装在变量泵出口

图 3-3-3　溢流阀的功用

（2）过载保护：如图 3-3-3（b）所示，在变量泵供油的液压系统中，执行元件速度由变量泵调节，泵的供油压力可随负载变化，不需稳压。在泵出口处并联一溢流阀，其调定压力设为系统最高工作压力的 1.1 倍，系统一旦过载，溢流阀立即打开，从而保证了系统的安全。起过载保护作用的溢流阀又称安全阀。

二、调压回路

调压回路

调压回路的功用是使液压系统的压力保持恒定且不超过某一数值。在定量泵系统中，液压泵的供油压力可以通过溢流阀来调节；在变量泵系统中，用安全阀来限定系统最高压力。若液压系统在不同工作阶段需要两种以上不同大小的压力时，可采用多级调压回路。

（一）单级调压回路

如图 3-3-4（a）所示的定量泵系统中，液压泵输出油液的流量除满足系统工作用油量和补偿系统泄漏外，还有油液经溢流阀流回油箱。调节溢流阀便可调节泵的供油压力，溢流阀的调定压力必须大于液压缸的最大工作压力和油路上各种压力损失的总和。

（二）二级调压回路

如图 3-3-4（b）所示的调压回路，可实现两种不同的压力控制。当电磁阀断电时（图示状态），系统压力由阀 1 调节，电磁阀通电后，系统压力由阀 2 调节。注意，阀 2 的调定压力一定要小于阀 1 的调定压力。

（三）多级调压回路

图 3-3-4（c）所示为电流比例调压回路。当两电磁铁均不带电，系统压力由阀 3 调定；当 1YA 通电时，由阀 4 调定系统压力；当 2YA 通电时，系统压力由阀 5 调定。注意，阀 4 和阀 5 的调定压力一定要小于阀 3 的调定压力，而阀 4 和阀 5 的调定压力之间没有什么一定的关系。

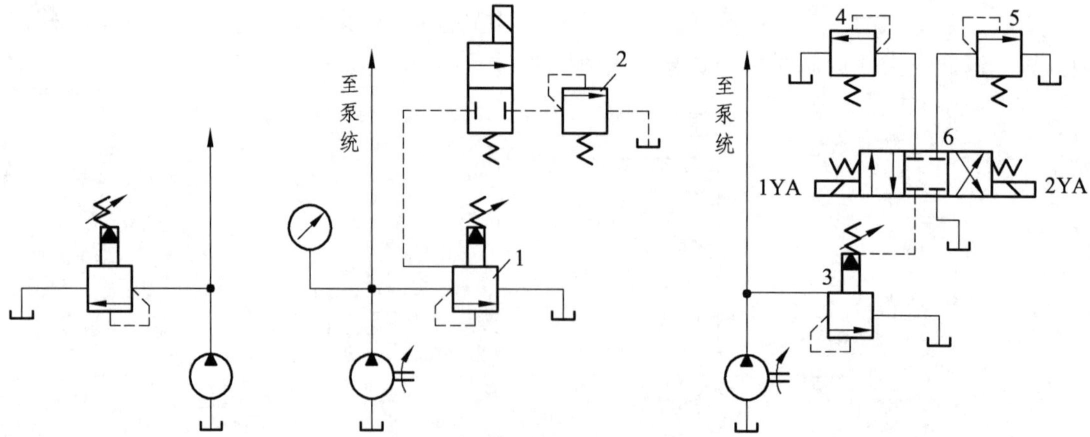

（a）单级调压回路　　（b）二级调压回路　　（c）多级调压回路

1，3—先导型减压阀；4，5—溢流阀；6—换向阀。

图 3-3-4　溢流阀调压回路

（四）变量泵的调压回路

如图 3-3-5 所示，采用非限压式变量泵 1 时，系统的最高压力由安全阀 2 限定。如采用限压式变量泵时，系统的最高压力由泵调节，其值为泵处于无流量输出时的压力值。

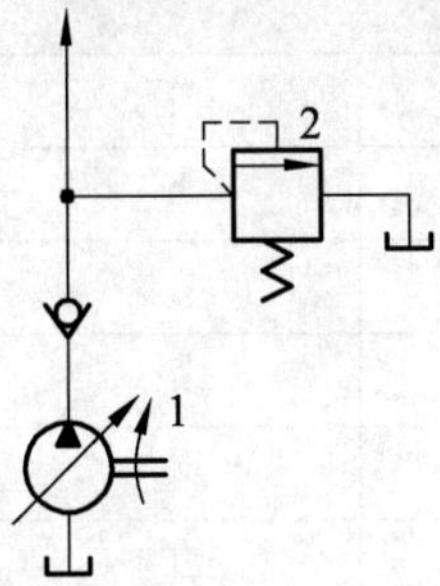

1—变量泵；2—安全阀。

图 3-3-5　用变量泵的调压回路

考核评价

考核内容		自评	组长评价	教师评价
		达到标准画√，没达到标准画×		
作业完成	1. 按时完成任务	□	□	□
	2. 内容正确	□	□	□
	3. 字迹工整，整洁美观	□	□	□
操作过程操作过程	液压回路设计			
	1. 设计调压回路	□	□	□
	2. 选择液压元件	□	□	□
	3. 合理布置液压元件	□	□	□
	4. 可靠连接各油口	□	□	□
	调试			
	1. 起动液压泵	□	□	□
	2. 调整系统的工作压力范围	□	□	□
	3. 使用测试仪器、设备	□	□	□
工作态度	1. 不旷课	□	□	□
	2. 不迟到，不早退	□	□	□
	3. 学习积极性高	□	□	□
	4. 学习认真，虚心好学	□	□	□
职业操守	1. 安全、文明工作	□	□	□
	2. 具有良好的职业操守	□	□	□
团队合作	1. 服从组长的工作安排	□	□	□
	2. 按时完成组长分配的任务	□	□	□
	3. 热心帮助小组其他成员	□	□	□
项目完成	1. 液压回路设计、连接正确	□	□	□
	2. 调试完成	□	□	□
项目报告	1. 报告书规范、排版好	□	□	□
	2. 结构完整，内容翔实	□	□	□
	3. 能将任务的设计过程及结果完整展现	□	□	□
评价等级				
项目最终评价（自评 20%、组评 30%、师评 50%）				

评语

1. 自我评价

个人签字：　　　　日期：

2. 组长评价

组长签字：　　　　日期：

3. 教师评价

教师签字：　　　　日期：

拓展思考题

1. 溢流阀有哪些作用？
2. 调压回路有几种类型？

任务四　液压钻床顺序动作回路设计、分析与仿真

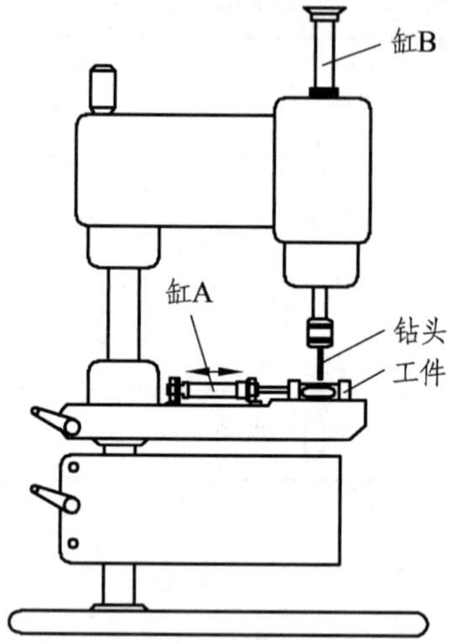

任务导入

液压钻床上的液压缸 A 为夹紧缸，液压缸 B 为钻孔缸。夹紧缸需要的压力小，钻孔缸需要压力较大，但系统只有一个泵供油。此外，钻孔时要求液压缸 B 必须在液压缸 A 夹紧力到达规定值时才能动作；退回时，钻孔缸 B 退回到位，夹紧缸 A 才能松开。本任务要求设计此液压系统的减压回路和顺序动作回路。

任务目标

【知识目标】

（1）掌握减压阀、顺序阀的功用和分类。

（2）掌握减压回路、顺序回路的组成和工作原理。

【能力目标】

（1）能够识别减压阀、顺序阀和压力继电器。

（2）能够识别减压回路、顺序动作回路。

（3）会调节减压阀、顺序阀和压力继电器。

【素质目标】

（1）培养学生独立思考的能力。

（2）培养学生的安全意识。

任务分组

班级		组号		指导老师	
组长		学号			
组员	小组成员	任务内容分配			

任务准备

引导问题 1：减压阀的工作原理是什么？

____

____

____

____

引导问题 2：顺序阀的工作原理是什么？

____

____

____

____

任务实施

<table>
<tr><th>主要步骤</th><th colspan="8">操作流程记录</th></tr>
<tr><td rowspan="4">仿真</td><td>在仿真软件中选择各液压元件</td><td colspan="7"></td></tr>
<tr><td>在仿真软件中连接液压元件</td><td colspan="7"></td></tr>
<tr><td>在仿真软件中选择各控制电路元件</td><td colspan="7"></td></tr>
<tr><td>过程联合仿真</td><td colspan="7"></td></tr>
<tr><td rowspan="2">选择液压元件</td><td rowspan="2">选择的各液压元件名称和数量</td><td>名称</td><td></td><td></td><td></td><td></td><td></td><td></td></tr>
<tr><td>数量</td><td></td><td></td><td></td><td></td><td></td><td></td></tr>
<tr><td>在实验台合理布置液压元件</td><td>画出各液压元件布置位置图</td><td colspan="7"></td></tr>
<tr><td>用油管正确连接元器件的各油口</td><td>回路连接顺序</td><td colspan="7"></td></tr>
<tr><td></td><td>检查各油口连接是否紧密</td><td>名称</td><td></td><td></td><td></td><td></td><td colspan="2"></td></tr>
<tr><td>选择电路元件</td><td>选择的控制电路各元件名称和数量</td><td>数量</td><td></td><td></td><td></td><td></td><td colspan="2"></td></tr>
<tr><td rowspan="2">连接电路</td><td>电路连接顺序</td><td colspan="7"></td></tr>
<tr><td>检查电路连接的正确性和各接头连接是否牢靠</td><td colspan="7"></td></tr>
</table>

相关知识点

一、减压阀与减压回路

（一）减压阀

减压阀工作原理

1. 减压阀的功用和分类

减压阀的功用是降压和稳压。在一个液压系统中往往一个液压泵同时向几个执行元件供油，而各执行元件所需的工作压力不尽相同。一般情况下，液压泵的工作压力依据系统各执行元件中需要压力最高的那个压力来选择。若某个执行元件所需的工作压力比液压泵的供油压力低，则可以在其分支油路上串联一个减压阀，将系统压力按规定的要求减小，并保证稳定。

根据结构和工作原理不同，减压阀分为直动式减压阀和先导式减压阀两类。按照压力调节要求的不同，减压阀分为三类：

（1）定值减压阀——保证出口压力值恒定的减压阀。

（2）定差减压阀——保证进口、出口压力差恒定的减压阀。

（3）定比减压阀——保证进口、出口压力比例恒定的减压阀。

其中定值减压阀应用最为广泛，所以又简称减压阀。在下面的内容中，如果不加说明，都是指定值减压阀。

2. 减压阀的结构和工作原理

减压阀利用液体流过狭小的缝隙产生压力损失，使其出口压力低于进口压力。

1）直动式减压阀

如图 3-4-1 所示为直动式减压阀的结构图和图形符号。当阀芯处在原始位置上时，它的阀口 a 是打开的，阀的进、出口沟通。阀芯受其出口处的压力控制。当出口压力未达到调定压力时阀口全开，阀芯不动。当出口压力达到调定压力时，阀芯上移，阀口开度 x_R 小。如忽略其他阻力，仅考虑阀芯上的液压力和弹簧力相平衡的条件，则可以认为出口压力基本上维持在某一定值上。当出口压力减小时，阀芯下移，阀口开度 x_R 增大，阀口处阻力减小，压降减小，使出口压力回升，达到调定值。反之，如果出口压力增大，则阀芯上移，阀口开度减小，阀口处阻力加大，压降增大，使出口压力下降，达到调定值。

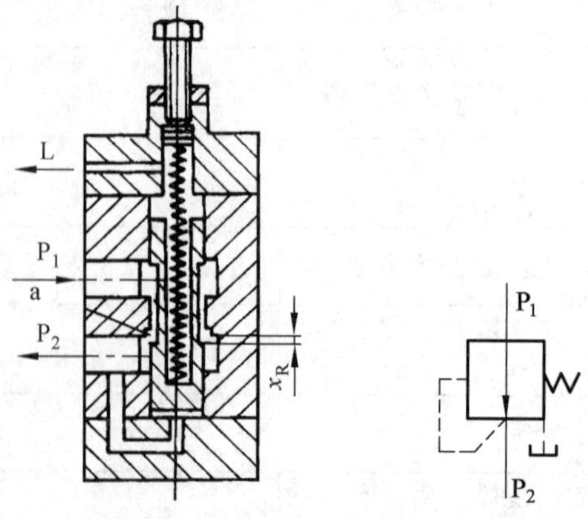

图 3-4-1　直动式减压阀的结构图和图形符号

2）先导型减压阀

图 3-4-2 所示为先导型减压阀，由主阀和先导阀组成。先导阀负责调定压力，主阀负责减压作用。

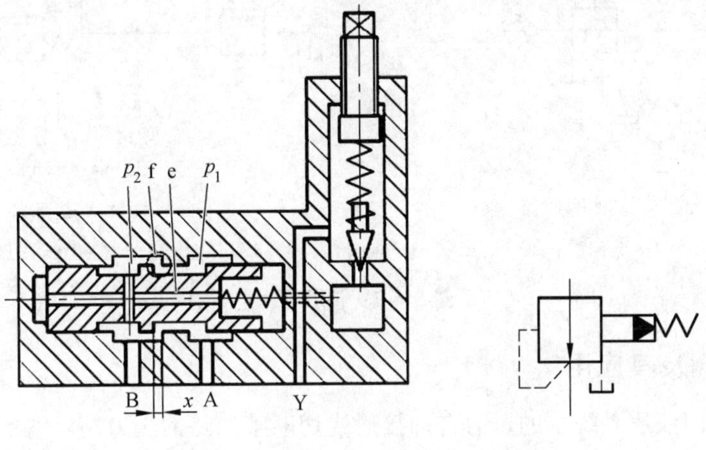

（a）结构　　　　（b）图形符号

图 3-4-2　先导式减压阀的结构图和图形符号

当负载增加，出口压力 p_2 上升到超过先导阀弹簧所调定的压力时，先导阀的锥阀芯上移，压力油经阻尼管 e、排泄口流回油箱，由于有油液流过阻尼管，油腔 2 的压力 p_2 大于油腔 1 的压力 p_1，当此压力差所产生的作用力大于主阀滑轴弹簧的预压力时，主阀芯右移，减小了减压阀阀口的开度，使 p_2 下降，直到 p_2 与 p_1 之差和滑轴作用面积的乘积同滑轴上的弹簧力相等时，主阀滑轴进入平衡状态，此时减压阀保持一定的开度，出口压力 p_2 保持在定值。

如果外界干扰使进口压力 p_1 上升，则出口压力 p_2 也跟着上升，从而使滑轴右移，此时出口压力 p_2 又降低，而在新的位置取得平衡，但出口压力始终保持为定值。又当出口压力 p_2 降到调定压力以下时，先导阀的锥阀芯关闭，则作用在滑轴内的弹簧力使滑轴向左移动，减压阀口全打开，减压阀不起减压作用。

（二）减压回路

减压回路的功用是使液压系统中的某一支路获得比主油路低的稳定工作压力。机床的工件夹紧、导轨润滑及控制油路常采用减压回路。

减压回路

图 3-4-3（a）所示为常见的减压回路。泵的供油压力（即主油路压力）根据系统负载大小由溢流阀 1 调定，夹紧缸所需的低压力油则靠减压阀 2 来调节。单向阀 3 的作用是在主油路压力降低到小于减压阀调定压力时防止油液倒流，起短暂保压的作用。

图 3-4-3（b）所示为二级减压回路。它是在先导型减压阀 6 的遥控口上接一远程调压阀 7，此回路则可由阀 6、阀 7 各调得一种低压，但要注意，阀 7 的调定压力一定要小于阀 5 的调定压力。

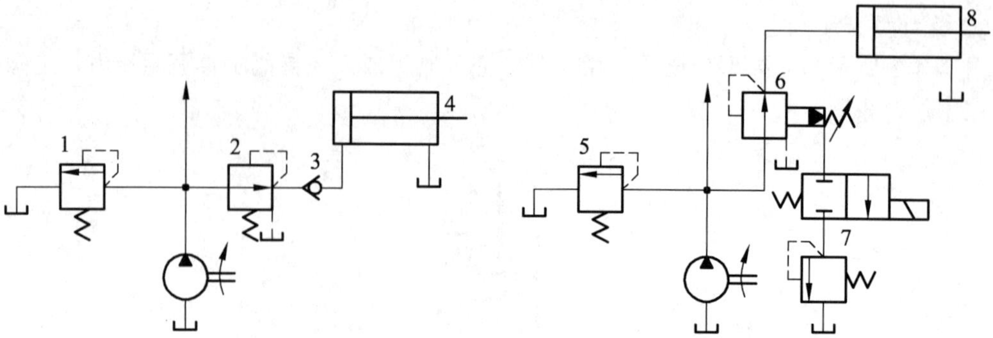

（a）常见减压回路　　（b）二级减压回路

1，5，7—逆流阀；2—减压阀；3—单向阀；4，8 液压缸；6—先导型减压阀。

图 3-4-3　减压回路

二、顺序阀及其应用

顺序阀是利用液压系统中的压力自动接通或切断某油路的压力阀。它常用来控制液压系统各执行元件动作的先后顺序，故称为顺序阀。

顺序阀按结构不同，分为直动型和先导型；按控制液压油来源可分内控式、外控式。

（一）顺序阀的结构和工作原理

图 3-4-4 所示为一种直动型顺序阀的结构原理。压力油液自进油口 A 进入阀体，经阀体 4 和下盖 7 的小孔流入控制活塞 6 的下方，对阀芯 5 产生一个向上的液压推力。当进油压力较低时，阀芯在弹簧力作用下处于最下端位置，此时进油口 A 和出油口 B 不通。当进油压力升高到作用于阀芯底端的液压推力大于调定的弹簧力时，阀芯上移，使进油口 A 和出油口 B 相通，压力油就从顺序阀流过。顺序阀的开启压力可以用调压螺钉 1 来调节。

顺序阀工作原理

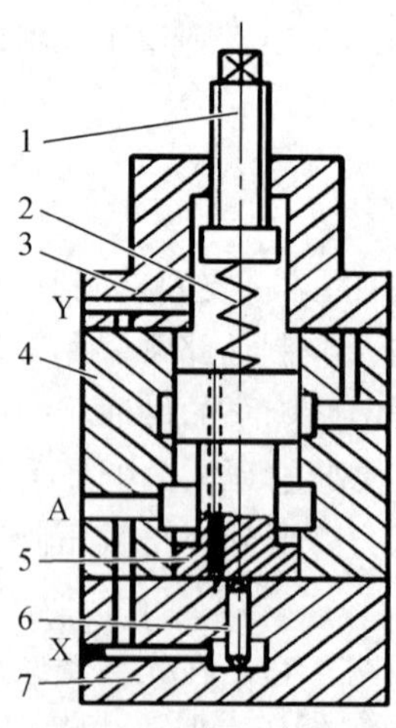

1—调压螺钉；2—弹簧；3—上盖；4—阀体；5—阀芯；6—控制活塞；7—下盖。

图 3-4-4　直动型顺序阀

在顺序阀结构中，当控制阀芯移动的液压油直接引自进油口时，这种控制方式称为内控式；若控制油不是来自于进油口，而是从外部油路引入，这种控制方式称为外控式；当阀泄漏到弹簧腔的油液（称为泄油）直接引回油箱时，这种泄油方式称为外泄式；当阀用于出口接油箱的场合时，泄油可通过内部通道并入阀的出油口，以简化管路连接，这种泄油方式则称为内泄式。顺序阀不同控制、泄油方式的图形符号如图 3-4-5 所示。实际应用中，不同的控制、泄油方式可通过变换阀的下盖或上盖的安装方位来实现。

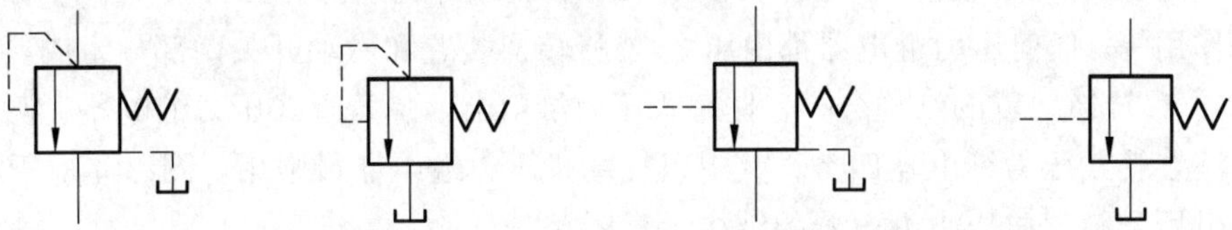

（a）内控外泄式　（b）内控内泄式　（c）外控外泄式　（d）外控内泄式

图 3-4-5　顺序阀的图形符号

（二）顺序阀应用

顺序阀的应用

（1）控制多个执行元件的顺序动作如图 3-4-6（a）所示，若要求 A 缸先动，B 缸后动，通过顺序阀的控制可以实现。顺序阀在 A 缸进行动作时处于关闭状态，当 A 缸到终点时，油液压力升高，达到顺序阀的调定压力后，顺序阀打开，从而实现 B 缸移动。

（2）与单向阀组成平衡阀。为保证垂直安装的液压缸不因自重而自动下落，可将单向阀与顺序阀并联构成的单向顺序阀接入油路，如图 3-4-6（b）所示。此单向顺序阀又称为平衡阀。这里，顺序阀的开启压力要足以支撑运动部件的质量。当换向阀处于中位时，液压缸即可悬停。

（3）控制双泵系统中的大泵卸荷。如图 3-4-6（c）所示，泵 1 为大流量泵，泵 2 为小流量泵，两泵并联。当系统液压缸快速运动时，泵 1 输出的油液和泵 2 输出的油液一起流往液压缸，使液压缸快速运动；当液压缸慢速工进时，缸进油路压力升高，外控式顺序阀 3 被打开，泵 1 即卸荷，泵 2 单独向系统供油以满足工进的流量要求。

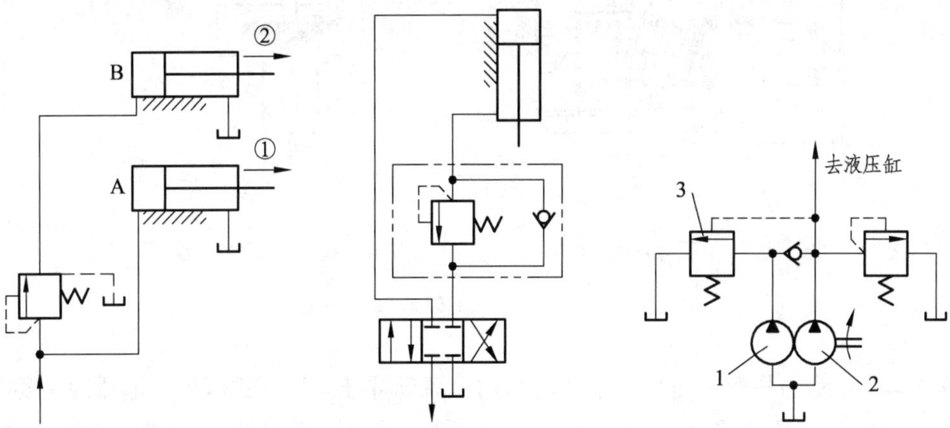

（a）用于控制顺序动作　（b）用于平衡回路　（c）用于使泵卸荷

1—大流量泵；2—小流量泵；3—顺序阀。

图 3-4-6　顺序阀的应用

三、压力继电器

（一）压力继电器的结构和工作原理

压力继电器是一种将油液的压力信号转换成电信号的液-电转换元件，如图 3-4-7 所示。当油液压力达到压力继电器的调定压力时，即发出电信号，以控制电气元件（如电动机、电磁铁、电磁离合器、继电器等）动作，实现泵的加载或卸荷、执行元件实现顺序动作、系统安全保护作用等。任何压力继电器都由压力-位移转换装置和微动开关两部分组成。压力继电器按压力-位移转换装置的结构分，有柱塞式压力继电器、弹簧管式压力继电器、膜片式压力继电器和波纹管式压力继电器四类，其中以柱塞式压力继电器最常用。图 3-4-8 所示为柱塞式压力继电器和膜片式压力继电器的结构示意图。

图 3-4-7　压力继电器实物

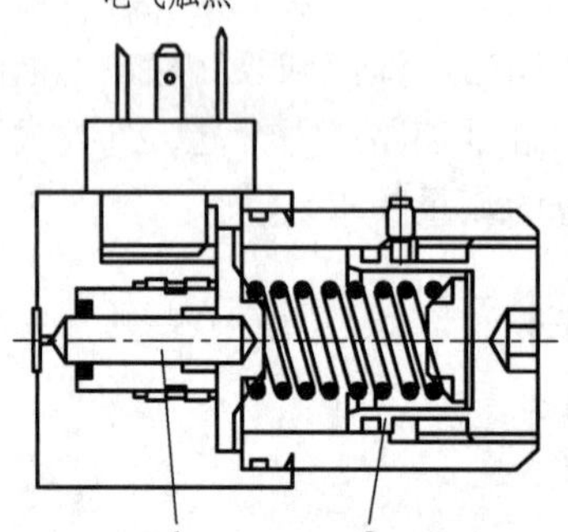

（a）柱塞式压力继电器

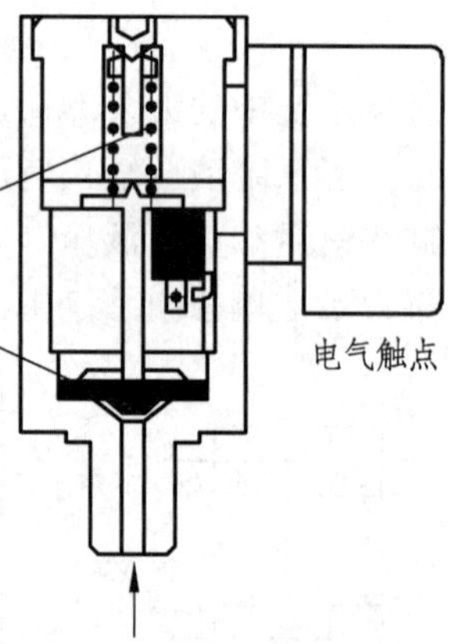

（b）膜片式压力继电器

图 3-4-8　压力继电器的结构示意

图 3-4-9 所示为柱塞式压力继电器的结构和图形符号。柱塞式压力继电器的主要零件包括柱塞 1、顶杆 2、调节螺钉 3 和微动开关 4。当系统压力达到调定压力时，作用于柱塞上的液压力克服弹簧力，使柱塞上移，通过顶杆 2 使微动开关 4 的触点闭合，发出电信号。

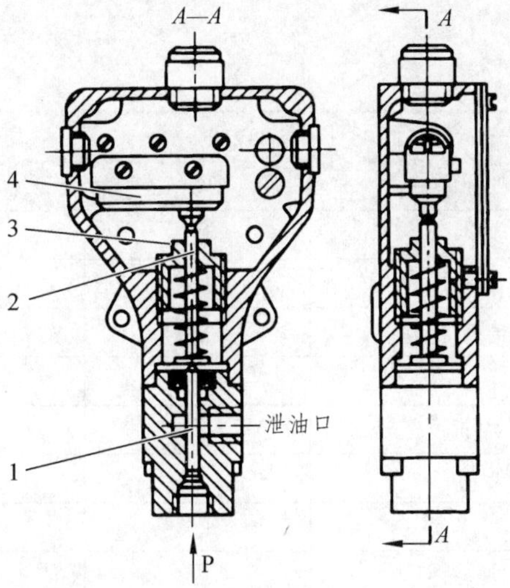

（a）结构

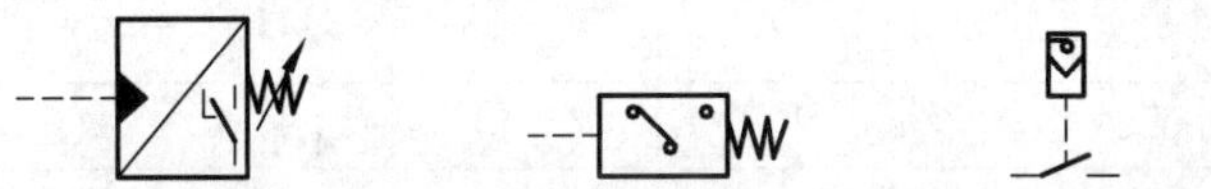

（b）详细符号　　（c）一般符号　　（d）电气触点

1—柱塞；2—顶杆；3—调节螺钉；4—微动开关。

图 3-4-9　柱塞式压力继电器

（二）压力继电器的主要性能

（1）调压范围。调压范围是指发出电信号的最低压力和最高压力的范围。拧动调节螺钉，即可调整工作压力。

（2）通断调节区间。压力升高，继电器接通电信号的压力，称为开启压力；压力下降，继电器复位切断电信号的压力，称为闭合压力。为避免压力波动时继电器时通时断，产生误动作，要求开启压力与闭合压力有一可调的差值，称为通断调节区间。

（三）压力继电器的应用

压力继电器是利用液体压力信号来通断电气触点的液电转换元件，对于液压系统的电气控制有着非常重要的作用。除此之外它所发出的电信号还可以应用在其他需使用电气信号进行控制的地方。

压力继电器在液压传动控制系统中主要有以下两方面的应用。

（1）用于控制执行元件，实现顺序动作。利用前一个执行元件动作完成时产生的压力信号，使压力继电器发出信号，控制下一个执行元件动作，这样就实现了压力控制下的顺序动作。例如，刀具移到指定位置碰到挡铁或负载过大时的自动退刀。

（2）用于安全保护。在机床设备上，利用压力继电器对工件或刀具夹紧力进行检测，只要夹紧压力不够，就无法使压力继电器产生输出。通过电气联锁让加工设备不继续动作或发出报警信号，可以有效防止因工件或刀具未夹紧而发生危险事故。压力继电器也可用于润滑系统发生故障时的工件机械自动停车等。

考核评价

<table>
<tr><th colspan="2" rowspan="2">考核内容</th><th>自评</th><th>组长评价</th><th>教师评价</th></tr>
<tr><th colspan="3">达到标准画√，没达到标准画×</th></tr>
<tr><td rowspan="3">作业完成</td><td>1. 按时完成任务</td><td>□</td><td>□</td><td>□</td></tr>
<tr><td>2. 内容正确</td><td>□</td><td>□</td><td>□</td></tr>
<tr><td>3. 字迹工整，整洁美观</td><td>□</td><td>□</td><td>□</td></tr>
<tr><td rowspan="12">操作过程操作过程</td><td>液压回路设计</td><td></td><td></td><td></td></tr>
<tr><td>1. 设计减压、顺序动作回路</td><td>□</td><td>□</td><td>□</td></tr>
<tr><td>2. 通过液压回路仿真</td><td>□</td><td>□</td><td>□</td></tr>
<tr><td>3. 选择液压元件</td><td>□</td><td>□</td><td>□</td></tr>
<tr><td>4. 合理布置液压元件</td><td>□</td><td>□</td><td>□</td></tr>
<tr><td>5. 可靠连接各油口</td><td>□</td><td>□</td><td>□</td></tr>
<tr><td>调试</td><td></td><td></td><td></td></tr>
<tr><td>1. 起动液压泵</td><td>□</td><td>□</td><td>□</td></tr>
<tr><td>2. 调整系统的工作压力范围</td><td>□</td><td>□</td><td>□</td></tr>
<tr><td>3. 调整液压缸行程</td><td>□</td><td>□</td><td>□</td></tr>
<tr><td>4. 正确使用测试仪器、设备</td><td>□</td><td>□</td><td>□</td></tr>
<tr><td>5. 找到故障点并正确解决问题</td><td>□</td><td>□</td><td>□</td></tr>
<tr><td rowspan="4">工作态度</td><td>1. 不旷课</td><td>□</td><td>□</td><td>□</td></tr>
<tr><td>2. 不迟到，不早退</td><td>□</td><td>□</td><td>□</td></tr>
<tr><td>3. 学习积极性高</td><td>□</td><td>□</td><td>□</td></tr>
<tr><td>4. 学习认真，虚心好学</td><td>□</td><td>□</td><td>□</td></tr>
<tr><td rowspan="2">职业操守</td><td>1. 安全、文明工作</td><td>□</td><td>□</td><td>□</td></tr>
<tr><td>2. 具有良好的职业操守</td><td>□</td><td>□</td><td>□</td></tr>
<tr><td rowspan="3">团队合作</td><td>1. 服从组长的工作安排</td><td>□</td><td>□</td><td>□</td></tr>
<tr><td>2. 按时完成组长分配的任务</td><td>□</td><td>□</td><td>□</td></tr>
<tr><td>3. 热心帮助小组其他成员</td><td>□</td><td>□</td><td>□</td></tr>
<tr><td rowspan="2">项目完成</td><td>1. 液压回路设计、连接正确</td><td>□</td><td>□</td><td>□</td></tr>
<tr><td>2. 调试完成</td><td>□</td><td>□</td><td>□</td></tr>
<tr><td rowspan="3">项目报告</td><td>1. 报告书规范、排版好</td><td>□</td><td>□</td><td>□</td></tr>
<tr><td>2. 结构完整，内容翔实</td><td>□</td><td>□</td><td>□</td></tr>
<tr><td>3. 能将任务的设计过程及结果完整展现</td><td>□</td><td>□</td><td>□</td></tr>
<tr><td>评价等级</td><td></td><td></td><td></td><td></td></tr>
<tr><td colspan="2">项目最终评价（自评 20%、组评 30%、师评 50%）</td><td colspan="3"></td></tr>
</table>

评语

1. 自我评价

个人签字：　　　　　　　日期：

2. 组长评价

组长签字：　　　　　　　日期：

3. 教师评价

教师签字：　　　　　　　日期：

拓展思考题

1. 减压阀有什么作用？
2. 顺序阀和溢流阀有什么区别？

任务五　液压吊速度控制回路设计、分析与仿真

任务导入

液压吊在工作时，起重吊臂的伸出与返回是由液压缸驱动的。根据工作要求，运行时吊臂的速度必须能进行调节。调节液压缸的流量可调节液压缸的运动速度。在液压系统中用来调节流量的元件是流量控制阀，常用的流量控制阀是节流阀。本任务要求设计控制吊臂速度的液压回路。

任务目标

【知识目标】

（1）掌握流量控制阀的功用和分类。

（2）熟悉节流口的结构形式和流量特性。

（3）掌握调速回路的类型和节流调速回路的组成、原理和特性。

【能力目标】

（1）能够识别节流阀。

（2）能够识别节流调速回路。

（3）能够通过节流阀调整执行元件的速度。

【素质目标】

（1）培养学生严谨认真的职业精神。

（2）激发学生民族自豪感和爱国主义情感。

（3）培养学生的劳动观念。

任务分组

班级		组号		指导老师	
组长		学号			
	小组成员	任务内容分配			
组员					

任务准备

引导问题 1：孔口流量都与哪些因素有关？

引导问题 2：节流调速回路有哪些种类？

任务实施

<table>
<tr><th>主要步骤</th><th colspan="7">操作流程记录</th></tr>
<tr><td rowspan="3">仿真</td><td>在仿真软件中选择各液压元件</td><td colspan="6"></td></tr>
<tr><td>在仿真软件中连接液压元件</td><td colspan="6"></td></tr>
<tr><td>过程联合仿真</td><td colspan="6"></td></tr>
<tr><td rowspan="2">选择液压元件</td><td rowspan="2">选择的各液压元件名称和数量</td><td>名称</td><td></td><td></td><td></td><td></td><td></td></tr>
<tr><td>数量</td><td></td><td></td><td></td><td></td><td></td></tr>
<tr><td>在实验台合理布置液压元件</td><td>画出各液压元件布置位置图</td><td colspan="6"></td></tr>
<tr><td rowspan="2">用油管正确连接元器件的各油口</td><td>回路连接顺序</td><td colspan="6"></td></tr>
<tr><td>检查各油口连接是否紧密</td><td colspan="6"></td></tr>
<tr><td colspan="8">安装调试</td></tr>
<tr><td>调试步骤</td><td>现象</td><td colspan="2">正常否</td><td colspan="4">解决办法</td></tr>
<tr><td>起动液压泵</td><td></td><td colspan="2"></td><td colspan="4"></td></tr>
<tr><td>调节节流阀观察调整液压缸变化</td><td></td><td colspan="2"></td><td colspan="4"></td></tr>
<tr><td>操纵控制面板检验是否符合要求</td><td></td><td colspan="2"></td><td colspan="4"></td></tr>
</table>

相关知识点

流量控制阀是依靠改变阀口通流面积，来调节通过阀口的流量，从而改变执行元件的运动速度的液压控制元件。常用的流量控制阀有节流阀、调速阀两种。

一、节流口的结构形式及流量特性

（一）节流口的结构形式

节流口的形式及流量特性

节流口的形式很多，图 3-5-1 所示为常用的几种。图 3-5-1（a）所示为针阀式节流口，针阀芯做轴向移动时，改变环形通流截面积的大小，从而调节了流量。3-5-1（b）所示为偏心式节流口，在阀芯上开有一个截面为三角形（或矩形）的偏心槽，当转动阀芯时，就可以调节通流截面大小而调节流量。这两种形式的节流口结构简单，制造容易，但节流口容易堵塞，流量不稳定，适用于性能要求不高的场合。图 3-5-1（c）所示为轴向三角槽式节流口，在阀芯端部开有一个或两个斜的三角沟槽，轴向移动阀芯时，就可以改变三角槽通流截面积的大小，从而调节流量。图 3-5-1（d）所示为周向缝隙式节流口，阀芯上开有狭缝，油液可以通过狭缝流入阀芯内孔，然后由左侧孔流出，转动阀芯就可以改变缝隙的通流截面积。图 3-5-1（e）所示为轴向缝隙式节流口，为轴向缝隙式节流口，在套筒上开有轴向缝隙，轴向移动阀芯即可改变缝隙的通流面积大小，以调节流量。

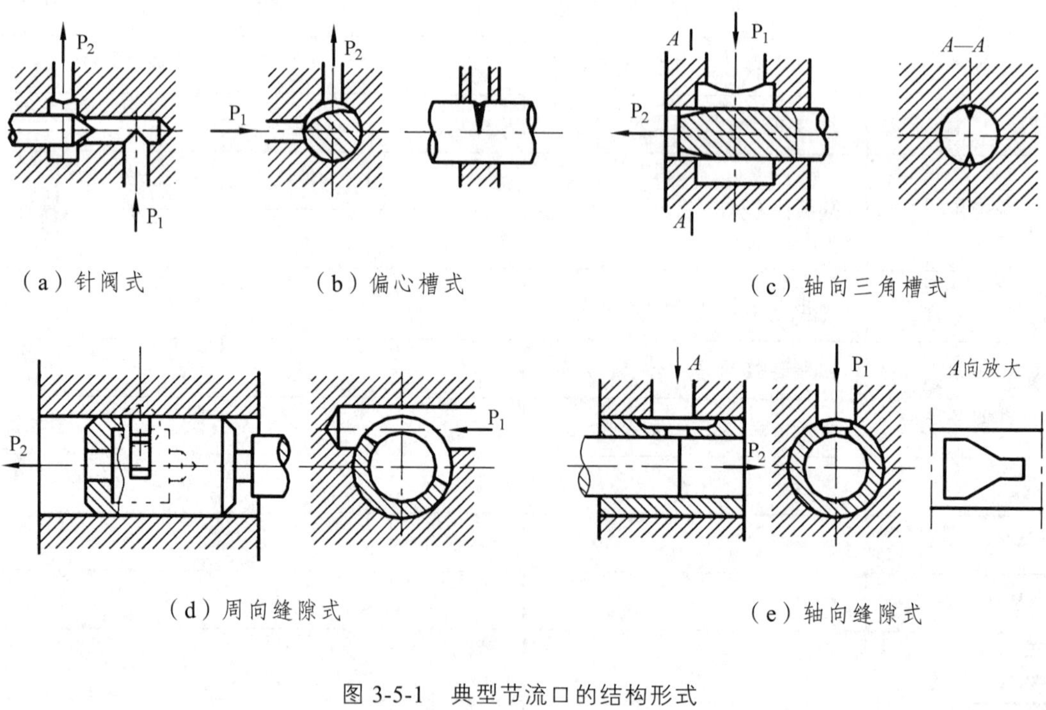

（a）针阀式　（b）偏心槽式　（c）轴向三角槽式

（d）周向缝隙式　（e）轴向缝隙式

图 3-5-1　典型节流口的结构形式

（二）节流口的流量特性

通过节流口的流量与节流口的结构形式有关，实用的节流口都介于理想薄壁孔和细长孔之间，因此其流量特性可采用小孔流量通用公式 $q=KA_{\mathrm{T}}\Delta p^{m}$ 来描述，式中 A_{T} 为孔口截面积，Δp 为孔口前后压力差，m 为由孔口形状决定的指数，对于薄壁孔 m=0.5，对于细长孔 m=1；K 为修正系数。当系数 K、压力差Δp 和指数 m 不变时，改变节流口的过流断面面积 A 便可调节通过节流口的流量。理论上，当过流断面面积 A 不变时，通过节流口的流量是不变的，而实际上流量是有变化的，特别是在小流量时变化较大。影响流量稳定性的主要因素如下：

1. 节流口两端的压差

液压系统的负载一般情况下不为定值，当负载变化时，执行元件的工作压力也随之改变，则与执行元件相连的节流阀，其前后压差发生变化，流量也随之变化。薄壁孔的 m 最小，其通过的流量受压差影响最小，因此目前节流阀大多采用薄壁式节流口。

2. 油　温

随油温变化，油液的黏度将发生变化。黏度对细长孔流量的影响较大，而对孔壁很短的薄壁孔流量几乎没有影响。

（三）最小稳定流量

实验表明，当节流阀开度很小时，虽然阀的压差和油温均保持不变，但流经阀的流量会出现时多时少的脉动，甚至断流，这种现象称为阻塞。产生阻塞的主要原因是由油液中的污物堵塞节流口造成的。

二、节流阀

节流阀

图 3-5-2 所示为普通节流阀的结构和图形符号。这种节流阀的孔口形状为轴向三角槽式。主要由阀芯 3、推杆 2、手轮 1 和弹簧 4 等组成。油液从进油口 P_1 进入，经阀芯 3 上的三角槽节流口，从出油口 P_2 流出。调节手轮 1，可通过推杆使阀芯做轴向移动，改变节流口的通流面积来调节流量。阀芯在弹簧的作用下始终贴紧在推杆上，这种节流阀的进出油口可互换。

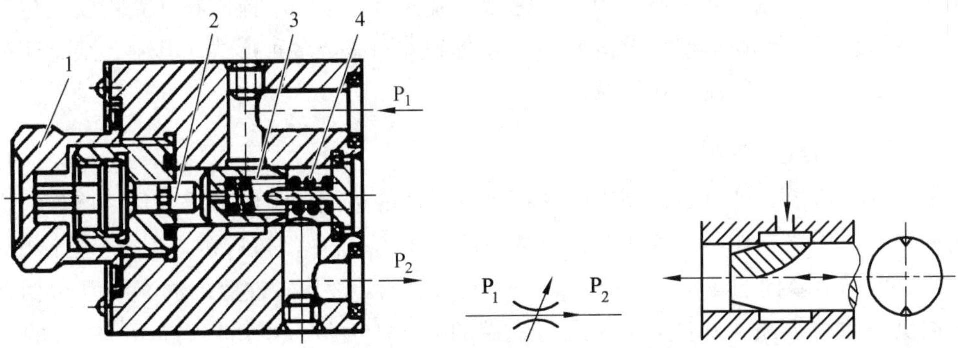

（a）结构　　（b）图形符号　　（c）阀口结构

1—调节手轮；2—推杆；3—阀芯；4—弹簧。

图 3-5-2　节流阀

节流阀结构简单、制造容易、体积小、使用方便、造价低。但负荷和温度的变化对流量稳定性的影响较大，因此只适用于负荷和温度变化不大和速度稳定性要求不高的液压系统。

三、调速回路

节流调速回路

调速回路的功用是调节执行元件工作行程的速度。在不考虑液压油的可压缩性和泄漏的情况下，液压缸的运动速度为

$$v=\frac{q}{A} \tag{3-5-1}$$

液压马达的转速为：

$$n=\frac{q}{V_m} \tag{3-5-2}$$

式中 q——输入液压执行元件的流量；
A——液压缸的有效面积；
V_m——液压马达的排量。

由以上两式可知，改变输入液压执行元件的流量 q 或液压马达的排量 V_m，就可以达到调节速度的目的。

通过改变流量来控制执行元件运动速度的回路称为调速回路。调速方法有节流调速、容积调速和容积节流复合调速等三种。其中，最常用的是节流调速。

（一）节流调速回路

在采用定量泵的液压系统中安装节流阀或调速阀，通过调节其通流面积来调节进入液压缸的流量，从而调节执行元件速度的方法称为节流调速。根据节流阀在油路中安装位置的不同，可分为进油节流调速、回油节流调速、旁路节流调速等多种形式。其中，最常用的是进油节流调速回路和回油节流调速回路。

1. 进油节流调速回路

如图 3-5-3 所示，把流量控制阀串联在执行元件的进油路上的节流调速回路称为进油路节流调速回路。回路工作时，液压泵输出的油液（压力 p_B 由溢流阀调定），经节流阀进入液压缸左腔，推动活塞向右运动，右腔的油液则流回油箱。液压缸左腔的油液压力 p_1 由作用在活塞上的负载阻力 F 的大小决定。液压缸右腔的油液压力 $p_2 \approx 0$，进入液压缸油液的流量 q_1 由节流阀调节，多余的油液 q_2 经溢流阀流回油箱。A 为活塞的有效作用面积，A_0 为流量阀节流口通流截面积。

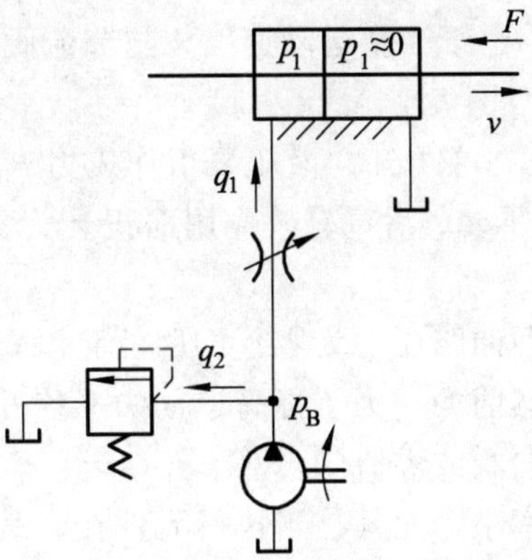

图 3-5-3　进油路节流调速回路

当活塞带动执行机构以速度 v 向右做匀速运动时，作用在活塞两个方向上的力互相平衡，则

$$p_1 A = F$$

即

$$p_1 = \frac{F}{A}$$

设节流阀前后的压力差为Δp，则

$$\Delta p = p_B - p_1$$

假定节流口形状为薄壁小孔，由于经流量阀流入液压缸右腔的流量为

$$q_1 = KA_0 \Delta p^m = KA_0 \sqrt{\Delta p}$$

所以活塞的运动速度为

$$v = \frac{q_1}{A} = \frac{KA_0}{A}\sqrt{\Delta p} = KA_0 \sqrt{p_B - \frac{F}{A}} \quad (3\text{-}5\text{-}3)$$

在进油节流调速回路中，液压泵的输出功率为

$$p_{泵} = p_B q_B = 常量$$

而液压缸的输出功率为

$$P_{缸} = Fv = Fq_1 / A_1 = p_1 q_1$$

所以该回路的功率损失为：

$$\Delta P = P_{泵} - P_{缸} = p_B q_B - p_1 q_1 = p_B(q_1 + q_2) - (p_B - \Delta p)q_1 = p_B q_2 + \Delta p q_1 \quad (3\text{-}5\text{-}4)$$

由上式可知，这种调速回路的功率损失由两部分组成，即溢流损失 $\Delta P_{溢} = p_B q_2$ 和节流损失 $\Delta P_{节} = \Delta p q_1$，故这种调速回路的效率较低。

进油路节流调速回路的特点如下：

（1）结构简单，使用方便。由于活塞运动速度 v 与节流阀口通流截面积 A_0 成正比，调节 A_0 即可实现无级调速，且调速范围大。

（2）速度稳定性差。由式 3-5-3 可知，液压泵工作压力 p_B 经溢流阀调定后基本恒定，可调节流阀调定后开口面积 A_0 也不变，活塞有效作用面积 A 为常量，所以活塞运动速度、将随负载 F 的变化而波动。

（3）运动平稳性差。由于回油路压力为零，即回油腔没有背压力，当负载突然变小、为零或为负值时，活塞会产生突然前冲。为了提高运动的平稳性，通常在回油管路中串接一个背压阀（换装大刚度弹簧的单向阀或溢流阀）。

（4）系统效率低，传递功率小。尤其是当执行元件在轻载低速下工作时，液压泵输出功率中有很大部分消耗在溢流阀和节流阀上，流量损失和压力损失大，系统效率很低。功率损耗会引起油液发热，使进入液压缸的油液温度升高，导致泄漏增加。

由上述特点可知，用节流阀的进油节流调速回路一般应用于功率较小、负载变化不大的液压系统中。

2. 回油路节流调速回路

把流量控制阀安装在执行元件通往油箱的回油路上，这样的节流调速回路称为回油节流调速回路，如图 3-5-4 所示。回油路节流调速是借助节流阀控制液压缸的排油量 q_2 来实现速度调节。由于进入液压缸的流量 q_1 受到回油路上排油量 q_2 的限制，因此用节流阀来调节液压缸的排油量 q_2，也就调节了进油量 q_1，定量泵多余的油液仍经溢流阀流回油箱，溢流阀调整压力基本稳定。

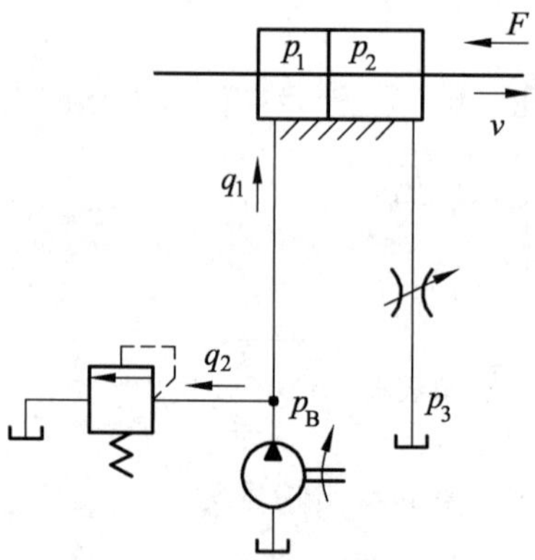

图 3-5-4　回油路节流调速回路

当活塞匀速运动时，活塞上的受力平衡方程式为

$$p_1A = F + p_2A$$

p_1 等于由溢流阀调定的液压泵出口压力 p_B，则：

$$p_2 = p_1 - \frac{F}{A} = p_B - \frac{F}{A}$$

因节流阀出口接油箱，即 $p_3 \approx 0$，所以

$$\Delta p = p_2 = p_B - \frac{F}{A}$$

活塞运动速度为

$$v = \frac{q_1}{A} = \frac{KA_0}{A}\sqrt{\Delta p} = KA_0\sqrt{p_B - \frac{F}{A}} \tag{3-5-5}$$

另外，在回油路节流调速度回路中，也包括溢流损失和节流损失功率，所以它的效率也较低。

从以上分析可知，进、回油节流调速回路有许多相同之处，但是，它们也有以下不同：

（1）节流阀装在回油路上，回油路上有较大的背压，因此在外界负载变化时可起缓冲作用，运动的平稳性比进油节流调速回路要好。

（2）回油节流调速回路中，经节流阀后压力损耗而发热，导致温度升高的油液直接流回油箱，容易散热。

（3）停车后的起动性能不同。长期停车后液压缸油腔内的油液会流回油箱，当液压泵重新向液压缸供油时，在回油节流调速回路中，由于进油路上没有节流阀控制流量，即使回油路上节流阀关得很小，也会使活塞前冲；而在进油节流调速回路中，由于进油路上有节流阀控制流量，故活塞前冲很小，甚至没有前冲。

由上述特点可知，回油节流调速回路广泛应用于功率不大、负载变化较大或运动平稳性要求较高的液压系统中。为了提高回路的综合性能，一般常采用进油节流调速，并在回油路上加背压阀的回路，使其兼备两者的优点。

（二）容积调速回路

节流调速回路虽然调节起来非常方便，但存在速度随负载变化的问题，同时油液通过流量阀时所造成的功率损失大，回路效率低，只适用于小功率液压系统。液压传动系统中，为了达到液压泵输出流量与负载流量相一致而无溢流损失的目的，往往采用改变液压泵或液压马达（同时改变）的有效工作容积进行调速。这种调速回路称为容积式调速回路。这类回路无节流和溢流损失，所以系统不易发热，效率高，在大功率的液压系统中得到广泛应用。但这种调速回路要求制造精度高、结构复杂、造价较高。容积式调速回路有变量泵-定量马达（或液压缸）、定量泵-变量马达、变量泵-变量达。按油路的循环形式有开式调速回路、闭式调速回路。容积调速回路多用于工程机械、矿山机械、农业机械和大型机床等大功率的调速系统中。

容积调速回路

如图 3-5-5（a）所示的是开式回路，泵从油箱吸油供给执行元件，执行元件排出的油液直接返回油箱，油液在油箱中便于沉淀杂质、析出空气，并得到良好的冷却，但油箱尺寸较大，空气、污物容易侵入。图 3-5-5（b）所示的是闭式回路，液压泵将油液输入执行元件的进油腔中，又从执行元件的回油腔处吸油，油液不一定经过油箱而直接在封闭回路内循环，因而减少了空气侵入的可能性，运动平稳、噪声小。但为了补偿回路的泄漏，需设置补油装置，包括辅助泵及与其配套的溢流阀和油箱，这样使得回路结构复杂且散热条件较差。

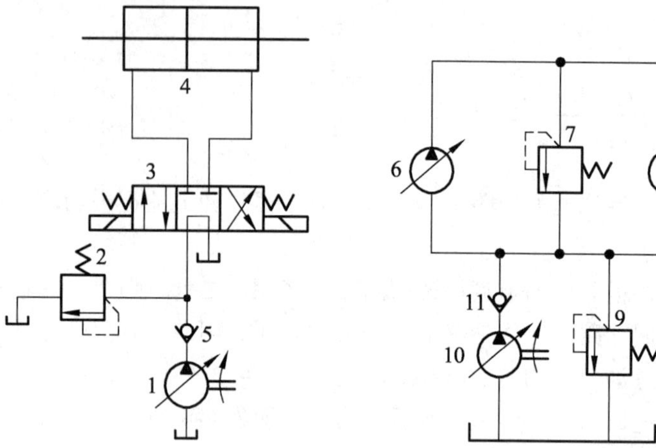

（a）　　（b）

1，6—变量泵；2，7，9—溢流阀；3—换向阀；4—液压缸；
5，11—单向阀；8—定量马达；
10—辅助定量泵。

图 3-5-5　变量泵和定量执行元件组合的容积调速回路

根据液压泵和执行元件组合方式不同，容积调速回路有以下三种形式：

1. 变量泵和定量执行元件组成的容积调速回路

图 3-5-5（a）所示为变量泵和液压缸组成的容积调速回路，图 3-5-5（b）所示为变量泵和定量液压马达组成的容积调速回路。这两种回路均采用改变变量泵的输出流量来调速的方法。工作时，溢流阀 2、7 作安全阀用，它可以限定液压泵的最高工作压力，起过载保护作用。辅助油泵 10 将油箱中经过冷却的油液输入封闭回路中，同时与油箱相通的溢流阀 9 溢流出定量马达 8 排出的多余热油，从而起到稳定低压管路压力和置换热油的作用。单向阀 5、11 在系统停止工作时可以起到防止系统中的油液倒流和空气侵入。

2. 定量泵和变量液压马达组合

在图 3-5-6 所示的回路中，定量泵 1 的输出流量不变，调节变量液压马达的排量，便可改变其转速。溢流阀 2 在回路中作安全阀用。

3. 变量泵和变量液压马达组合

在图 3-5-7 所示的回路中，变量泵可双向供油，用以实现双向变量液压马达的换向。调速时液压泵和液压马达的排量分阶段调节。在低速阶段，液压马达排量保持最大，由改变液压泵的排量来调速；在高速阶段，液压泵排量保持最大，通过改变液压马达的排量来调速。这样就扩大了调速范围。单向阀 6、7 用于使辅助泵 4 双向补油，单向阀 8、9 则使溢流阀 5 能在两个方向起过载保护作用。

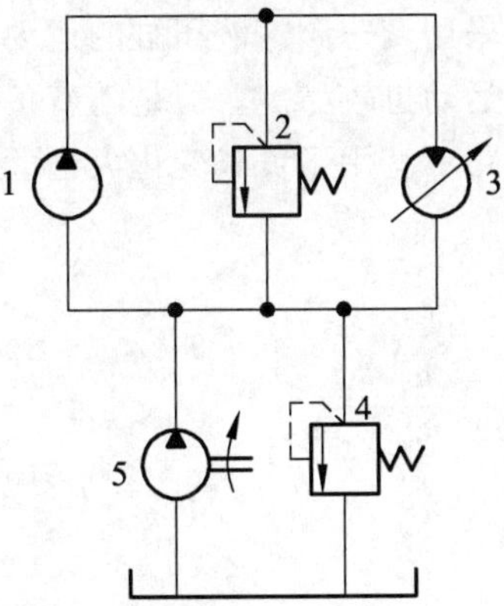

1—定量泵；2，4—溢流阀；3—变量马达；
5—辅助定量泵。

图 3-5-6　定量泵和变量马达的容积调速回路

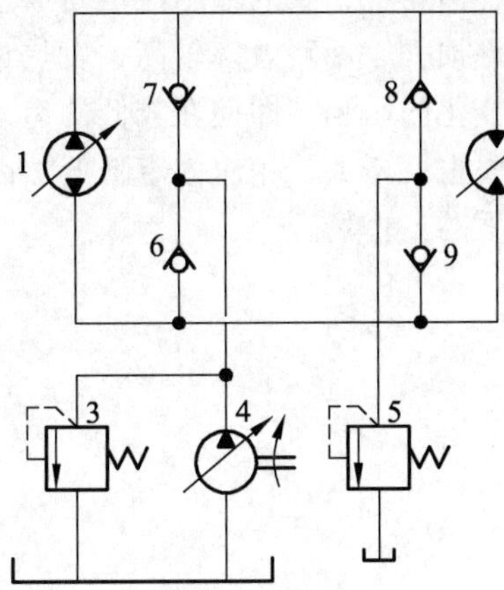

1—双向变量泵；2—双向变量马达；3，5—溢流阀；
4—辅助定量泵；6，7，8，9—单向阀。

图 3-5-7　变量泵和变量马达的容积调速回路

（三）容积节流调速回路

采用变量液压泵供油，用流量阀控制进入或流出液压缸的流量来调节液压缸的运动速度，并可使变量泵的供油量自动与液压缸所需的流量相适应。图 3-5-8 所示为由限压式变量叶片泵和调速阀组成的容积节流调速回路。压力油经调速阀 2 进入液压缸 3 工作腔，回油经背压阀 4 返回油箱。调节调速阀节流口的开口大小，就可以调节输入液压缸的流量。如果调速阀开口由变大变小，变量泵的流量就会大于调速阀调定的流量。由于进油路没有溢流阀，多余的油液没有排油通路，势必使液压泵和调速阀之间油路的油液压力升高，使泵的偏心距自动减小，直至泵的输出流量等于调速阀的调定流量。如果调速阀开口由小变大，变量泵的流量小于调速阀调定的流量，则泵出口的压力将降低，偏心距自动增大，输出流量自与调速阀的调定流量相适应。

容积节流调速回路

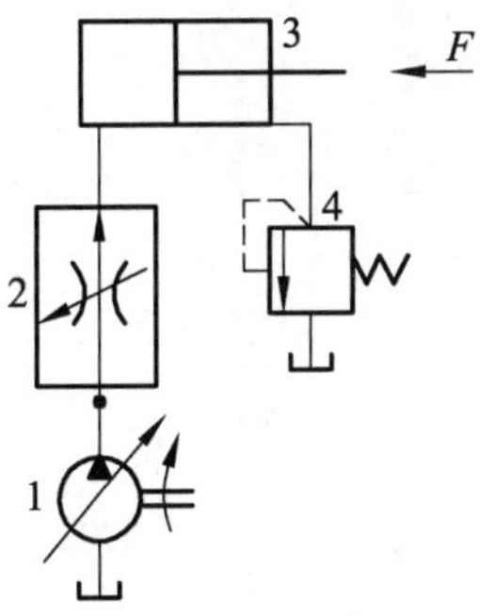

1—变量泵；2—调速阀；3—液压缸；4—溢流阀。

图 3-5-8　容积节流调速回路

在这种回路中，泵的输出流量与通过调速阀的流量是相适应的，有节流功率损失，但没有溢流功率损失，回路效率较高，发热量较小。同时，采用调速阀，液压缸的运动速度基本不受负载变化的影响，即使在较低的运动速度下工作，运动也较稳定。但是随着负载减小，其节流损失也就增大，相应效率降低，因此这种调速回路不宜用于负载变化大且大部分时间在低负载下的工作场合。

考核评价

<table>
<tr><th colspan="2" rowspan="2">考核内容</th><th>自评</th><th>组长评价</th><th>教师评价</th></tr>
<tr><th colspan="3">达到标准画√，没达到标准画×</th></tr>
<tr><td rowspan="3">作业完成</td><td>1. 按时完成任务</td><td>□</td><td>□</td><td>□</td></tr>
<tr><td>2. 内容正确</td><td>□</td><td>□</td><td>□</td></tr>
<tr><td>3. 字迹工整，整洁美观</td><td>□</td><td>□</td><td>□</td></tr>
<tr><td rowspan="12">操作过程操作过程</td><td>液压回路设计</td><td></td><td></td><td></td></tr>
<tr><td>1. 设计调速回路</td><td>□</td><td>□</td><td>□</td></tr>
<tr><td>2. 通过液压回路仿真</td><td>□</td><td>□</td><td>□</td></tr>
<tr><td>3. 选择液压元件</td><td>□</td><td>□</td><td>□</td></tr>
<tr><td>4. 合理布置液压元件</td><td>□</td><td>□</td><td>□</td></tr>
<tr><td>5 可靠连接各油口</td><td>□</td><td>□</td><td>□</td></tr>
<tr><td>调试</td><td></td><td></td><td></td></tr>
<tr><td>1. 起动液压泵</td><td>□</td><td>□</td><td>□</td></tr>
<tr><td>2. 调整系统的工作压力范围</td><td>□</td><td>□</td><td>□</td></tr>
<tr><td>3. 调整液压缸速度</td><td>□</td><td>□</td><td>□</td></tr>
<tr><td>4. 使用测试仪器、设备</td><td>□</td><td>□</td><td>□</td></tr>
<tr><td>5. 找到故障点并正确解决问题</td><td>□</td><td>□</td><td>□</td></tr>
<tr><td rowspan="4">工作态度</td><td>1. 不旷课</td><td>□</td><td>□</td><td>□</td></tr>
<tr><td>2. 不迟到，不早退</td><td>□</td><td>□</td><td>□</td></tr>
<tr><td>3. 学习积极性高</td><td>□</td><td>□</td><td>□</td></tr>
<tr><td>4. 学习认真，虚心好学</td><td>□</td><td>□</td><td>□</td></tr>
<tr><td rowspan="2">职业操守</td><td>1. 安全、文明工作</td><td>□</td><td>□</td><td>□</td></tr>
<tr><td>2. 具有良好的职业操守</td><td>□</td><td>□</td><td>□</td></tr>
<tr><td rowspan="3">团队合作</td><td>1. 服从组长的工作安排</td><td>□</td><td>□</td><td>□</td></tr>
<tr><td>2. 按时完成组长分配的任务</td><td>□</td><td>□</td><td>□</td></tr>
<tr><td>3. 热心帮助小组其他成员</td><td>□</td><td>□</td><td>□</td></tr>
<tr><td rowspan="2">项目完成</td><td>1. 液压回路设计、连接正确</td><td>□</td><td>□</td><td>□</td></tr>
<tr><td>2. 调试完成</td><td>□</td><td>□</td><td>□</td></tr>
<tr><td rowspan="3">项目报告</td><td>1. 报告书规范、排版好</td><td>□</td><td>□</td><td>□</td></tr>
<tr><td>2. 结构完整，内容翔实</td><td>□</td><td>□</td><td>□</td></tr>
<tr><td>3. 能将任务的设计过程及结果完整展现</td><td>□</td><td>□</td><td>□</td></tr>
<tr><td>评价等级</td><td></td><td></td><td></td><td></td></tr>
<tr><td colspan="2">项目最终评价（自评 20%、组评 30%、师评 50%）</td><td colspan="3"></td></tr>
</table>

评语

1. 自我评价

个人签字：　　　　　　日期：

2. 组长评价

组长签字：　　　　　　日期：

3. 教师评价

教师签字：　　　　　　日期：

拓展思考题

1. 影响孔口流量的因素有哪些？
2. 调速方式有哪几种？

任务六　半自动车床调速回路设计、分析与仿真

任务导入

在半自动车床液压进给系统中，液压缸带动进给机构完成进给运动。车床工作时要求液压传动系统所控制的进给机构能按加工时机床的进给要求调节速度。同时，为了保证机床加工工件的精度，还要求在进行调速时不受切削量变化的影响。本任务要求选择控制元件设计控制液压缸速度的液压回路。

任务目标

【知识目标】

（1）熟悉调速阀的结构和应用。

（2）掌握速度控制回路的类型、组成、原理和应用。

（3）掌握半自动车床进给速度控制回路的安装和调试。

【能力目标】

（1）能够识别调速阀。

（2）能够区分节流阀和调速阀的不同。

（3）能够识别容积调速回路和复合调速回路。

（4）会调节调速阀。

【素质目标】

（1）培养学习过程中专业规范的职业精神。

（2）培养学生学习的主动性和勇于探索的创新精神。

（3）引导学生自觉践行行业的职业精神和职业规范，培养遵纪守法、爱岗敬业的职业品格和行为习惯。

任务分组

班级		组号		指导老师	
组长		学号			
组员	小组成员	任务内容分配			

任务准备

引导问题 1：调速阀的工作原理是什么？

引导问题 2：调速阀的特点是什么？

任务实施

<table>
<tr><th>主要步骤</th><th colspan="8">操作流程记录</th></tr>
<tr><td rowspan="4">仿真</td><td>在仿真软件中选择各液压元件</td><td colspan="7"></td></tr>
<tr><td>在仿真软件中连接液压元件</td><td colspan="7"></td></tr>
<tr><td>在仿真软件中选择各控制电路元件</td><td colspan="7"></td></tr>
<tr><td>过程联合仿真</td><td colspan="7"></td></tr>
<tr><td rowspan="2">选择液压元件</td><td rowspan="2">选择的各液压元件名称和数量</td><td>名称</td><td></td><td></td><td></td><td></td><td></td><td></td></tr>
<tr><td>数量</td><td></td><td></td><td></td><td></td><td></td><td></td></tr>
<tr><td>在实验台合理布置液压元件</td><td>画出各液压元件布置位置图</td><td colspan="7"></td></tr>
<tr><td rowspan="2">用油管正确连接元器件的各油口</td><td>回路连接顺序</td><td colspan="7"></td></tr>
<tr><td>检查各油口连接是否紧密</td><td colspan="7"></td></tr>
<tr><td rowspan="2">选择电路元件</td><td rowspan="2">选择的控制电路各元件名称和数量</td><td>名称</td><td></td><td></td><td></td><td></td><td></td><td></td></tr>
<tr><td>数量</td><td></td><td></td><td></td><td></td><td></td><td></td></tr>
<tr><td>连接电路</td><td>电路连接顺序</td><td colspan="7"></td></tr>
</table>

<table>
<tr><th colspan="4">安装调试</th></tr>
<tr><td>调试步骤</td><td>现象</td><td>正常否</td><td>解决办法</td></tr>
<tr><td>起动液压泵</td><td></td><td></td><td></td></tr>
<tr><td>调节速度阀观察液压缸变化</td><td></td><td></td><td></td></tr>
</table>

相关知识点

一、调速阀

调速阀工作原理

调速阀是由一个定差减压阀和一个节流阀串联组合而成，节流阀用来调节流量，定差减压阀用来保证节流阀前后的压力差Δp不受负载变化的影响，从而使通过节流阀的流量保持稳定。

图 3-6-1（a）所示为调速阀的工作原理，图 3-6-1（b）所示为调速阀的详细图形符号，图 3-6-1（c）所示为其简化图形符号。

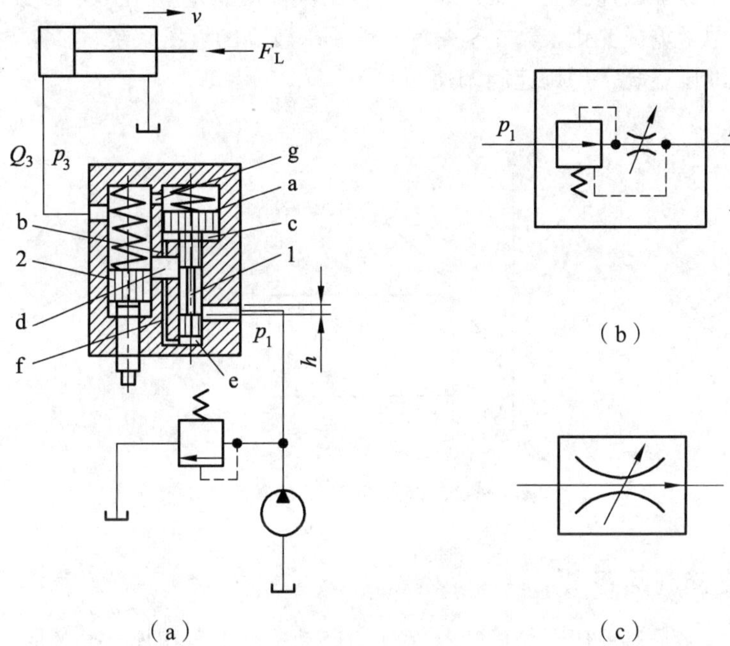

A—上腔；b，f，g—孔；c，e—下油腔；d—出油口；1—减压阀芯；2—节流阀芯。

图 3-6-1　调速阀

当压力为 p_1 的油液由调速阀进油口流入，经减压阀阀口 h 后压力降为 p_2，再分别经孔道 b 和 f 进入油腔 c 和 e。减压阀出口 d 同时也是节流阀 2 的入口，油液经节流口后，压力由 p_2 降为 p_3。压力为 p_3 的油液一部分经调速阀的出口进入执行元件，另一部分经孔道 g 进入减压阀芯 1 的上腔 a。若 a、c、e 腔的有效工作面积分别为 A_1、A_2、A_3，则 $A_1 = A_2 + A_3$。减压阀阀芯的受力平衡方程为

$$p_2 A_2 + p_2 A_3 = p_3 A_1 + F_s \tag{3-6-1}$$

即

$$\Delta p = p_2 - p_3 = \frac{F_s}{A_1}$$

由于定差减压阀的弹簧刚度很小，工作时阀芯的移动量也很小，故弹簧力 Fs 的变化也很小，因此节流阀前后的压力差基本保持不变。这就使得调速阀的流量只随节流口开度大小而改变，而与负载变化无关。此时只要将弹簧力固定，则在油温不变时，输出流量就可固定。

当调速阀进、出油口压力 p_2 和 p_3 受负载影响而变化时，将引起减压阀芯上下移动，从而改变减压口的开度，使减压阀出口压力 p_2 相应的发生变化，并保持节流阀前后的压力差恒定不变。

调速阀与节流阀的特性比较如图 3-6-2 所示，节流阀的流量随进、出油口压力差Δp 变化较大。而调速阀在压差较小时，性能与普通节流阀相同，即二者曲线重合，这是由于较小的压力差不能克服定差减压阀的弹簧力，减压阀不起减压作用，整个调速阀就相当于一个节流阀。因此，为了保证调速阀正常工作，必须保证其前后压差Δp 在 0.4 ~ 0.5 MPa 以上。

调速阀适用于负载变化较大，速度平稳性要求较高的液压系统，如各类组合机床、铣床、车床等设备的液压系统常用调速阀调速。

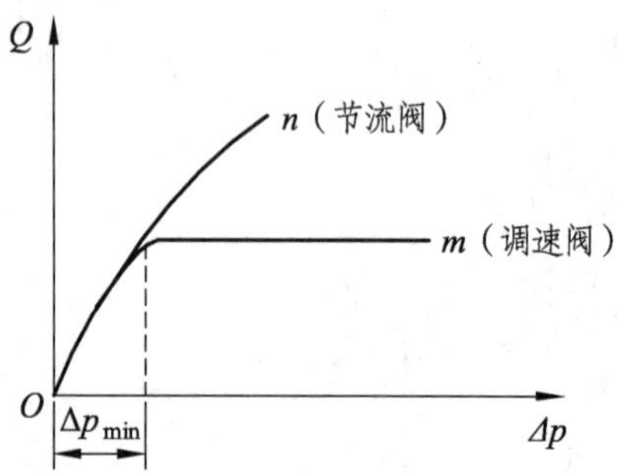

图 3-6-2　调速阀与节流阀特性比较

二、速度控制回路

速度控制回路是对液压系统中执行元件的运动速度进行切换控制的回路。这类回路包括调速回路、快速运动回路和速度换接回路等。

（一）快速运动回路

快速运动回路又称增速回路，其作用在于使液压执行元件获得所需的高速，缩短机械空行程运动时间，以提高系统的工作效率。实现快速运动方法不同，可有多种结构方案。下面介绍几种常用的快速运动回路。

快速运动回路

1. 液压缸差动连接快速运动回路

图 3-6-3 所示的差动回路，是利用液压缸的差动连接来实现的。当二位三通电磁换向阀处于右位时，液压缸呈差动连接，液压泵输出的油液和液压缸有杆腔返回的油液合流，进入液压缸的无杆腔，实现活塞的快速运动。

这种回路比较简单、经济，但液压缸的速度加快有限，差动连接与非差动连接的速度之比等于活塞与活塞杆截面积之比。若仍不能满足快速运动的要求，则可与限压式变量泵等其他方法联合使用。

2. 双泵供油快速运动回路

图 3-6-4 所示的回路中采用了低压大流量泵 1 和高压小流量泵 2 并联，它们同时向系统供油时可实现液压缸的空载快速运动；进入工作行程时，系统压力升高，液控顺序阀 3（卸荷阀）打开，使大流量液压泵 1 卸荷，仅由小流量液压泵 2 向系统供油，液压缸的运动变为慢速工作行程，工进时压力由溢流阀 5 调定。

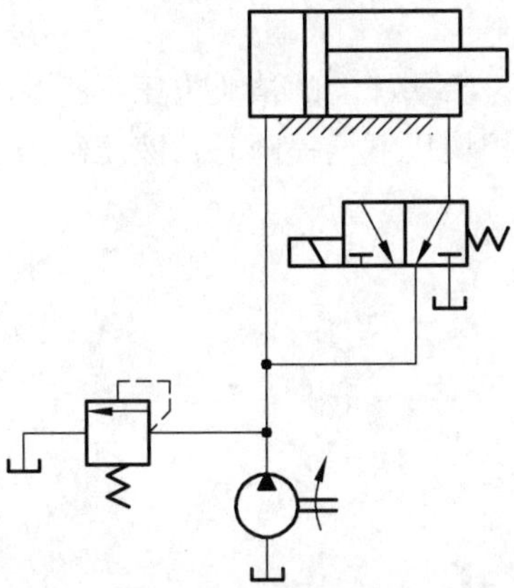

图 3-6-3　差动连接快速运动回路

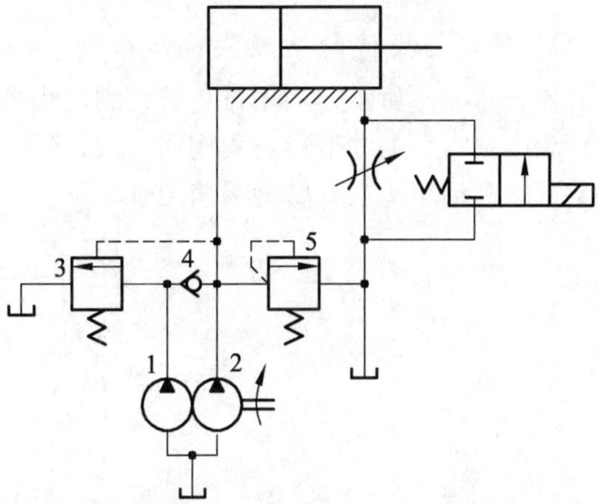

1—大流量泵；2—中流量泵；3—顺序阀；4—单向阀；5—溢流阀。

图 3-6-4　双泵供油快速运动回路

3. 蓄能器快速运动回路

在图 3-6-5 所示的用蓄能器辅助供油的快速回路中，用蓄能器使液压缸实现快速运动。当换向阀处于中位时，液压缸停止工作，液压泵经单向阀向蓄能器充油，随着蓄能器内油量的增加，压力也升高，至液控顺序阀 2 的调定压力时，液压泵卸荷。当换向阀处于左位或右位时，液压泵 1 和蓄能器 3 同时向液压缸供油，实现快速运动。

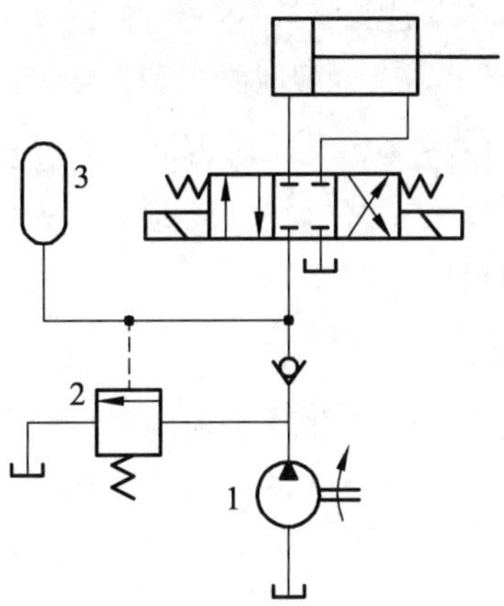

1—液压泵；2—顺序阀；3—蓄能器。

图 3-6-5　蓄能器快速运动回路

这样系统中可选用流量较小的液压泵及功率较小的电动机，可节约能源并降低油温，实现短期大量供油。这种回路适用于短时间内需要大流量的场合，但蓄能器充油时，液压缸必须有足够的停歇时间。

（二）速度换接回路

速度换接回路的作用是使液压执行元件在一个工作循环中从一种运动速度换到另一种运动速度，因而这个转换不仅包括快速转慢速的换接，而且也包括两个慢速之间的换接。实现这些功能的回路应该具有较高的速度换接平稳性。

速度换接回路

1. 快速与慢速的速度换接回路

如图 3-6-6 所示，在用行程阀控制的快慢速换接回路中，活塞杆上的挡块未压下行程阀时，液压缸右腔的油液经行程阀回油箱，活塞快速运动；当挡块压下行程阀时，液压缸回油经节流阀回油箱，活塞转为慢速工进。

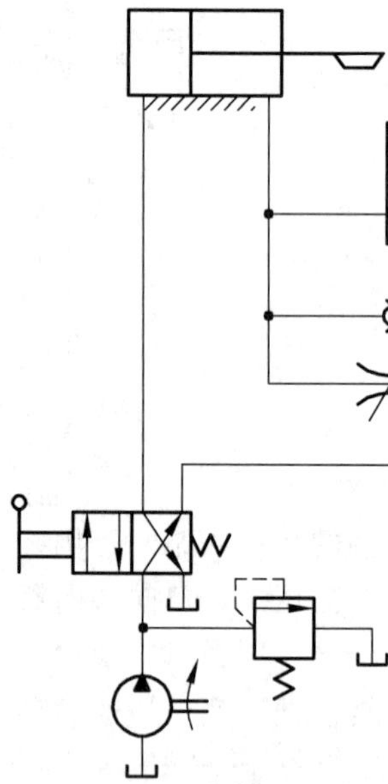

图 3-6-6　快慢速的速度换接回路

这种回路的快慢速换接过程比较平稳，换接点的位置比较准确，缺点是行程阀的安装位置不能任意布置，管路连接较为复杂，若将行程阀改为电磁阀，安装连接比较方便，但速度换接的平稳性、可靠性以及换向精度都较差。

2. 两种慢速的速度换接回路

如图 3-6-7（a）所示，在两个调速阀并联实现两种进给速度的换接回路中，两调速阀由二位三通换向阀换接，它们各自独立调节流量，互不影响，一个调速阀工作时，另一个调速阀没有油液通过。在速度换接过程中，由于原来没工作的调速阀中的减压阀处于最大开口位置，速度换接时大量油液通过该阀，将使执行元件突然前冲，因此它不宜用于在工作过程中的速度换接。

如图 3-6-7（b）所示，用两调速阀串联的方法来实现两种不同速度的换接回路中，两调速阀由二位二通换向阀换接，但后接入的调速阀的开口要小，否则，换接后得不到所需要的速度，起不到换接作用。该回路的速度换接平稳性比调速阀并联的速度换接回路好，但由于油液经过两个调速阀，所以能量损失较大。

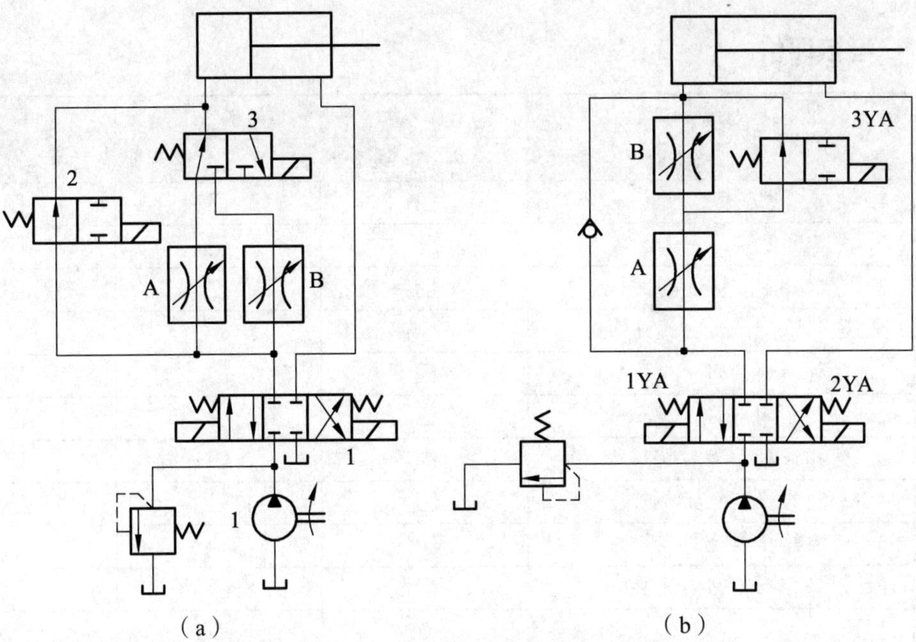

图 3-6-7　两种慢速的速度换接回路

考核评价

<table>
<tr><th colspan="2" rowspan="2">考核内容</th><th>自评</th><th>组长评价</th><th>教师评价</th></tr>
<tr><th colspan="3">达到标准画√，没达到标准画×</th></tr>
<tr><td rowspan="3">作业完成</td><td>1. 按时完成任务</td><td>□</td><td>□</td><td>□</td></tr>
<tr><td>2. 内容正确</td><td>□</td><td>□</td><td>□</td></tr>
<tr><td>3. 字迹工整，整洁美观</td><td>□</td><td>□</td><td>□</td></tr>
<tr><td rowspan="12">操作过程</td><td>液压回路设计</td><td></td><td></td><td></td></tr>
<tr><td>1. 设计调速回路</td><td>□</td><td>□</td><td>□</td></tr>
<tr><td>2. 设计控制电路</td><td>□</td><td>□</td><td>□</td></tr>
<tr><td>3. 选择液压元件</td><td>□</td><td>□</td><td>□</td></tr>
<tr><td>4. 合理布置液压元件</td><td>□</td><td>□</td><td>□</td></tr>
<tr><td>5. 可靠连接各油口</td><td>□</td><td>□</td><td>□</td></tr>
<tr><td>6. 选择控制电路各元件</td><td>□</td><td>□</td><td>□</td></tr>
<tr><td>调试</td><td></td><td></td><td></td></tr>
<tr><td>1. 起动液压泵</td><td>□</td><td>□</td><td>□</td></tr>
<tr><td>2. 调整液压缸运动速度</td><td>□</td><td>□</td><td>□</td></tr>
<tr><td>3. 正确使用测试仪器、设备</td><td>□</td><td>□</td><td>□</td></tr>
<tr><td>4. 找到故障点并正确解决问题</td><td>□</td><td>□</td><td>□</td></tr>
<tr><td rowspan="4">工作态度</td><td>1. 不旷课</td><td>□</td><td>□</td><td>□</td></tr>
<tr><td>2. 不迟到，不早退</td><td>□</td><td>□</td><td>□</td></tr>
<tr><td>3. 学习积极性高</td><td>□</td><td>□</td><td>□</td></tr>
<tr><td>4. 学习认真，虚心好学</td><td>□</td><td>□</td><td>□</td></tr>
<tr><td rowspan="2">职业操守</td><td>1. 安全、文明工作</td><td>□</td><td>□</td><td>□</td></tr>
<tr><td>2. 具有良好的职业操守</td><td>□</td><td>□</td><td>□</td></tr>
<tr><td rowspan="3">团队合作</td><td>1. 服从组长的工作安排</td><td>□</td><td>□</td><td>□</td></tr>
<tr><td>2. 按时完成组长分配的任务</td><td>□</td><td>□</td><td>□</td></tr>
<tr><td>3. 热心帮助小组其他成员</td><td>□</td><td>□</td><td>□</td></tr>
<tr><td rowspan="2">项目完成</td><td>1. 液压回路设计、连接正确</td><td>□</td><td>□</td><td>□</td></tr>
<tr><td>2. 调试完成</td><td>□</td><td>□</td><td>□</td></tr>
<tr><td rowspan="3">项目报告</td><td>1. 报告书规范、排版好</td><td>□</td><td>□</td><td>□</td></tr>
<tr><td>2. 结构完整，内容翔实</td><td>□</td><td>□</td><td>□</td></tr>
<tr><td>3. 能将任务的设计过程及结果完整展现</td><td>□</td><td>□</td><td>□</td></tr>
<tr><td>评价等级</td><td></td><td></td><td></td><td></td></tr>
<tr><td colspan="2">项目最终评价（自评 20%、组评 30%、师评 50%）</td><td colspan="3"></td></tr>
</table>

评语

1. 自我评价

个人签字：　　　　　　日期：

2. 组长评价

组长签字：　　　　　　日期：

3. 教师评价

教师签字：　　　　　　日期：

拓展思考题

1. 简述调速阀的工作原理。
2. 速度控制回路有哪些？

项目四　液压系统工作原理图识读

任务一　YT4543 型动力滑台液压系统工作原理图识读

任务导入

组合机床广泛应用于大批量的生产中。组合机床上的主要通用部件动力滑台是实现进给运动的。它要求液压传动系统完成的进给动作是：快进—工进—快退—原位停止及液压缸卸荷，并循环进给动作，同时还要求系统工作稳定效率高。本任务要求识读动力滑台工作原理图。

任务目标

【知识目标】

（1）熟悉执行元件、控制元件、动力元件和辅助元件符号。

（2）掌握换向回路、调速回路和调压回路的特点。

（3）掌握分析液压系统的工作原理和工作过程的方法。

【能力目标】

（1）能够分清执行元件、控制元件、动力元件和辅助元件。

（2）能够分清换向回路、调速回路和调压回路。

（3）能够根据液压系统原理图分析系统的工作原理和工作过程。

【素质目标】

（1）培养学生知识在于积累。

（2）培养学生理解整体与部分的关系。

（3）培养学生分析问题要善于抓主线。

任务分组

班级		组号		指导老师	
组长		学号			
组员	小组成员	任务内容分配			

任务准备

引导问题 1：动力滑台能完成哪些功能？

引导问题 2：动力滑台由哪些基本回路组成？

任务实施

主要步骤	名称	功用/油路分析
系统组成分析		
动作要求		
系统的基本回路		
运动过程分析	快进	
	工进	
	快退	
	停止	
	卸荷	
系统特点		
连接电路	电路连接顺序	

相关知识点

一、液压系统工作原理图识读的方法与步骤

液压系统工作原理图的识读方法

了解机械设备的功用、工况对液压系统的要求以及液压设备的工作循环。

初步阅读液压系统图，了解系统中包含哪些元件，根据设备的工况及工作循环，将系统分解为若干个子系统。

逐步分析各子系统，了解系统中基本回路的组成情况和各个元件的功用以及各元件之间的相互关系。根据执行机构的动作要求，参照电磁铁动作顺序表，搞清楚各个行程的动作原理及油液的流动路线。

根据系统中对各执行元件间的互锁、同步、防干扰等要求，分析各个子系统之间的联系以及如何实现这些要求。

在全面读懂液压系统图的基础上，根据系统所使用的基本回路的性能，对系统做出综合分析归纳总结出整个液压系统的特点，以加深对液压系统的理解，为液压系统的调整、维护、使用打下基础。

二、动力滑台液压系统应具备的性能

组合机床是一种高效专供机床，它由具有一定功能的通用部件和专用部件组成，加工范围较广，自动化程度较高，多用于大批量生产。

液压动力滑台由液压缸驱动，根据加工需要可在滑台上配置动力头、主轴箱或各种专用的切削头等工作部件，以完成钻、扩、铰、铣、镗、刮端面、倒角、攻丝等加工工序，并可实现多种进给工作循环。它具备以下性能：

（1）在变负载或断续负载的条件下工作，能保证动力滑台的进给速度，特别是最小进给速度的稳定性。

（2）能承受规定的最大负载，并具有较大的工进调速范围以适应不同工序的要求。

（3）能实现快速进给和快速退回。

（4）效率高、发热少，并能合理利用能量以解决工进速度和快进速度之间的矛盾。

（5）在其他元件的配合下可方便地实现多种工作循环。

三、YT4543 型动力滑台液压系统工作原理

动力滑台工作原理图识读

组合机床液压动力滑台可以实现多种不同的工作循环，其中一种比较典型的工作循环是：快进→一工进→二工进→死挡铁停留→快退→停止。图 4-1-1 所示为完成这一动作循环的动力滑台液压系统工作原理。系统中采用限压式变量叶片泵供油，并使液压缸差动连接以实现快速运动；由电液换向阀换向，用行程阀、液控顺序阀实现快进与工进的转换，用二位二通电磁换向阀实现一工进和二工进之间的速度换接；为保证进给的尺寸精度，采用了死挡铁停留来限位。

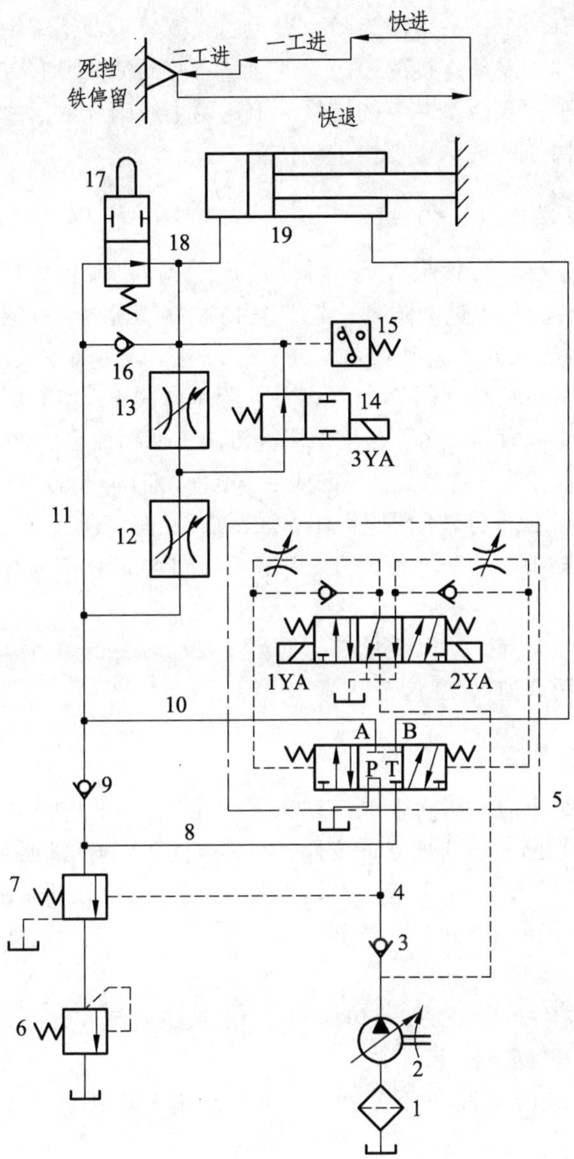

1—滤油器；2—变量泵；3，9，16—单向阀；5—电液换向阀；4，8，10，11，18，20—管路；
6—背压阀；7—顺序阀；12，13—调速阀；14—换向阀；15—压力信号器；
17—行程阀；19—液压缸。

图 4-1-1 动力滑台液压系统原理

（一）快 进

按下启动按钮，三位五通电液动换向阀 5 的 1YA 得电，先导电磁阀左位进入工作状态，这时的主油路如下：

（1）进油路：滤油器 1→变量泵 2→单向阀 3→管路 4→电液换向阀 5 的 P 口到 A 口→管路 10→管路 11→行程阀 17→管路 18→液压缸 19 左腔。

（2）回油路：液压缸 19 右腔→管路 20→电液换向阀 5 的 B 口到 T 口→管路 8→单向阀 9→管路 11→行程阀 17→管路 18→液压缸 19 左腔。

此时，快进的原因有两个：一是因为动力滑台的载荷较小，系统中的压力较低，变量泵2输出流量增大；二是因为差动连接的原因，使活塞右腔的油液没有流回到油箱中，而是进入到活塞的左腔，增大了进入活塞左腔的流量。上述两个原因导致活塞左腔的流量剧增，从而使活塞推动动力滑台快速前进，实现快进动作。

（二）第一次工作进给（一工进）

随着液压缸缸体的左移，行程阀17的阀芯被压下，行程阀上位工作，使管路11和18断开，快进阶段结束，转为一工进。此时，电磁铁1YA继续通电，电液换向阀5仍在左位工作，电磁换向阀14的电磁铁处于断电状态。进油路必须经调速阀12进入液压缸左腔，与此同时，系统压力升高，将液控顺序阀7打开，并关闭单向阀9，使液压缸实现差动连接的油路切断。回油经顺序阀7和背压阀6（这里采用溢流阀）回到油箱。这时的主油路是：

（1）进油路：滤油器1→变量泵2→单向阀3→电液换向阀5的P口到A口→管路10→调速阀12→二位二通电磁换向阀14→管路18→液压缸19左腔。

（2）回油路：液压缸19右腔→管路20→电液换向阀5的B口到T口→管路8→顺序阀7→背压阀6→油箱。

因为工作进给时油压升高，所以变量泵2的流量自动减小，动力滑台向前作第一次工作进给，进给速度的大小用调速阀12调节。

（三）第二次工作进给（二工进）

在第一次工作进给结束时，滑台上的挡铁压下行程开关（图中未画出），使电磁铁3YA得电，阀14右位工作，切断了该阀所在的支路，经调速阀12的油液必须经过调速阀13进入液压缸的左腔，其他油路不变。此时，动力滑台由一工进转为二工进。由于调速阀13的控制流量小于调速阀12的控制流量，进给速度进一步降低。该阶段进给速度由调速阀13来调节。这时的主油路是：

（1）进油路：滤油器1→变量泵2→单向阀3→电液换向阀5的P口到A口→管路10→调速阀12→调速阀13→管路18→液压缸19左腔。

（2）回油路：液压缸19右腔→管路20→电液换向阀5的B口到T口→管路8→顺序阀7→背压阀6→油箱。

（四）死挡铁停留

当动力滑台第二次工作进给终了碰上死挡铁后，液压缸停止不动，系统的压力进一步升高，达到压力继电器15的调定值时，经过时间继电器延时，再发出电信号，使滑台退回。在时间继电器延时动作前，滑台停留在死挡铁限定的位置上。

（五）快　退

时间继电器发出电信号后，使2YA得电，1YA和3YA均失电，电液换向阀5右位工作，这时的主油路如下：

（1）进油路：滤油器1→变量泵2→单向阀3→管路4→换向阀5的P口到B口→管路20→液压缸19的右腔。

（2）回油路：液压缸 19 的左腔→管路 18→单向阀 16→管路 11→电液换向阀 5 的 A 口到 T 口→油箱。

这时系统的压力较低，变量泵 2 输出流量大，动力滑台快速退回。由于活塞杆的面积大约为活塞的一半，所以动力滑台快进、快退的速度大致相等。

（六）原位停止

当动力滑台退回到原始位置时，挡块压下行程开关（图中未画出），这时电磁铁 1YA、2YA、3YA 都失电，电液换向阀 5 处于中位，动力滑台停止运动，变量泵 2 输出油液的压力升高，使泵的流量自动减至最小。电磁铁动作顺序见表 4-1-1 所示。

表 4-1-1　动力滑台电磁铁动作顺序

工作循环	1YA	2YA	3YA	行程阀
快进	+	−	−	−
一工进	+	−	−	+
二工进	+	−	+	+
死挡铁停留	+	−	+	+
快退	+	+	−	+ −
原位停止	−	−	−	−

四、4YT4543 型动力滑台液压系统的特点

该系统具有如下特点：

（1）系统采用了限压式变量泵和调速阀组成的进油路容积节流调速回路，这种回路能使滑台得到稳定的低速运动和较好的速度负载特性，而且由于系统无溢流损失，系统效率较高。另外回路中设置了背压阀，改善了滑台运动的平稳性，并能使滑台承受一定的反向负载。

（2）采用限压式变量泵和液压缸的差动连接回路来实现快速运动，使能量的利用比较经济合理。滑台停止运动时，换向阀使液压泵在低压下卸荷，减少了能量损失。

（3）采用行程阀和液控顺序阀实现快进与工进的速度换接，动作可靠，速度换接平稳。同时调速阀可起到加载的作用，可在刀具与工件接触之前就能可靠地转入工作进给，因此不会引起刀具和工件的突然碰撞。

（4）在行程终点采用了死挡铁停留，不仅提高了进给位置精度，还扩大了滑台的工艺范围，更适合于镗削阶梯孔、锪孔和锪端面等工序。

（5）由于采用了调速阀串联的二次进油路节流调速方式，可使启动和速度换接时的前冲量较小，并便于利用压力继电器发信号进行控制。

考核评价

<table>
<tr><th colspan="2" rowspan="2">考核内容</th><th>自评</th><th>组长评价</th><th>教师评价</th></tr>
<tr><th colspan="3">达到标准画√，没达到标准画×</th></tr>
<tr><td rowspan="3">作业完成</td><td>1. 按时完成任务</td><td>□</td><td>□</td><td>□</td></tr>
<tr><td>2. 内容正确</td><td>□</td><td>□</td><td>□</td></tr>
<tr><td>3. 字迹工整，整洁美观</td><td>□</td><td>□</td><td>□</td></tr>
<tr><td rowspan="13">操作过程</td><td>液压系统组成分析</td><td></td><td></td><td></td></tr>
<tr><td>1. 系统运动要求分析</td><td>□</td><td>□</td><td>□</td></tr>
<tr><td>2. 调速回路分析</td><td>□</td><td>□</td><td>□</td></tr>
<tr><td>3. 调压回路分析</td><td>□</td><td>□</td><td>□</td></tr>
<tr><td>4. 换向回路分析</td><td>□</td><td>□</td><td>□</td></tr>
<tr><td>5. 速度换接回路分析</td><td>□</td><td>□</td><td>□</td></tr>
<tr><td>运动过程分析</td><td></td><td></td><td></td></tr>
<tr><td>1. 快进</td><td>□</td><td>□</td><td>□</td></tr>
<tr><td>2. 工进</td><td>□</td><td>□</td><td>□</td></tr>
<tr><td>3. 停留</td><td>□</td><td>□</td><td>□</td></tr>
<tr><td>4. 快退</td><td>□</td><td>□</td><td>□</td></tr>
<tr><td>5. 停止</td><td>□</td><td>□</td><td>□</td></tr>
<tr><td>6. 卸荷</td><td>□</td><td>□</td><td>□</td></tr>
<tr><td rowspan="4">工作态度</td><td>1. 不旷课</td><td>□</td><td>□</td><td>□</td></tr>
<tr><td>2. 不迟到，不早退</td><td>□</td><td>□</td><td>□</td></tr>
<tr><td>3. 学习积极性高</td><td>□</td><td>□</td><td>□</td></tr>
<tr><td>4. 学习认真，虚心好学</td><td>□</td><td>□</td><td>□</td></tr>
<tr><td rowspan="2">职业操守</td><td>1. 安全、文明工作</td><td>□</td><td>□</td><td>□</td></tr>
<tr><td>2. 具有良好的职业操守</td><td>□</td><td>□</td><td>□</td></tr>
<tr><td rowspan="3">团队合作</td><td>1. 服从组长的工作安排</td><td>□</td><td>□</td><td>□</td></tr>
<tr><td>2. 按时完成组长分配的任务</td><td>□</td><td>□</td><td>□</td></tr>
<tr><td>3. 热心帮助小组其他成员</td><td>□</td><td>□</td><td>□</td></tr>
<tr><td rowspan="2">项目完成</td><td>1. 液压回路分析正确</td><td>□</td><td>□</td><td>□</td></tr>
<tr><td>2. 运动过程分析完成</td><td>□</td><td>□</td><td>□</td></tr>
<tr><td>评价等级</td><td></td><td></td><td></td><td></td></tr>
<tr><td colspan="2">项目最终评价（自评 20%、组评 30%、师评 50%）</td><td colspan="3"></td></tr>
</table>

评语

1. 自我评价

个人签字：　　　　　　　日期：

2. 组长评价

组长签字：　　　　　　　日期：

3. 教师评价

教师签字：　　　　　　　日期：

拓展思考题

液压系统工作原理图识读包括哪些步骤？

气动篇

项目五　气压传动系统认知

任务一　剪板机气压传动系统认知

任务导入

在实验台上，操作由教师构建好的气动剪板机的气压传动系统，控制气缸的往复动作，认知系统的组成、工作原理及各部分的功用。

任务目标

【知识目标】

（1）掌握气压传动的工作原理。

（2）掌握气压传动系统每个组成部分的作用。

（3）掌握气压传动的优缺点。

【能力目标】

（1）能够区分气压传动的各个组成部分。

（2）能够描述气压传动的工作原理。

（3）能够使用气动试验台。

【素质目标】

（1）培养学生自主学习能力、动手操作能力。

（2）培养学生知识的归纳总结能。

任务分组

班级		组号		指导老师	
组长		学号			
组员	小组成员	任务内容分配			

任务准备

引导问题 1：什么是气压传动？

引导问题 2：气压传动系统的组成有哪些？

任务实施

部件名称	功用

相关知识点

气压传动是以压缩气体为工作介质，靠气体的压力传递动力或信息的流体传动。传递动力的系统是将压缩气体经由管道和控制阀输送给气动执行元件，把压缩气体的压力能转换为机械能而做功；传递信息的系统是利用气动逻辑元件或射流元件以实现逻辑运算等功能，也称气动控制系统。气压传动的特点：工作压力低，一般为 0.3 ~ 0.8MPa，气体黏度小，管道阻力损失小，便于集中供气和中距离输送，使用安全、无爆炸和电击危险，有过载保护能力；但气压传动速度低，需要气源。

一、气压传动系统的工作原理

通过一个典型气压传动系统来理解气动系统如何进行能量和信号传递，如何实现控制自动化。

气压传动工作原理

图 5-1-1 所示为气动剪切机的工作原理,图示位置为剪切前的情况。空气压缩机 1 产生的压缩空气经后冷却器 2、分水排水器 3、储气罐 4、分水滤气器 5、减压阀 6、油雾器 7、到达换向阀 9，部分气体经节流通路进入换向阀 9 的下腔，使上腔弹簧压缩，换向阀 9 阀芯位于上端，大部分压缩空气经换向阀 9 后进入气缸 10 的上腔，而气缸的下腔经换向阀与大气相通，使气缸活塞处于最下端位置。当上料装置把工料 11 送入剪切机并到达规定位置时，工料压下行程阀 8，此时换向阀 9 阀芯下腔压缩空气经行程阀 8 排入大气，在弹簧的推动下，换向阀 9 阀芯向下运动至下端；压缩空气则经换向阀 9 后进入气缸的下腔，上腔经换向阀 9 与大气相通，气缸活塞向上运动，带动剪刀上行剪断工料。工料剪下后，即与行程阀 8 脱开。行程阀 8 阀芯在弹簧作用下复位，出路堵死。换向阀 9 阀芯上移。气缸活塞向下运动，又恢复到剪断前的状态。

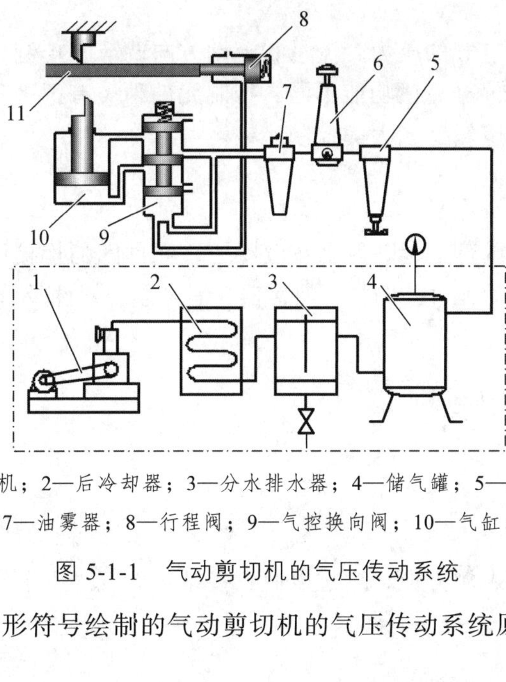

1—空气压缩机；2—后冷却器；3—分水排水器；4—储气罐；5—分水滤气器；
6—减压阀；7—油雾器；8—行程阀；9—气控换向阀；10—气缸；11—工料。

图 5-1-1　气动剪切机的气压传动系统

图 5-1-2 所示为用图形符号绘制的气动剪切机的气压传动系统原理。

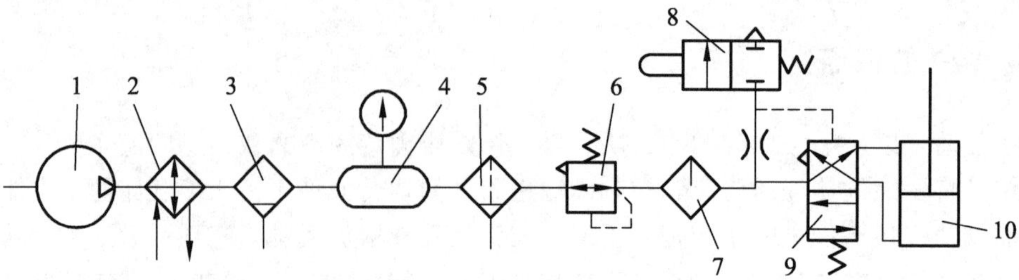

1—空气压缩机；2—后冷却器；2—分水排水器；4—储气罐；5—分水滤气器；
6—减压阀；7—油雾器；8—行程阀；9—气控换向阀；10—气缸。

图 5-1-2　用图形符号绘制的气动剪切机气压传动系统

二、气压传动系统的组成

气压传动系统组成

在气压传动系统中，根据气动元件和装置的不同功能，可将气压传动系统分成以下 4 个组成部分。

（一）气源装置

气源装置将原动机提供的机械能转变为气体的压力能，为系统提供压缩空气。它主要由空气压缩机构成，还配有贮气罐、气源净化处理装置等附属设备。

（二）执行元件

执行元件起能量转换作用，把压缩空气的压力能转换成工作装置的机械能。主要形式有：气缸输出直线往复式机械能、摆动气缸和气马达分别输出回转摆动式和旋转式的机械能。对于以真空压力为动力源的系统，采用真空吸盘完成各种吸吊作业。

（三）控制元件

控制元件用来对压缩空气的压力、流量和流动方向调节和控制，使系统执行机构按功能要求的程序和性能工作。根据完成功能不同，控制元件种类有很多种，气压传动系统中一般包括压力、流量、方向和逻辑等四大类控制元件。

（四）辅助元件

辅助元件是用于元件内部润滑，降低排气噪声，元件间的连接以及信号转换、显示、放大、检测等所需的各种气动元件。例如，油雾器、消声器、管件及管接头、转换器、显示器、传感器等。

三、气压传动的优缺点

（一）优　点

1. 使用方便

空气作为工作介质，来源方便，用过以后直接排入大气，不会污染环境，可少设置或不必设置回气管道。

2. 系统组装方便

使用快速接头可以非常简单地进行配管，因此系统的组装、维修以及元件的更换比较简单。

3. 快速性好

动作迅速反应快，可在较短的时间内达到所需的压力和速度。在一定的超载运行下也能保证系统安全工作，并且不易发生过热现象。

4. 安全可靠

压缩空气不会爆炸或着火，在易燃、易爆场所使用不需要设置昂贵的防爆设施，可安全可靠地应用于易燃、易爆、多尘埃、辐射、强磁、振动、冲击等恶劣的环境中。

5. 储存方便

气压具有较高的自保持能力，压缩空气可储存在贮气罐内，随时取用。即使压缩机停止运行，气阀关闭，气动系统仍可维持一个稳定的压力。故不需压缩机的连续运转。

6. 可远距离传输

由于空气的黏度小，流动阻力小，管道中空气流动的沿程压力损失小，有利于介质集中供应和远距离输送。空气不论距离远近，极易由管道输送。

7. 能过载保护

气动机构与工作部件，可以超载而停止不动，因此无过载的危险。

8. 清　洁

基本无污染，对于要求高净化、无污染的场合，如食品、印刷、木材和纺织工业等是极为重要的，气动具有独特的适应能力，优于液压、电子、电气控制。

（二）缺　点

1. 速度稳定性差

由于空气可压缩性大，气缸的运动速度易随负载的变化而变化，稳定性较差，给位置控制和速度控制精度带来较大影响。

2. 需要净化和润滑

压缩空气必须经过良好的处理，去除灰尘和水分。空气本身没有润滑性，系统中必须采取措施对元件进行给油润滑，如加油雾器等装置进行供油润滑。

3. 输出力小

工作压力低（一般低于 0.8 MPa），因而气动系统输出力小，在相同输出力的情况下，气动装置比液压装置尺寸大，输出力限制在 20~30 kN。

4. 噪声大

排放空气的声音很大，现在这个问题已因吸声材料和消声器的发展大部分获得解决。需要加装消声器。

四、气压传动的应用

目前气动控制装置在下述几方面有普遍的应用：

（1）机械制造业。包括机械加工生产线上工件的装夹及搬送，铸造生产线上的造型、捣固、合箱等。在汽车制造中，汽车自动化生产线、车体部件自动搬运与固定、自动焊接等。

（2）电子 IC 及电器行业。用于硅片的搬运，元器件的插装与锡焊，家用电器的组装等。

（3）石油、化工业。用管道输送介质的自动化流程绝大多数采用气动控制，如石油提炼加工、气体加工、化肥生产等。

（4）轻工食品包装业。包括各种半自动或全自动包装生产线，如酒类、油类、煤气罐装，各种食品的包装等。

（5）机器人。如装配机器人，喷漆机器人，搬运机器人以及爬墙、焊接机器人等。

（6）其他。如车辆刹车装置、车门开闭装置、颗粒物质的筛选、鱼雷导弹自动控制装置等。目前，各种气动工具也是气动技术应用的一个组成部分。

考核评价

考核内容		自评	组长评价	教师评价
		达到标准画√，没达到标准画×		
作业完成	1. 按时完成任务	□	□	□
	2. 内容正确	□	□	□
	3. 字迹工整，整洁美观	□	□	□
操作过程	1. 起动气泵	□	□	□
	2. 调整系统的工作压力范围	□	□	□
	3. 操作剪板机气动回路	□	□	□
	4. 区分各组成部分	□	□	□
	5. 描述各指出部分的功用	□	□	□
	6. 描述气压传动的工作原理	□	□	□
工作态度	1. 不旷课	□	□	□
	2. 不迟到，不早退	□	□	□
	3. 学习积极性高	□	□	□
	4. 学习认真，虚心好学	□	□	□
职业操守	1. 安全、文明工作	□	□	□
	2. 具有良好的职业操守	□	□	□
团队合作	1. 服从组长的工作安排	□	□	□
	2. 按时完成组长分配的任务	□	□	□
	3. 热心帮助小组其他成员	□	□	□
项目完成	1. 操作完成	□	□	□
	2. 原理、组成叙述完成	□	□	□
评价等级				
项目最终评价（自评 20%、组评 30%、师评 50%）				

评语

1. 自我评价

个人签字：　　　　　　日期：

2. 组长评价

组长签字：　　　　　　日期：

3. 教师评价

教师签字：　　　　　　日期：

拓展思考题

气压传动主要是由哪些部分组成的？各部分有什么作用？

项目六　气压传动系统元件选择

任务一　剪板机气压传动系统气源装置识别

任务导入

图 6-1-1 所示的剪板机主要由气源装置、执行元件、控制元件、辅助元件和工作介质组成。通过识读剪板机的工作示意图，识别其中的气源装置的组成部分，绘制其符号。

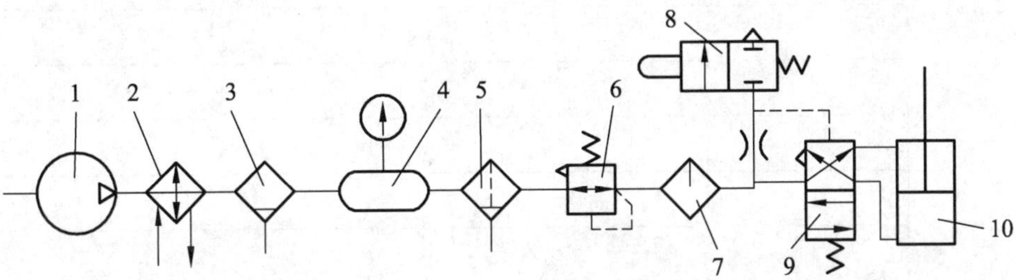

1—空气压缩机；2—后冷却器；3—分水排水器；4—储气罐；5—分水滤气器；
6—减压阀；7—油雾器；8—行程阀；9—气控换向阀；10—气缸。

图 6-1-1　剪板机工作示意

任务目标

【知识目标】

（1）掌握气源装置的作用。

（2）掌握气源装置主要组成部分的工作原理、图形符号。

【能力目标】

（1）能画出气源装置中各元件的图形符号。

（2）能描述气源装置各部分的作用。

（3）能认识气源装置中的各元件。

【素质目标】

（1）培养学生善于观察的能力。

（2）培养学生认识新事物的能力。

任务分组

班级		组号		指导老师	
组长		学号			
组员	小组成员	任务内容分配			

任务准备

引导问题 1：气源装置的主要作用是什么？

引导问题 2：气源装置主要由哪些部分组成？

任务实施

1. 描述此气压系统的工作原理。

2. 确定系统中的动力元件（序号、名称）。

3. 确定系统中的执行元件（序号、名称）。

4. 确定系统中的控制元件（序号、名称）。

5. 确定图中辅助元件的名称、数量，填 6-1-1 表。

表 6-1-1　剪板机构成

图中序号	辅助元件名称	数量	符号	作用

相关知识点

气源系统一般由三部分组成，产生压缩空气的气压发生装置（如空气压缩机）、输送压缩空气的管道系统和压缩空气的净化处理系统。

一、空气压缩机

空气压缩机是气源系统中的主要设备，它是将原动机的机械能转换成气体压力能的装置。其结构形式和规格品种很多。

气源装置

（一）空气压缩机的种类

空气压缩机有多种分类方法，常用的有如下几种：

（1）按工作原理分为容积式空气压缩机和速度式空气压缩机两类。

容积式空气压缩机是通过压缩空气的方法，使单位体积内气体分子密度增加而提高气体压力的。容积式空气压缩机有活塞式、螺杆式、膜片式、叶片式等类型，气动系统中，一般采用容积式空气压缩机。速度式空气压缩机是利用提高气体分子速度的方法，使气体分子具有的动能转化为气体的压力能，如离心式和轴流式空气压缩机。

（2）按输出压力分为低压空气压缩机、中压空气压缩机、高压空气压缩机和超高压空气压缩机。

（3）按输出流量分为小型、中型和大型空气压缩机。

（二）空气压缩机的工作原理

最常用的空气压缩机是往复活塞式空气压缩机，其工作原理如图 6-1-2 所示。

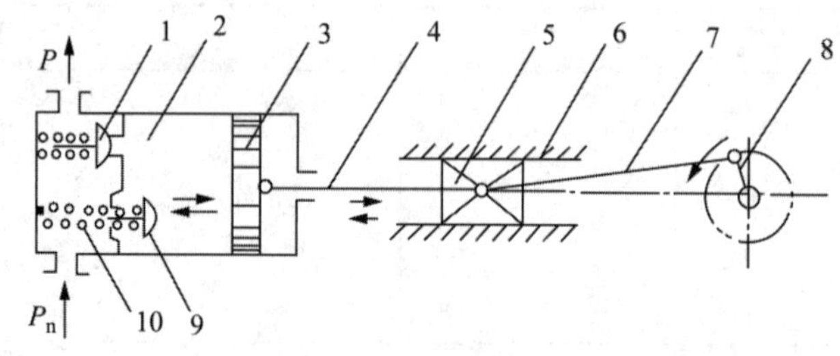

1—排气阀；2—气缸；3—活塞；4—活塞杆；5—滑块；6—滑道；7—连杆；8—曲柄；9—吸气阀；10—弹簧。

图 6-1-2　活塞式空气压缩机工作原理图

图中曲柄 8 做回转运动时，通过连杆 7、滑块 5、活塞杆 4 带动活塞 3 往复直线运动。当活塞 3 向右运动时，气缸 2 的密封腔内形成局部真空，吸气阀 9 打开，空气在大气压力作用下进入气缸，此过程称为吸气过程。当活塞向左运动时，吸气阀关闭。缸内空气被压缩，此过程称为压缩过程。当气缸内被压缩的空气气压高于排气管内的压力时，排气阀 1 即被打开，压缩空气进入排气管内，此过程称为排气过程。

图中所示为单缸式空气压缩机，工程实际中常用的空气压缩机大都是多缸式。

二、压缩空气净化装置

（一）冷却器

冷却器安装在空气压缩机的后面，也称后冷却器。它将空气压缩机排出的压缩空气的温度由 140 ~ 170℃降至 40 ~ 50℃，使压缩空气中油雾和水汽达到饱和，使其大部分凝结成油滴和水滴而析出。常用冷却器的结构形式有蛇形管式、列管式、散热片式、套管式等，冷却方式有水冷式和气冷式两种。图 6-1-3 所示为列管水冷式冷却器的结构原理及其图形符号。

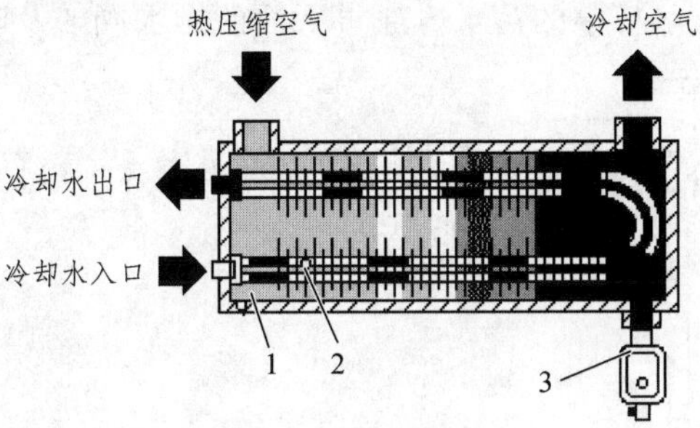

（a）结构原理

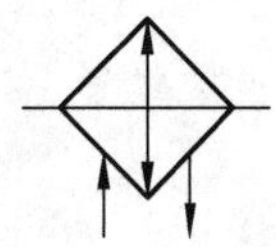

（b）图形符号

1—外壳；2—冷却水管；3—自动排水器。

图 6-1-3　冷却器的结构及符号

（二）油水分离器

油水分离器安装在后冷却器后面的管道上，作用是分离并排除空气中凝集的水分、油分和灰尘等杂质，使压缩空气得到初步净化。油水分离器的结构形式有环行回转式、撞击折回式、离心旋转式、水浴式以及以上形式的组合等。图 6-1-4 所示为撞击折回式油水分离器的结构形式及其图形符号，当压缩空气由入口进入油水分离器后，首先与隔板撞击，一部分水和油留在隔板上，然后气流上升产生环行回转。这样凝集在压缩空气中的小水滴、油滴及灰尘杂质受惯性力作用而分离析出，沉降于壳体底部，并由下面的放水阀定期排出。

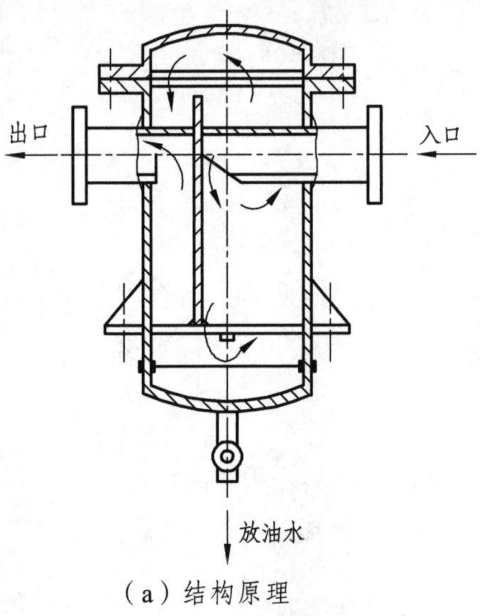

（a）结构原理

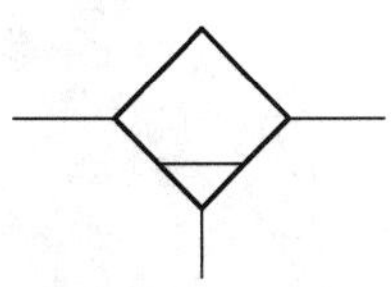

（b）图形符号

图 6-1-4　油水分离器

(三)空气过滤器

空气过滤器的作用是滤除压缩空气中的杂质微粒(如灰尘、水分等),达到系统所要求的净化程度。常用的过滤器有一次过滤器(也称简易过滤器)和二次过滤器。图 6-1-5 所示是作为二次过滤器用的分水滤气器的结构原理。从入口进入的压缩空气被引入旋风叶子板 1,导流板上有许多呈一定角度的缺口,迫使空气沿切线向产生强烈旋转。这样夹杂在空气中的较大的水滴、油滴、灰尘等便依靠自身的惯性与存水杯 3 的内壁碰撞,并从空气中分离出来,沉到杯底。而微小灰尘和雾状水汽则由滤芯 2 滤除。为防止气体旋转将存水杯中积存的污水卷起,在滤芯 2 底部设有挡水板 4。在水杯中的污水应通过下面的排水阀 5 及时排放掉。

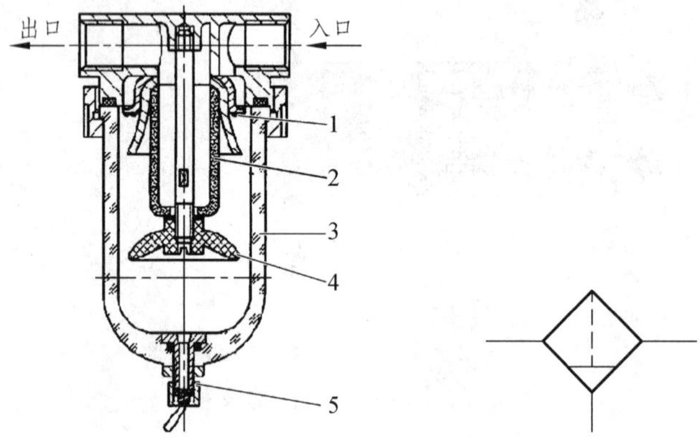

(a)结构原理图　　(b)图形符号

1—旋风叶子板;2—滤芯;3—存水杯;4—挡水板;5—排水阀。

图 6-1-5　空气过滤器

(四)干燥器

压缩空气经过除水、除油、除尘的初步净化后,已能满足一般气压传动系统的要求。而对某些要求较高的气动装置或气动仪表,其用气还需要经过干燥处理。图 6-1-6 所示的是一种常用的吸附式干燥器的结构原理。当压缩空气通过吸附剂(如活性氧化铝、硅胶等)后,水分即被吸附,从而达到干燥的目的。

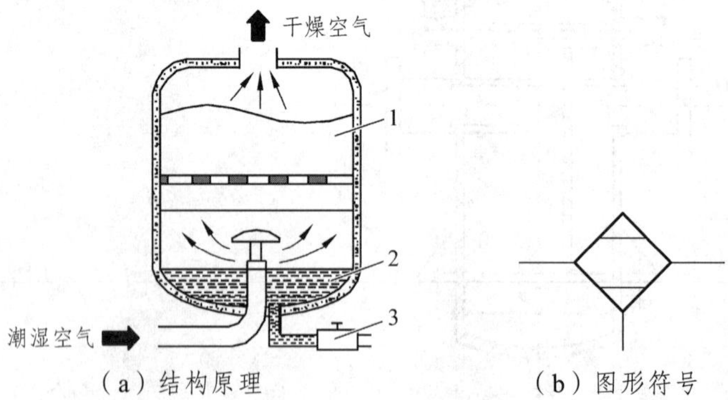

(a)结构原理　　(b)图形符号

1—干燥剂;2—冷凝水;3—冷凝水排水阀。

图 6-1-6　干燥器

(五)储气耀

储气罐的功用:一是消除压力波动;二是储存一定量的压缩空气,维持供需气量之间的平衡；三是进一步分离气中的水、油等杂质。储气罐一般采用圆筒状焊接结构，有立式和卧式两种，通常以立式应用较多，如图 6-1-7 所示。

上述冷却器、油水分离器、过滤器、干燥器和储气罐等元件通常安装在空气压缩机的出口管路上，组成一套气源净化装置，是压缩空气站的重要组成部分。

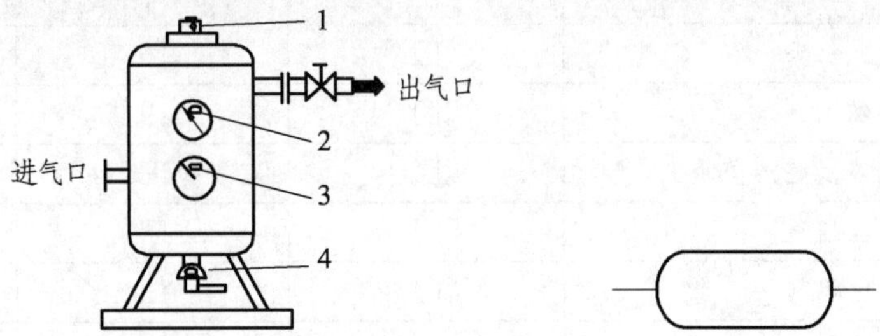

（a）结构原理　（b）图形符号

1—安全阀；2—压力表；3—检修盖；4—排水阀。

图 6-1-7　储气罐

（六）油雾器

压缩空气通过净化后，所含污油、浊水得到了清除。但是一般的气动装置还要求压缩空气具有一定的润滑性，以减轻其对运动部件的表面磨损，改善其工作性能。因此要用油雾器对压缩空气喷洒少量的润滑油。油雾器的工作原理如图 6-1-8 所示，压缩空气从输入口进入油雾器后，绝大部分经主管道输出，一小部分气流进入立杆 1 上正对气流方向的小孔 a，经截止阀进入储油杯 5 的上腔 c 中，使油面受压。而立杆 1 上背对气流方向的孔 b 由于其周围气流的高速流动，其压力低于气流压力。这样，油面气压与孔 b 压力间存在压差，润滑油在此压差作用下，经吸油管 6、单向阀 7 和节流阀 8 滴落到透明的视油器 9 内，并顺着油路被主管道中的高速气流从孔 b 引射出来，雾化后随空气一同输出。视油器 9 上部的节流阀 8 用以调节滴油量，可在 0～200 滴/分范围内调节。

分水滤气器（空气过滤器）、减压阀、油雾器三件通常组合使用称为气动三联件，是多数气动设备必不可少的气源装置，其安装次序依进气方向为分水滤气器、减压阀、油雾器。

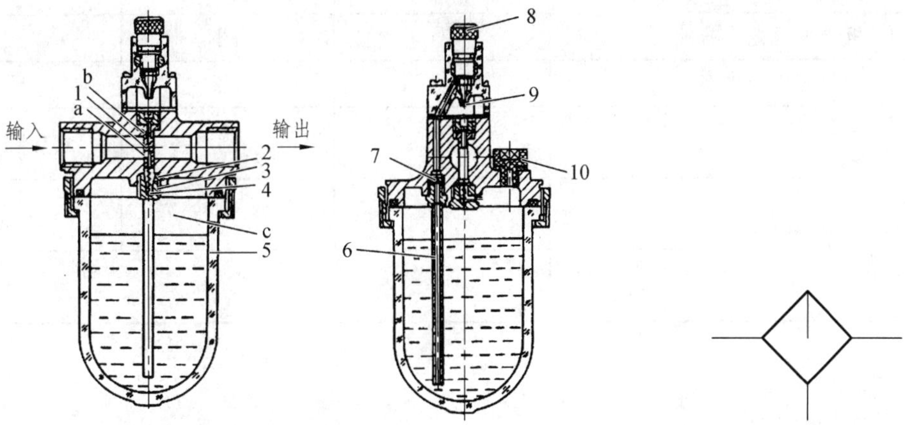

（a）结构原理　（b）图形符号

1—立杆；2—截止阀阀芯；3—弹簧；4—阀座；5—储油杯；6—吸油管；7—单向阀；8—节流阀；9—视油器；10—油塞。

图 6-1-8　油雾器的工作原理及符号

考核评价

考核内容		自评	组长评价	教师评价
		达到标准画√，没达到标准画×		
作业完成	1. 按时完成任务	☐	☐	☐
	2. 内容正确	☐	☐	☐
	3. 字迹工整，整洁美观	☐	☐	☐
操作过程	1. 系统原理描述	☐	☐	☐
	2. 气源装置识别	☐	☐	☐
	3. 执行元件识别	☐	☐	☐
	4. 控制元件识别	☐	☐	☐
	5. 辅助元件识别	☐	☐	☐
工作态度	1. 不旷课	☐	☐	☐
	2. 不迟到，不早退	☐	☐	☐
	3. 学习积极性高	☐	☐	☐
	4. 学习认真，虚心好学	☐	☐	☐
职业操守	1. 安全、文明工作	☐	☐	☐
	2. 具有良好的职业操守	☐	☐	☐
团队合作	1. 服从组长的工作安排	☐	☐	☐
	2. 按时完成组长分配的任务	☐	☐	☐
	3. 热心帮助小组其他成员	☐	☐	☐
项目完成	1. 气动元件识别正确	☐	☐	☐
	2. 辅助元件识别、作用描述正确	☐	☐	☐
项目报告	1. 报告书规范、排版好	☐	☐	☐
	2. 结构完整，内容翔实	☐	☐	☐
	3. 能将任务的设计过程及结果完整展现	☐	☐	☐
评价等级				
项目最终评价（自评 20%、组评 30%、师评 50%）				

评语

1. 自我评价

个人签字：　　　　　　日期：

2. 组长评价

组长签字：　　　　　　日期：

3. 教师评价

教师签字：　　　　　　日期：

拓展思考题

辅助装置主要包括哪些？各有什么作用？

任务二　生产线颗粒上料单元执行元件识别

任务导入

图 6-2-1 所示为自动化生产线颗粒上料单元的气路。此单元主要完成空瓶上料、颗粒物料上料、物料分拣和颗粒填装工作。此气动系统总共用到 6 个执行元件，识别图中的 6 个执行元件，说明其类型和实现的运动。

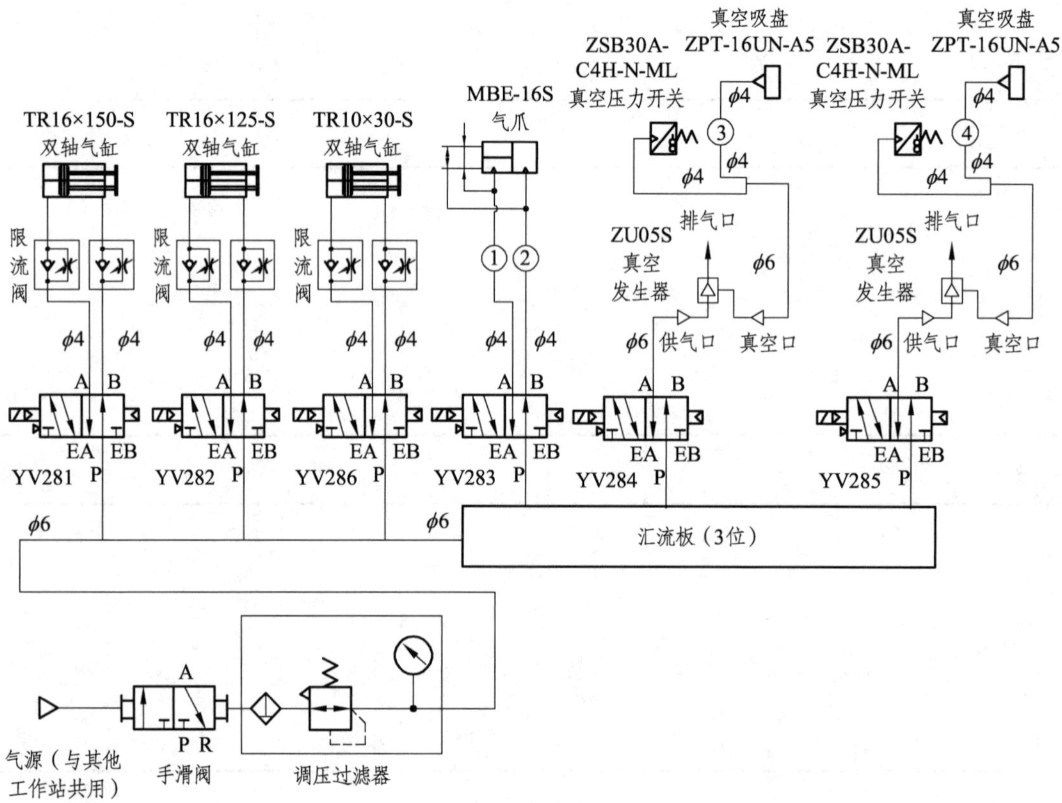

图 6-2-1　颗粒上料单元

任务目标

【知识目标】

（1）掌握气动系统执行元件的工作原理。

（2）掌握气动系统执行元件的类型。

（3）掌握气动系统执行元件的符号。

【能力目标】

（1）能根据要求选择气动执行元件。

（2）能够画出常见气动系统执行元件的符号。

（3）能够在气动系统原路图中识别执行元件。

【素质目标】

（1）培养学生识人善用的管理能力。

（2）培养学生的协作意识。

任务分组

班级		组号		指导老师	
组长		学号			
组员	小组成员	任务内容分配			

任务准备

引导问题 1：执行元件的作用是什么？执行元件有哪些类型？

引导问题 2：真空系统有什么作用？它由哪些部分组成？

任务实施

空瓶上料	符号	
	类型	
	作用	
颗粒物料上料	符号	
	类型	
	作用	
物料分拣	符号	
	类型	
	作用	
颗粒填装	符号	
	类型	
	作用	

相关知识点

气动执行元件的作用是将压缩空气的压力能转换为机械能，驱动工作部件工作。它有气缸和气动马达两种形式。气缸和气动马达在结构和工作原理上，与液压缸和液压马达相似。

一、气　缸

（一）气缸的分类

在气动自动化系统中，气缸由于其具有相对较低的成本，容易安装，结构简单，耐用，各种缸径尺寸及行程可选等优点，因而是应用最广泛的一种执行元件。

根据使用条件不同，气缸的结构、形状和功能有多种形式，气缸的分类方法也很多，常用的有以下几种：

（1）按压缩空气作用在活塞端面上的方向可分为单作用气缸和双作用气缸。单作用气缸只有一个方向的运动是靠气压传动，活塞的复位是靠弹簧力或重力；双作用气缸的往返全都靠压缩空气来完成。

（2）按结构特点可分为活塞式气缸、叶片式气缸、薄膜式气缸和气液阻尼缸等。

（3）按安装方式可分为耳座式、法兰式、轴销式和凸缘式。

（4）按气缸的功能可分为普通气缸和特殊气缸。普通气缸主要指活塞式单作用气缸和双作用气缸。特殊气缸包括气液阻尼缸、薄膜式气缸、冲击式气缸、增压气缸、步进气缸和回转气缸等。

（5）按尺寸分类。通常称缸径为 2.5 ~ 6 mm 的为微型气缸，缸径为 8 ~ 25 mm 的为小型气缸，缸径为 32 ~ 320 mm 的为中型气缸，缸径大于 320 mm 的为大型气缸。

（6）按安装方式分为如下两类：

① 固定式气缸：缸体安装在机体上固定不动，如图 6-2-2（a）、（b）、（c）、（d）所示。

② 摆动式气缸：缸体围绕一个固定轴可做一定角度的摆动，如图 6-2-2（e）、（f）、（g）所示。

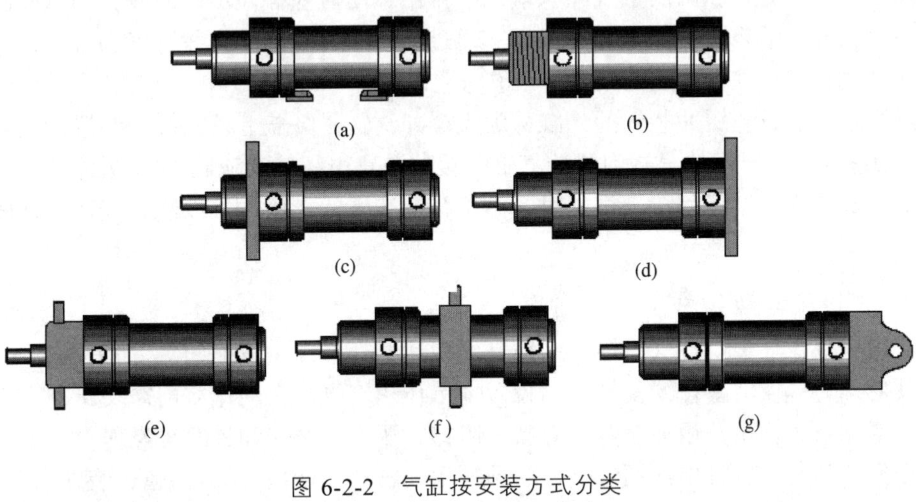

图 6-2-2　气缸按安装方式分类

（二）普通气缸

普通气缸是指缸筒内只有一个活塞和一个活塞杆的气缸，有单作用和双作用气缸两种。

普通气缸

1. 双作用气缸动作原理

图 6-2-3 所示为普通型单活塞杆双作用气缸的结构原理。双作用气缸一般由缸筒 1、前缸盖 3、后缸盖 2、活塞 8、活塞杆 4、密封件和紧固件等零件组成。缸筒 1 与前后缸盖之间由 4 根螺杆将其紧固锁定。缸内有与活塞杆相连的活塞，活塞上装有活塞密封圈。为防止漏气和外部灰尘的侵入，前缸盖上装有活塞杆、密封圈和防尘密封圈。这种双作用气缸被活塞分成两个腔室：有杆腔（简称头腔或前腔）和无杆腔（简称尾腔或后腔），有活塞杆的腔室称为有杆腔，无活塞杆的腔室称为无杆腔。

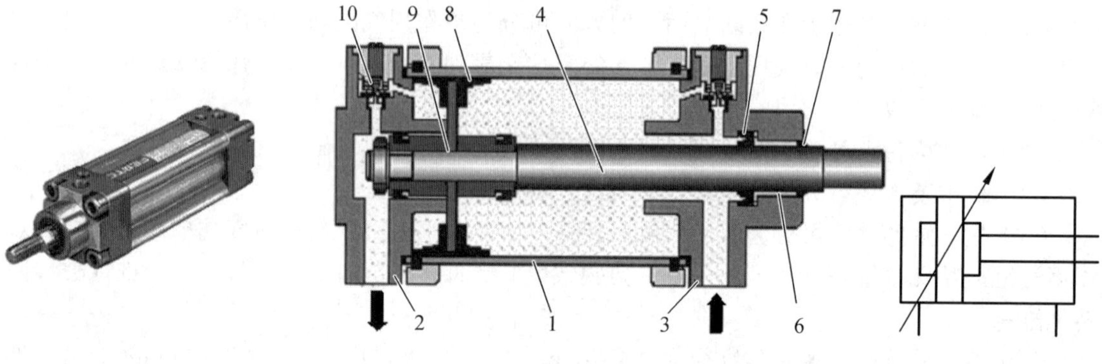

（a）外观　　（b）结构　　（c）图形符号

1—缸筒；2—后缸盖；3—前缸盖；4—活塞杆；5—防尘密封圈；6—导向套；7—密封圈；8—活塞；9—缓冲柱塞；10—缓冲节流阀。

图 6-2-3　普通型单活塞杆双作用缸

从无杆腔端的气口输入压缩空气时，气压作用在活塞左端面上的力克服摩擦力、负载等，使活塞向右运动，有杆腔内的空气经该端气口排出，使活塞杆伸出。同样，当有杆腔端气口输入压缩空气时，活塞杆缩回至初始位置。通过无杆腔和有杆腔交替进气和排气，活塞杆伸出和缩回，气缸实现往复直线运动。

气缸缸盖上未设置缓冲装置的气缸称为无缓冲气缸，缸盖上设置缓冲装置的气缸称为缓冲气缸。如图 6-2-3 所示的气缸为缓冲气缸，缓冲装置由缓冲节流阀 10、缓冲柱塞 9 和缓冲密封圈等组成。当气缸行程接近终端时，由于缓冲装置的作用，可以防止高速运动的活塞撞击缸盖。

2. 单作用气缸动作原理

单作用气缸在缸盖一端气口输入压缩空气使活塞杆伸出（或缩回），而另一端靠弹簧力、自重或其他外力等使活塞杆恢复到初始位置。单作用气缸只在动作方向需要压缩空气，故可节约一半压缩空气，主要用在夹紧、退料、阻挡、压入、举起和进给等操作上。

根据复位弹簧位置将单作用气缸分为预缩型气缸和预伸型气缸。当弹簧装在有杆腔内时，由于弹簧的作用力而使气缸活塞杆初始位置处于缩回位置，这种气缸称为预缩型单作用气缸；当弹簧装在无杆腔内时，气缸活塞杆初始位置为伸出位置的称为预伸型气缸。

图 6-2-4 所示为预缩型单作用气缸结构原理，这种气缸在活塞杆侧装有复位弹簧，在前缸盖上开有呼吸用的气口。除此之外，其结构基本上和双作用气缸相同。单作用缸行程受内装回程弹簧自由长度的影响，其行程长度一般在 100 mm 以内。

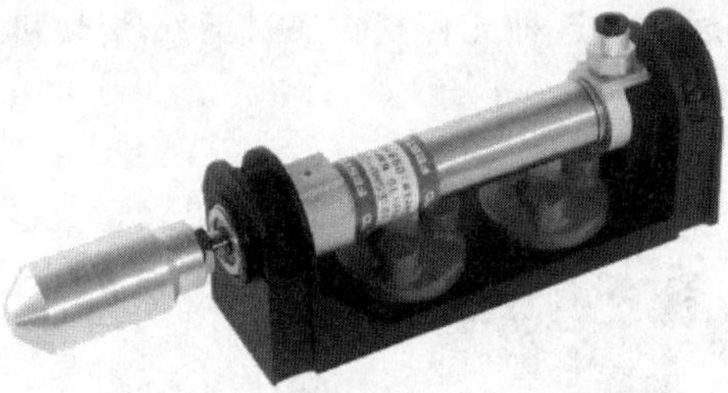

（a）外观

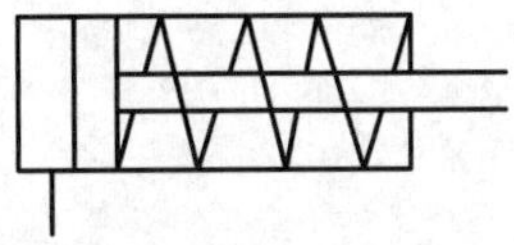

（b）符号

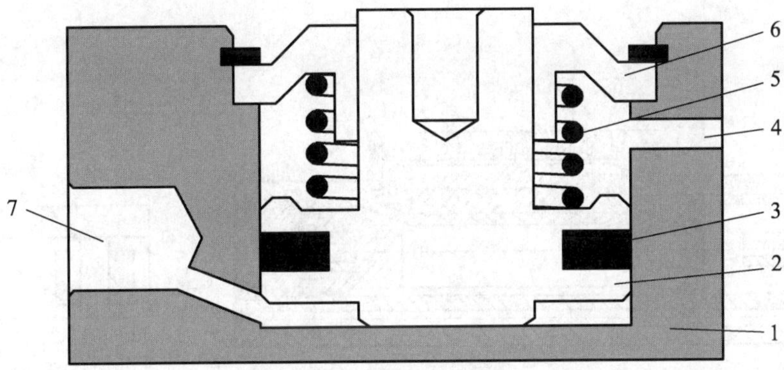

（c）结构

1—缸体；2—活塞；3—活塞密封圈；4—呼吸孔；
5—弹簧 ；6—缸盖；7—进气口。

图 6-2-4　单作用气缸

（三）无杆气缸

无杆气缸没有普通气缸的刚性活塞杆，它利用活塞直接或间接地实现往复运动。有效行程为 L 的普通气缸，沿行程方向的实际占有安装空间约为 $2.2L$。对于无杆气缸，占有的安装空间仅为 $1.2L$，行程缸径比可达 50 ~ 100。没有活塞杆，还能避免由于活塞杆及杆密封圈的损伤而带来的故障。而且，由于无杆气缸活塞两侧受压面积相等，双向行程具有同样的推力，有利于提高定位精度。

特殊气缸

这种气缸的最大优点是节省了安装空间，特别适用于小缸径、长行程的场合。无杆气缸现已广泛用于数控机床、注塑机等的开门装置上及多功能坐标机械手的位移和自动输送线上工件的传送等。

无杆气缸主要分机械接触式和磁性耦合式两种，且将磁性耦合无杆气缸称为磁性气缸。

图 6-2-5 所示为无杆气缸。在拉制而成的不等壁厚的铝制缸筒上开有管状沟槽缝，为保证开槽处的密封，设有内外侧密封带。内侧密封带 3 靠气压力将其压在缸筒内壁上，起密封作用。外侧密封带 4 起防尘作用。活塞轭 7 穿过长开槽，把活塞 5 和滑块 6 连成一体。活塞轭 7 又将内外侧密封带分开，内侧密封带穿过活塞轭，外侧密封带穿过活塞轭与滑块之间，但内外侧密封带未被活塞轭分开处，相互夹持在缸筒开槽上，以保持槽被密封。内外侧密封带两端都固定在气缸缸盖上。与普通气缸一样，两端缸盖上带有气缓冲装置。在压缩空气作用下，活塞-滑块机械组合装置可以做往复运动。这种无杆气缸通过活塞-滑块机械组合装置传递气缸输出力，缸体上管状沟槽可以防止其扭转。

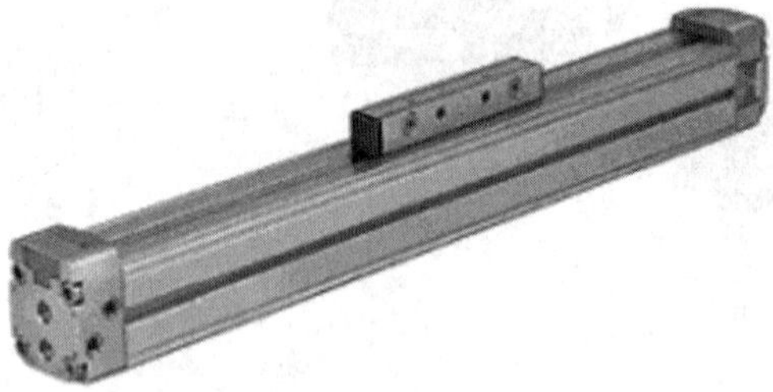

（a）外观

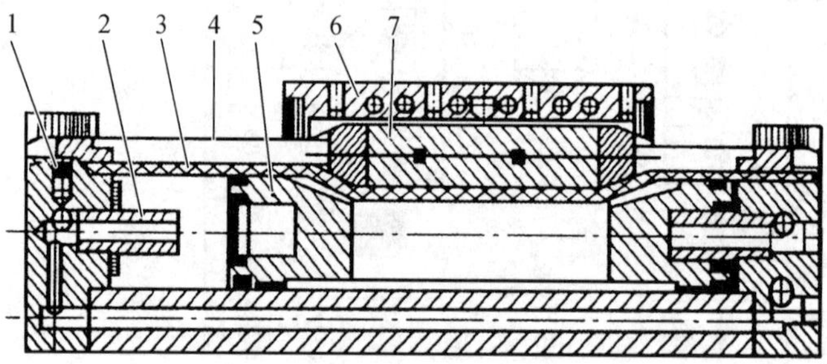

（b）结构

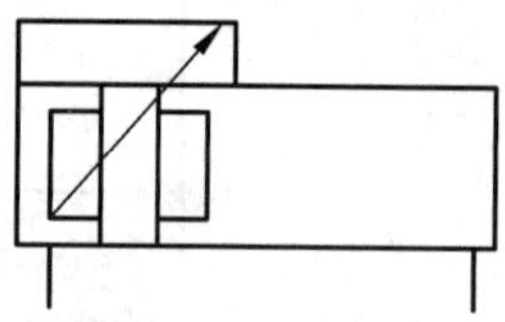

（c）图形符号

1—节流阀；2—缓冲柱塞；3—内侧密封带；4—外侧密封带；5—活塞；6—滑块；7—活塞轭。

图 6-2-5　机械耦合无杆气缸

（四）磁感应气缸

图 6-2-6 所示为一种磁性耦合的无杆气缸。它是在活塞上安装了一组高磁性的永久磁环 4，磁力线通过薄壁缸筒（不锈钢或铝合金非导磁材料）与套在外面的另一组磁环 2 相互作用。由于两组磁环极性相反，因此它们之间有很强的吸力。若活塞在一侧输入气压作用下移动，则在磁耦合力作用下带动套筒与负载一起移动。在气缸行程两端设有空气缓冲装置。

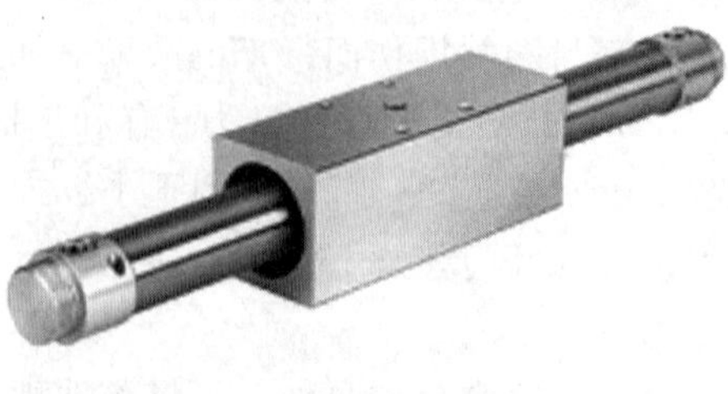

（a）外观

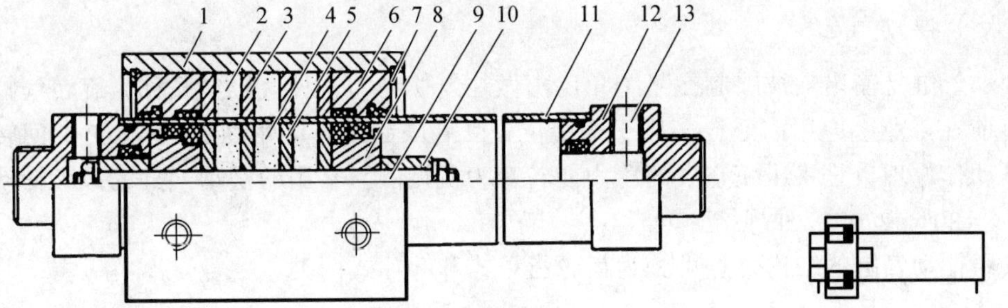

（b）结构　　　　　　　　（c）图形符号

1—套筒（移动支架）；2—外磁环（永久磁铁）；3—外磁导板；4—内磁环（永久磁铁）；
5—内衬磁板；6—压板；7—卡环；8—活塞；9—活塞轴；10—缓冲柱塞；
11—气缸筒；12—端盖；13—排气口。

图 6-2-6　磁性无活塞杆气缸

它的特点是体积小，质量轻，无外部空气泄漏，维修保养方便等。当速度快、负载大时，内外磁环易脱开，即负载大小受速度影响，且磁性耦合的无杆气缸中间不可能增加支撑点，最大行程受到限制。

（五）磁性开关气缸

磁性开关气缸是指在气缸的活塞上装有一个永久性磁环，磁性开关装在气缸的缸筒外侧，其余部分和一般气缸并无两样。气缸有各种型号，但其缸筒必须是导磁性弱、隔磁性强的材料，如铝合金、不锈钢、黄铜等。当随气缸移动的磁环靠近磁性开关时，舌簧开关的两根簧片被磁化而触点闭合，产生电信号；当磁环离开磁性开关后，簧片失磁，触点断开。这样可以检测到气缸的活塞位置而控制相应的电磁阀动作。图 6-2-7 所示为带磁性开关气缸的工作原理。

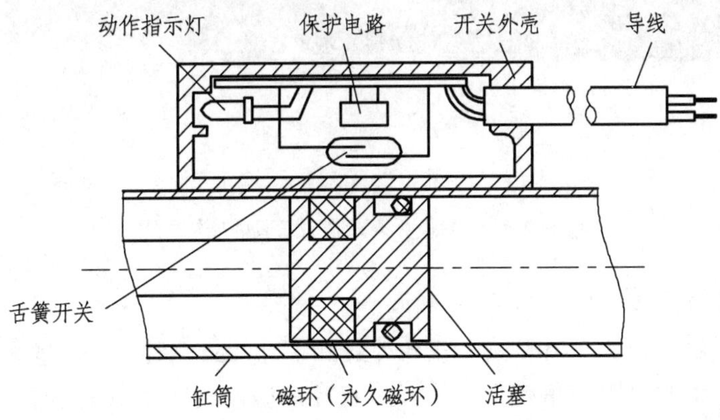

图 6-2-7　带磁性开关气缸的工作原理

以前，气缸行程位置的检测是靠在活塞杆上设置行程挡块触动机械行程阀来发送信号的，它给设计、安装、制造带来很多不便。相比之下，采用磁性开关的气缸使用方便，结构紧凑，开关反应时间快，因此得到了广泛应用。

（六）摆动气缸

摆动气缸是输出轴被限制在某个角度内做往复摆动的一种气缸，又称为旋转气缸。摆动气缸目前在工业上应用广泛，多用于安装位置受到限制或转动角度小于 360° 的回转工作部件，其动作原理也是将压缩空气的压力能转变为机械能。常用的摆动气缸的最大摆动角度分为 90°、180°、270° 三种规格。

按照摆动气缸的结构特点可分为齿轮齿条式和叶片式两类。

1. 齿轮齿条式摆动气缸

齿轮齿条式摆动气缸有单齿条和双齿条两种。图 6-2-8 所示为单齿条式摆动气缸，其结构原理为压缩空气推动活塞 6，从而带动齿条组件 3 做直线运动，齿条组件 3 则推动齿轮 4 做旋转运动，由输出轴 5（齿轮轴）输出力矩。输出轴与外部机构的转轴相连，让外部机构做摆动。

（a）外观

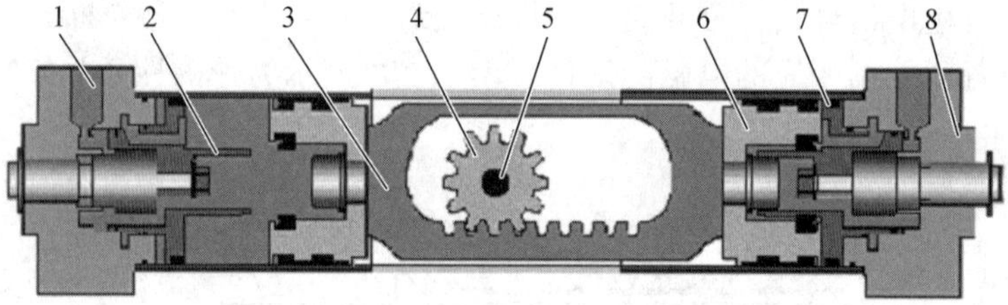

（b）结构

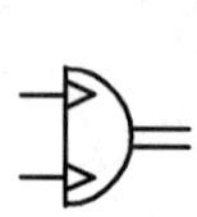

（c）图形符号

1—缓冲节流阀；2—缓冲柱塞；3—齿条组件；4—齿轮；5—输出轴；6—活塞；7—缸体；8—端盖。

图 6-2-8　齿轮齿条式摆动气缸结构原理

2. 叶片式摆动气缸

叶片式摆动气缸可分为单叶片式、双叶片式和多叶片式三种。叶片越多，摆动角度越小，扭矩越大。单叶片型输出摆动角度小于 360°，双叶片型输出摆动角度小于 180°，三叶片型则在 120°以内。图 6-2-9（a）所示为叶片式摆动缸的外观，图 6-2-9（b）、（c）所示分别为单、双叶片式摆动气缸的结构原理。在定子上有两条气路，当左腔进气时，右腔排气，叶片在压缩空气作用下逆时针转动；反之，做顺时针转动。

摆动旋转叶片将压力传递到驱动轴上作摆动。可调止动装置与旋转叶片相互独立，挡块可以调节摆动角度大小。在终端位置，弹性缓冲垫可缓和冲击。

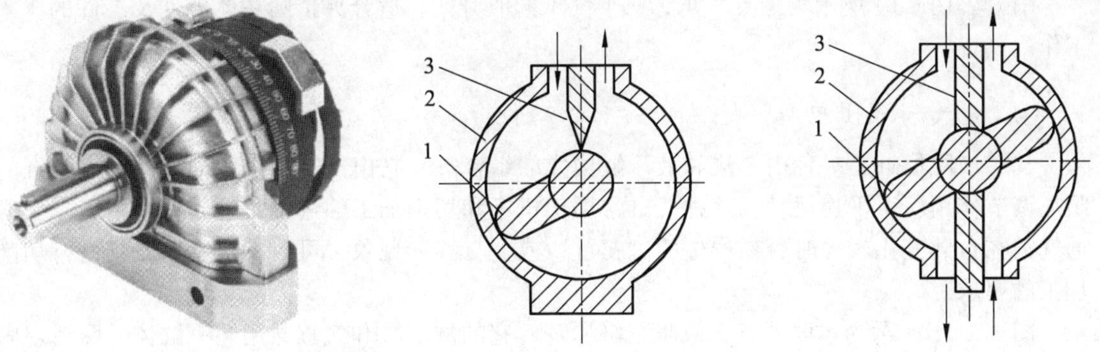

（a）外观　　（b）单叶片摆动气缸结构原理　　（c）双叶片摆动气缸结构原理

1—叶片；2—定子；3—挡块。

图 6-2-9　叶片式摆动气缸

（七）气爪（手指气缸）

气爪能实现各种抓取功能，是现代气动机械手的关键部件。图 6-2-10 所示的气爪具有如下特点：

（1）所有的结构都是双作用的，能实现双向抓取，可自动对中，重复精度高。

（2）抓取力矩恒定。

（3）在气缸两侧可安装非接触式检测开关。

（4）有多种安装、连接方式。

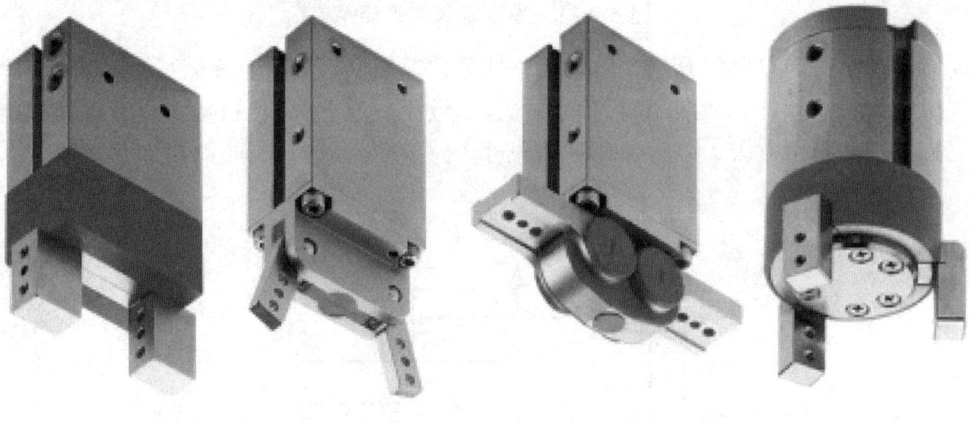

（a）平行气爪　　（b）摆动气爪　　（c）旋转气爪　　（d）三点气爪

图 6-2-10　气爪

图 6-2-10（a）所示为平行气爪，平行气爪通过两个活塞工作，使两个气爪对心移动。这种气爪可以输出很大的抓取力，既可用于内抓取，也可用于外抓取。

图 6-2-10（b）所示为摆动气爪，内外抓取 40° 摆角，抓取力大，并确保抓取力矩始终恒定。

图 6-2-10（c）所示为旋转气爪，其动作和齿轮齿条的啮合原理相似。两个气爪可同时移动并自动对中，其齿轮齿条原理确保了抓取力矩始终恒定。

图 6-2-10（d）所示为三点气爪，三个气爪同时开闭，适合夹持圆柱体工件及工件的压入工作。

（八）气、液阻尼缸

气、液阻尼缸是一种由气缸和液压缸构成的组合缸。它由气缸产生驱动力，用液压缸的阻尼调节作用获得平稳运动。这种气缸常用于机床和切削加工的进给驱动装置，用于克服普通气缸在负载变化较大时容易产生的“爬行”或“自移”现象，可以满足驱动刀具进行切削加工的要求。

图 6-2-11 所示为串联式气、液阻尼缸原理。它的液压缸和气缸共用同一缸体，两活塞固联在同一活塞杆上。当气缸右腔供气左腔排气时，活塞杆伸出的同时带动液压缸活塞左移，此时，液压缸左腔排油经节流阀流向右腔，对活塞杆的运动起阻尼作用。调节节流阀便可控制排油速度，由于两活塞固联在同一活塞杆上，因此，也控制了气缸活塞的左行速度。

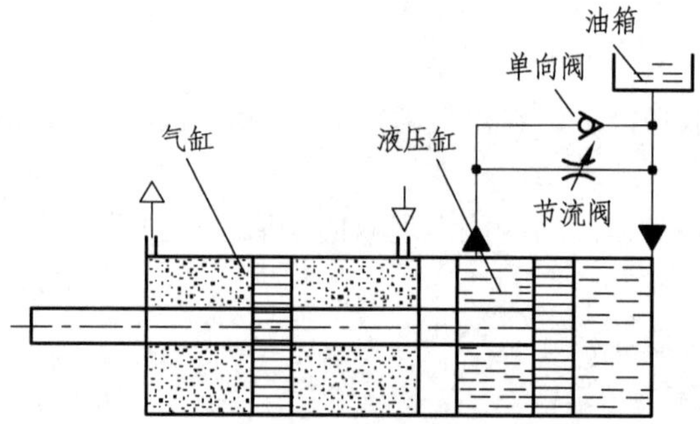

图 6-2-11　串联式气、液阻尼缸

反向运动时，因单向阀开启，所以活塞杆可快速缩回，液压缸无阻尼。油箱是为了克服液压缸两腔面积差和补充泄漏用的，如将气缸、液压缸位置改为图 6-2-12 所示的并联型气、液阻尼缸，则油箱可省去，改为油杯补油即可。

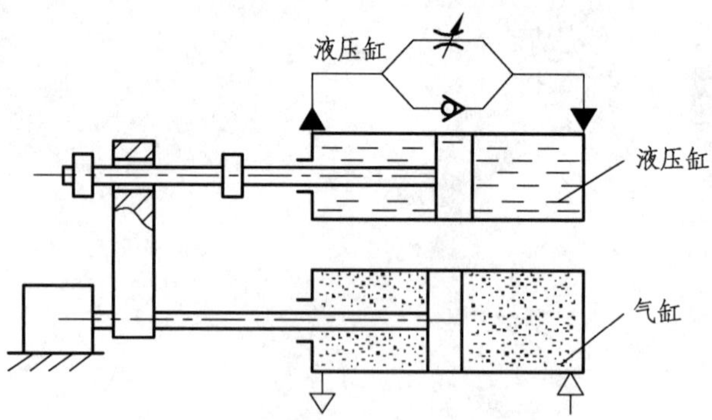

图 6-2-12　并联式气、液阻尼缸

二、气动马达

气马达是将压缩空气的压力能转换成旋转运动机械能的能量转换装置。按结构形式可分为叶片式、活塞式、齿轮式等，最为常用的是叶片式和活塞式两种。叶片式气马达制造简单，结构紧凑，但低速起动转矩小，低速性能不好，适宜性能要求低或中等功率的机械。目前，在矿山机械及风动工具中应用普遍。活塞式气马达在低速情况下有较大的输出功率，它的低速性能好，适宜载荷较大和要求低速转矩大的机械，如起重机、绞车绞盘、拉管机等。

图 6-2-13 所示为叶片式气马达的工作原理（与液压马达相似）。当压缩空气从进气口 A 进入定子 3 与转子 2 之间的密封容腔内后，立即冲向叶片Ⅰ和叶片Ⅱ，作用在叶片的外伸部分。由于两叶片外伸部分的长度不等，故得到一个逆时针的转矩，从而带动转子作顺时针的转动，输出旋转的机械能。做完功的气体从排气口 C 排出。残余气体则经 B 排出；若 A、B 互换，则转子反转。转子转动时产生的离心力和叶片底部的气压力、弹簧力使得叶片紧紧地抵在定子的内壁上，以保证密封，提高容积效率。选择气压马达主要从负载状态出发，在变负载场合，主要考虑速度的范围和所需的转矩；在均衡负载场合，则主要考虑工作速度。叶片式气压马达比活塞式气压马达转速高，当工作速度低于空载最大转速的 25%时，最好选用活塞式气压马达。摆动式气压马达一般可按工作要求自行设计。

气压马达使用时应在气源入口处设置油雾器，并定期补油，以保证气压马达得到良好的润滑。

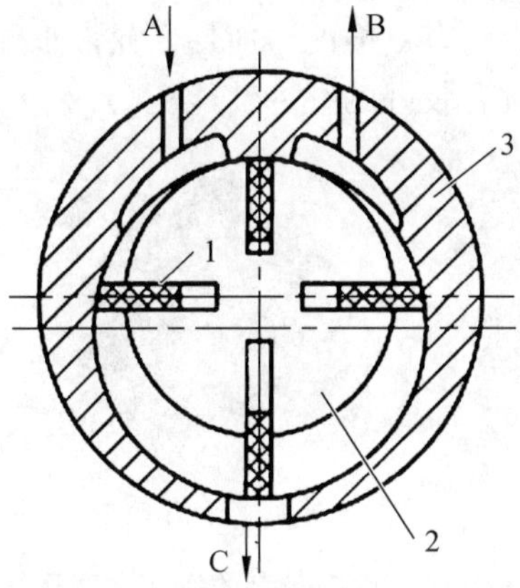

1—叶片；2—转子；3—定子。

图 6-2-13　叶片式气动马达工作原理

三、真空元件

在气动系统中有一类元件在低于大气压的条件下工作，这类元件称为真空元件，由真空元件构成的气动系统称为真空系统。工业上，真空系统主要是利用其真空吸附力来完成各项工作的。利用真空技术可以很方便地实现对平板、箱体等表面光滑平整的物体，特别是易碎、易变形物体的吸持、搬运等功能。

真空系统一般由真空发生器（真空压力源）、吸盘（执行元件）、控制阀（包括手动阀、机控阀、气控阀和电磁阀）及附件（过滤器、消声器等）组成。

（一）真空发生器

图 6-2-14 所示为真空发生器工作原理及实物。当压缩空气通过喷嘴 1 射入接收室 2，形成射流。射流卷吸接收室内的静止空气并和它一起向前流动进入混合室 3 并由扩散室 4 导出。由于卷吸作用，在接收室内会形成一定的负压。接收室下方与吸盘相连，就能在吸盘内产生真空，当达到一定的真空度就能将吸附的物体吸持住。

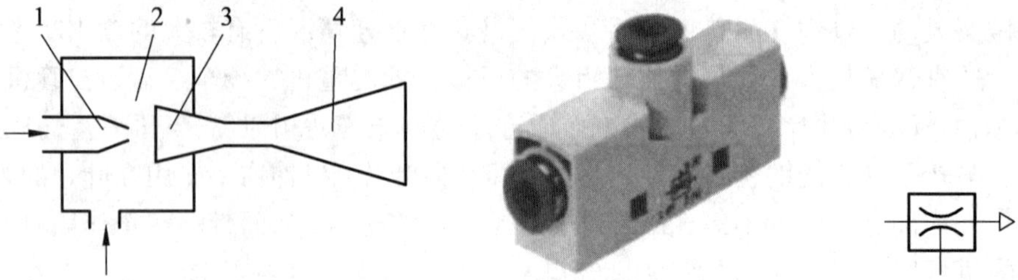

（a）工作原理　　（b）实物　　（c）图形符号

1—喷嘴；2—接收室；3—混合室；4—扩散室。

图 6-2-14　真空发生器的工作原理、实物图及图形符号

（二）真空吸盘

真空吸盘是真空系统中的执行元件，用于吸持表面光滑平整的工件，通常由橡胶材料和金属骨架压制而成。吸盘有多种不同的形状，常用的有圆形平吸盘和波纹形吸盘，如图 6-2-15 所示。波纹形吸盘相对圆形平吸盘有更强的适应性，允许工件表面有轻微的不平、弯曲或倾斜，同时在吸持工件进行移动时有较好的缓冲性能。

（a）圆形平吸盘　　（b）波纹形吸盘　　（c）图形符号

图 6-2-15　真空吸盘的实物及图形符号

真空系统中除了真空发生器和真空吸盘这两个主要元件外，还有真空电磁阀、真空开关、空气过滤器、油雾分离器、真空安全开关等元件。

（三）真空元件的选用

真空元件的选用要考虑以下几个方面的因素。

（1）供给的气源应经过净化处理，也不能含有油雾。在恶劣环境中工作时，真空压力开关前也应安装过滤器。

（2）真空发生器与吸盘间的连接管应尽量短，且不承受外力。拧动时要防止连接管扭曲变形造成漏气。

（3）为保证停电后能够保持一定真空度，防止真空失效造成工件松脱，应在吸盘与真空发生器间设置单向阀，真空电磁阀也应采用常通型结构。

（4）吸盘的吸着面积应小于工件的表面积，以免发生泄漏。

（5）对于大面积的板材宜采用多个大直径吸盘吸吊，以增加吸吊平稳性。一个真空发生器带多个吸盘时，每个吸盘应单独配有真空压力开关，以保证其中任一吸盘漏气导致真空度不符合要求时，都不能起吊工件。

考核评价

考核内容		自评	组长评价	教师评价
		达到标准画√，没达到标准画×		
作业完成	1. 按时完成任务	□	□	□
	2. 内容正确	□	□	□
	3. 字迹工整，整洁美观	□	□	□
操作过程	气动元件识别			
	单作用气缸的识别	□	□	□
	双作用气缸的识别	□	□	□
	无杆气缸的识别	□	□	□
	磁感应气缸的识别	□	□	□
	摆动气缸的识别	□	□	□
	气动马达的识别	□	□	□
	调试			
	推料气缸的调试	□	□	□
	定位气缸的调试	□	□	□
	旋转气缸的调试	□	□	□
	真空吸盘的调试	□	□	□
工作态度	1. 不旷课	□	□	□
	2. 不迟到，不早退	□	□	□
	3. 学习积极性高	□	□	□
	4. 学习认真，虚心好学	□	□	□
职业操守	1. 安全、文明工作	□	□	□
	2. 具有良好的职业操守	□	□	□
团队合作	1. 服从组长的工作安排	□	□	□
	2. 按时完成组长分配的任务	□	□	□
	3. 热心帮助小组其他成员	□	□	□
项目完成	1. 气动回路设计、连接正确	□	□	□
	2. 调试完成	□	□	□
评价等级				
项目最终评价（自评 20%、组评 30%、师评 50%）				

评语

1. 自我评价

个人签字：　　　　日期：

2. 组长评价

组长签字：　　　　日期：

3. 教师评价

教师签字：　　　　日期：

拓展思考题

1. 气动系统执行元件有哪几种？
2. 真空系统由哪些部分组成？

项目七　气动基本回路的设计、分析和仿真

任务一　生产线送料装置换向的设计、分析和仿真

任务导入

图 7-1-1 所示为生产线送料装置的工作示意图，工作要求为当工件加工完成后，按下按钮，送料气缸伸出，把未加工的工件送到加工位置，然后送料气缸收回，以待把下一个未加工工件送到加工位置。气缸能够左右移动，就需要使用方向控制阀对该机构实行方向控制。本任务构建送料装置的控制系统回路。

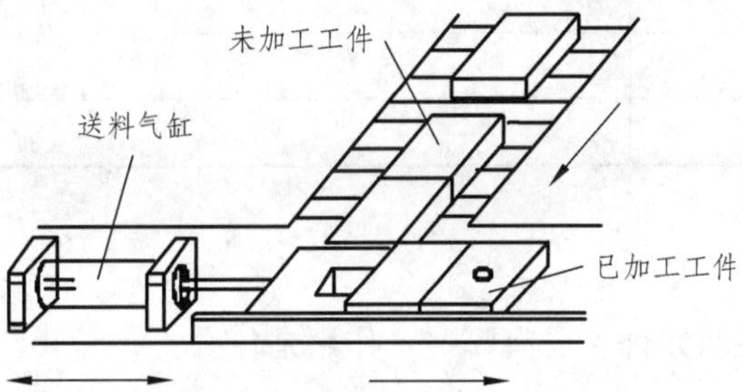

图 7-1-1　送料装置

任务目标

【知识目标】

（1）掌握气动系统方向控制元件的工作原理。

（2）掌握气动系统换向回路。

（3）掌握正确连接气动回路和进行气动系统仿真。

【能力目标】

（1）能根据要求选择方向控制元件。

（2）能够设计简单换向回路。

（3）能根据气动系统原理图完成气动系统仿真。

【素质目标】

（1）培养学生在实践生产中的工匠精神。

（2）使学生认识到实践的重要性。

（3）培养学生耐心细致的工作作风。

任务分组

班级		组号		指导老师	
组长		学号			
组员	小组成员	任务内容分配			

任务准备

引导问题 1：气动控制元件主要有哪些？作用是什么？

引导问题 2：方向控制阀的类型有哪些？各自的原理、特点和符号是什么？

任务实施

<table>
<tr><th colspan="2" rowspan="2">考核内容</th><th>自评</th><th>组长评价</th><th>教师评价</th></tr>
<tr><th colspan="3">达到标准画√，没达到标准画×</th></tr>
<tr><td rowspan="3">作业完成</td><td>1. 按时完成任务</td><td>□</td><td>□</td><td>□</td></tr>
<tr><td>2. 内容正确</td><td>□</td><td>□</td><td>□</td></tr>
<tr><td>3. 字迹工整，整洁美观</td><td>□</td><td>□</td><td>□</td></tr>
<tr><td rowspan="12">操作过程</td><td>气动回路设计</td><td></td><td></td><td></td></tr>
<tr><td>1. 设计换向回路</td><td>□</td><td>□</td><td>□</td></tr>
<tr><td>2. 设计控制电路</td><td>□</td><td>□</td><td>□</td></tr>
<tr><td>3. 选择气动元件</td><td>□</td><td>□</td><td>□</td></tr>
<tr><td>4. 合理布置气动元件</td><td>□</td><td>□</td><td>□</td></tr>
<tr><td>5. 可靠连接各气口</td><td>□</td><td>□</td><td>□</td></tr>
<tr><td>6. 选择控制电路各元件</td><td>□</td><td>□</td><td>□</td></tr>
<tr><td>调试</td><td></td><td></td><td></td></tr>
<tr><td>1. 操作气源</td><td>□</td><td>□</td><td>□</td></tr>
<tr><td>2. 调节系统工作压力</td><td>□</td><td>□</td><td>□</td></tr>
<tr><td>3. 连接气路</td><td>□</td><td>□</td><td>□</td></tr>
<tr><td>4. 连接电路</td><td>□</td><td>□</td><td>□</td></tr>
<tr><td rowspan="4">工作态度</td><td>1. 不旷课</td><td>□</td><td>□</td><td>□</td></tr>
<tr><td>2. 不迟到，不早退</td><td>□</td><td>□</td><td>□</td></tr>
<tr><td>3. 学习积极性高</td><td>□</td><td>□</td><td>□</td></tr>
<tr><td>4. 学习认真，虚心好学</td><td>□</td><td>□</td><td>□</td></tr>
<tr><td rowspan="2">职业操守</td><td>1. 安全、文明工作</td><td>□</td><td>□</td><td>□</td></tr>
<tr><td>2. 具有良好的职业操守</td><td>□</td><td>□</td><td>□</td></tr>
<tr><td rowspan="3">团队合作</td><td>1. 服从组长的工作安排</td><td>□</td><td>□</td><td>□</td></tr>
<tr><td>2. 按时完成组长分配的任务</td><td>□</td><td>□</td><td>□</td></tr>
<tr><td>3. 热心帮助小组其他成员</td><td>□</td><td>□</td><td>□</td></tr>
<tr><td rowspan="2">项目完成</td><td>1. 气动回路设计、连接正确</td><td>□</td><td>□</td><td>□</td></tr>
<tr><td>2. 调试完成</td><td>□</td><td>□</td><td>□</td></tr>
<tr><td>评价等级</td><td></td><td></td><td></td><td></td></tr>
<tr><td colspan="2">项目最终评价（自评 20%、组评 30%、师评 50%）</td><td colspan="3"></td></tr>
</table>

相关知识点

气动系统的控制元件主要是控制阀，它用来控制和调节压缩空气的方向、压力和流量，按其作用和功能可分为方向控制阀、压力控制阀、流量控制阀以及能实现一定逻辑功能的逻辑元件。气动控制阀在功用和工作原理等方面与液压控制阀相似，仅在结构上有所不同。

一、方向控制阀

方向控制阀按压缩空气在阀内的作用方向，可分为单向型方向控制阀和换向型方向控制阀。

气压传动方向控制元件

（一）单向型方向控制阀

单向型方向控制阀的作用是只允许气流向一个方向流动。它包括单向阀、梭阀、双压阀和快速排气阀等。

1. 单向阀

气动单向阀的工作原理、结构和用途与液压单向阀基本相同，气流只能一个方向流动而不能反向流动，其结构和符号如图 7-1-2 所示。

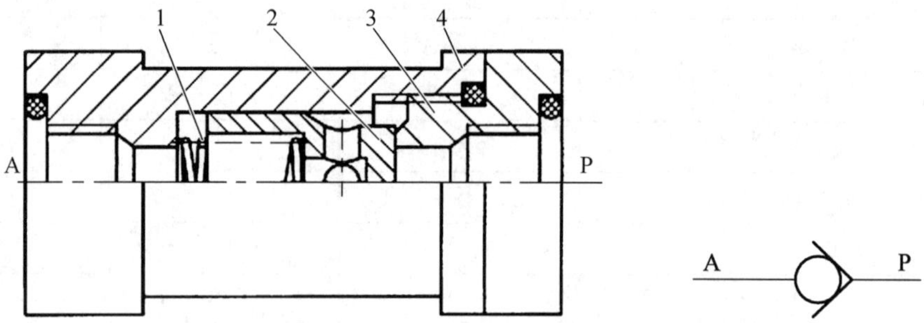

（a）结构　　（b）图形符号

1—阀套；2—阀芯；3—弹簧；4—密封垫；5—密封圈。

图 7-1-2　单向阀

2. 或门型梭阀

图 7-1-3 所示为或门型梭阀的工作原理和符号。

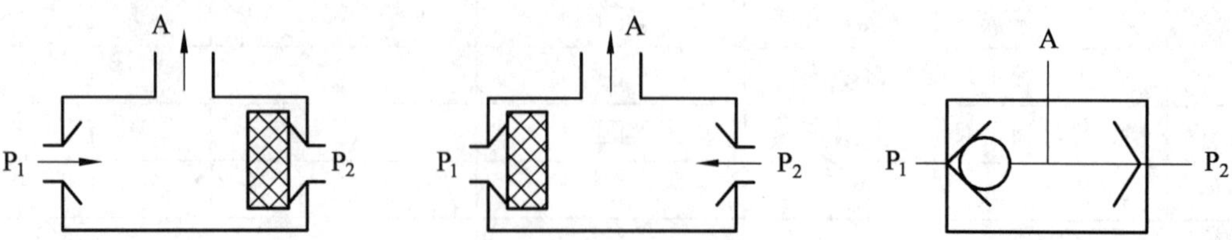

（a）P1 进气时工作情况　（b）P_2 进气时工作情况　（c）图形符号

图 7-1-3　或门型梭阀工作原理和符号

该阀的结构相当于两个单向阀的组合。当通路 P_1 进气时，将阀芯推向右边，通路 P_2 被关闭，于是气流从 P_1 进入通路 A，如图 7-1-3（a）所示；反之，气流从 P_2 进入 A，如图 7-1-3（b）

所示。当 P_1、P_2 同时进气时，哪端压力高，A 口就与哪端相通，另一端就自动关闭。图 7-1-4（d）所示为该阀的图形符号。这种阀在气动回路中起到“或”门（P_1 开或 P_2 开）的作用。

3. 双压阀

该阀又称与门型梭阀，其工作原理和符号如图 7-1-4 所示。它也相当于两个单向阀的组合。其特点是只有当两个输入口 P_1、P_2 同时进气时，A 口才有输出；当两端进气压力不等时，则低压气通过 A 口输出。

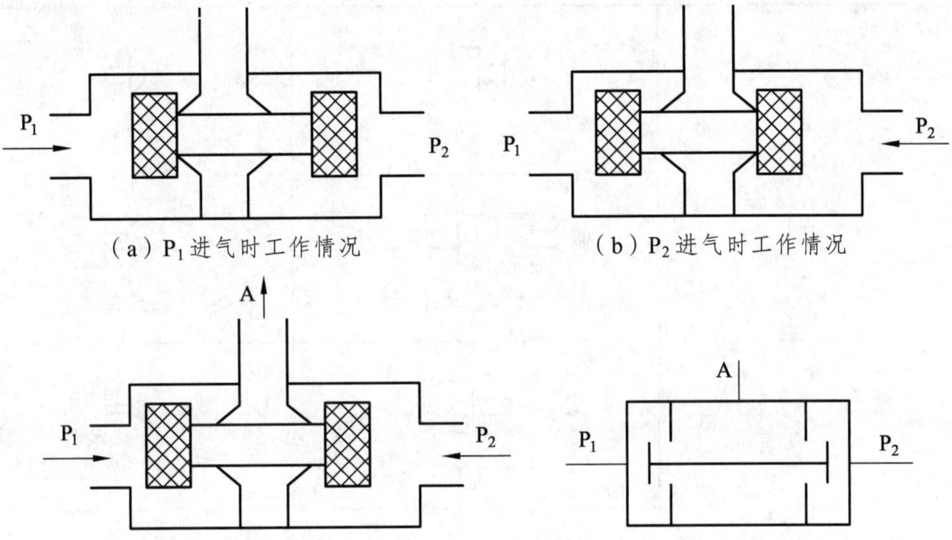

（a）P_1 进气时工作情况　（b）P_2 进气时工作情况

（c）P_1、P_2 同时进气时工作情况　（d）图形符号

图 7-1-4　与门型梭阀

4. 快速排气阀

快速排气阀是用于给气动元件或装置快速排气的阀，简称快排阀。

通常气缸排气时，气体从气缸经过管路，由换向阀的排气口排出的。如果气缸到换向阀的距离较长，而换向阀的排气口较小时，排气时间较长，气缸运动速度较慢；若采用快速排气阀，则气缸内的气体就能直接由快排阀排向大气，加快气缸运动速度。

图 7-1-5 所示是快速排气阀的结构原理。当 P 进气时，使膜片 1 向下变形，打开 P 与 A 的通路，同时封住排气口 O。当进气口 P 没有压缩空气进入时，在 A 口语 P 口压差作用下，膜片向上复位，关闭 P 口，使 A 口通过 O 口快速排气。

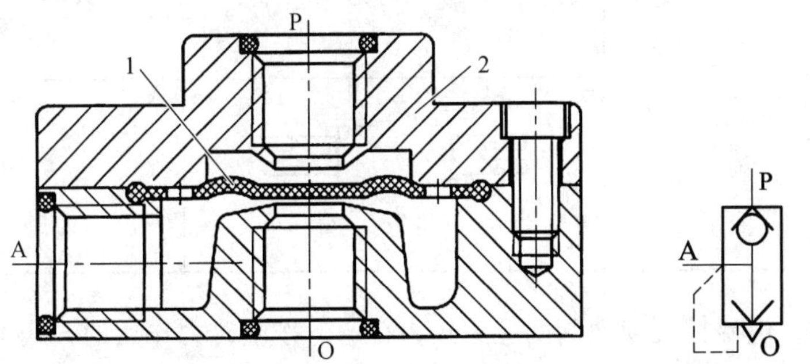

（a）结构原理图　（b）图形符号

1—膜片；2—阀体。

图 7-1-5　快速排气阀

（二）换向型控制阀

换向型控制阀简称换向阀。按阀芯的结构形式可分为滑柱式（又称滑阀式）、转动式（又称提动式）、平面式（又称滑块式）和膜片式等几种；按阀的控制方式又可分为许多类型，表 7-1-1 所示列出了气动换向阀的主要控制方式。

表 7-1-1　气动换向阀的主要控制方式

人力控制	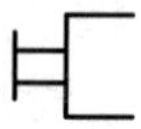 一般手动操作	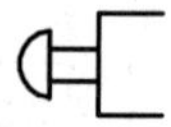 按钮式
	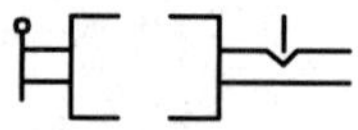 手柄式、带定位	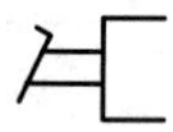 脚踏式
机械控制	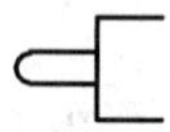 控制轴	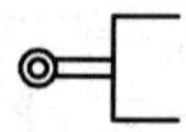 滚轮杠杆式
	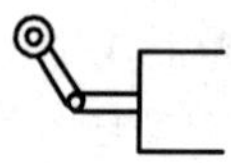 单向滚轮式	 弹簧复位
气动控制	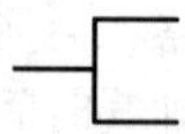 直动式	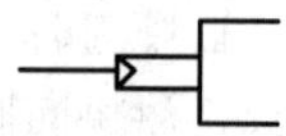 先导式
电磁控制	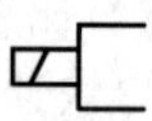 单电控	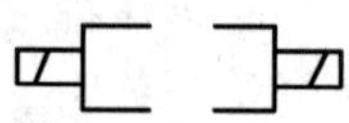 双电控
	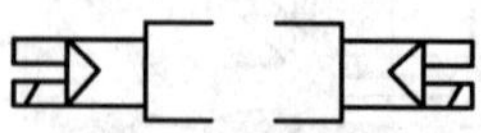 先导式双电控、带手动	

气压传动中，电磁控制换向阀的应用较为普遍。按电磁力作用的方式不同，电磁换向阀分为直动型和先导型两种。图 7-1-6 所示为采用截止式阀芯的单电磁铁直动型电磁换向阀；图 7-1-7 所示为采用滑柱式阀芯的双电磁铁先导型电磁换向阀。

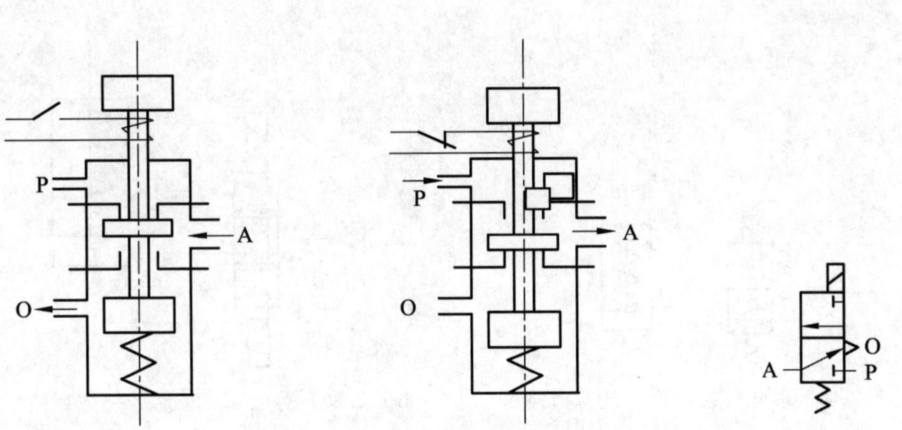

（a）电磁铁不通电时的工作状态　（b）电磁铁通电时的工作状态　（c）图形符号

图 7-1-6　单电磁铁直动型电磁换向阀灌

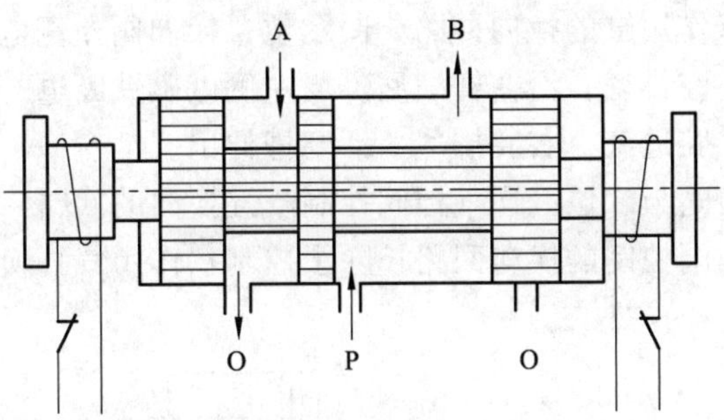

（a）左位工作状态　（b）右位工作状态

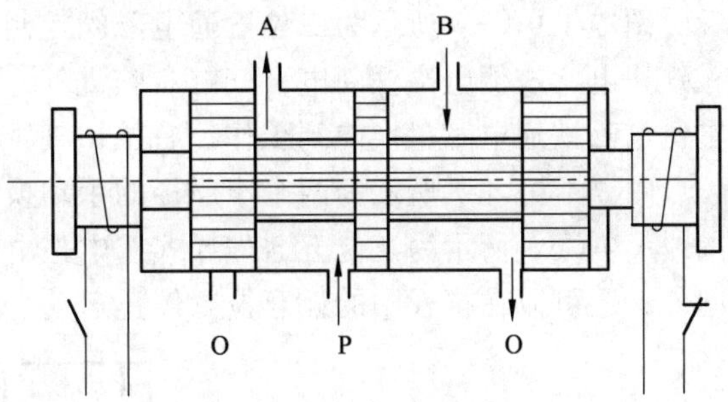

（c）职能符号

图 7-1-7　双电磁铁直动型电磁换向阀

双电磁铁换向阀可做成二位阀，也可做成三位阀。双电磁铁二位换向阀具有记忆功能，即通电时换向，断电时仍能保持原有工作状态。为保证双电磁铁换向阀正常工作，两个电磁铁不能同时通电，电路中要考虑互锁。

二、换向回路

气压传动换向回路

（一）单作用气缸的换向回路

图 7-1-8（a）所示是利用二位三通电磁阀控制单作用气缸的活塞杆外伸，电磁铁通电时靠气压使活塞杆上升，电磁铁断电时靠弹簧作用缩回。

图 7-1-8（b）所示是利用三位五通电磁阀控制单作用气缸的活塞杆外伸，当阀处于中位时，气缸进气口被关闭，故气缸能在任意一位置停止下来。但由于空气的可压缩性和漏气等原因，气缸定位精度不高。

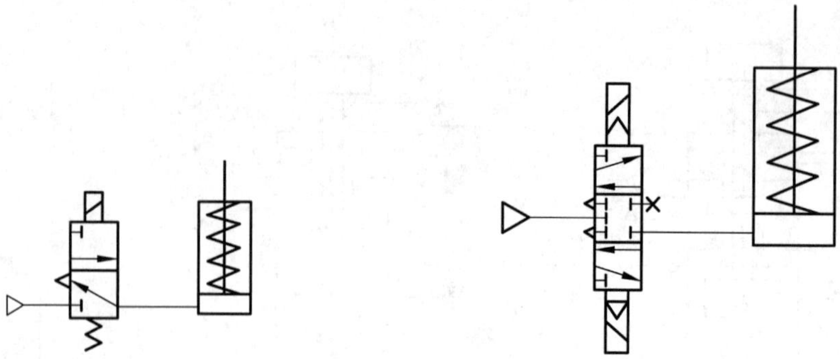

（a）二位三通电磁阀控制的换向回路　　（b）三位五通电磁阀控制的换向回路

图 7-1-8　单作用气缸的换向回路

（二）双作用气缸的换向回路

图 7-1-9（a）所示为二位五通电磁阀控制双作用缸的换向回路。图示位置换向阀左侧电磁铁通电，右侧电磁铁断电，气缸右腔进气，左腔排气，活塞杆缩回。当左侧电磁铁断电，右侧电磁铁通电时，换向阀工作在右位，气缸左腔进气，右腔排气，活塞杆伸出。

图 7-1-9（b）所示为两个小通径的手动换向阀与二位五通气控阀控制气缸换向的回路。图 7-1-9（c）所示为三位五通先导式双电控电磁阀控制的换向回路。除了控制双作用气缸换向外，还可以在行程中的任意位置停止运动。

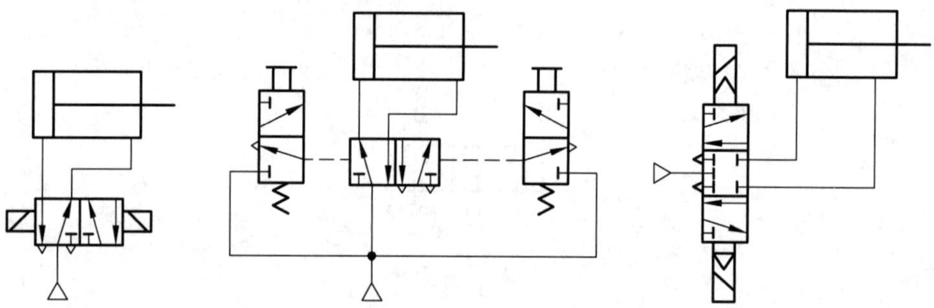

（a）　（b）　（c）

图 7-1-9　双作用气缸的换向回路

考核评价

考核内容		自评	组长评价	教师评价
		达到标准画√，没达到标准画×		
作业完成	1. 按时完成任务	☐	☐	☐
	2. 内容正确	☐	☐	☐
	3. 字迹工整，整洁美观	☐	☐	☐
操作过程	气动回路设计			
	1. 设计换向回路	☐	☐	☐
	2. 设计控制电路	☐	☐	☐
	3. 选择气动元件	☐	☐	☐
	4. 合理布置气动元件	☐	☐	☐
	5. 可靠连接各气口	☐	☐	☐
	6. 选择控制电路各元件	☐	☐	☐
	调试			
	1. 操作气源	☐	☐	☐
	2. 调节系统工作压力	☐	☐	☐
	3. 连接气路	☐	☐	☐
	4. 连接电路	☐	☐	☐
工作态度	1. 不旷课	☐	☐	☐
	2. 不迟到，不早退	☐	☐	☐
	3. 学习积极性高	☐	☐	☐
	4. 学习认真，虚心好学	☐	☐	☐
职业操守	1. 安全、文明工作	☐	☐	☐
	2. 具有良好的职业操守	☐	☐	☐
团队合作	1. 服从组长的工作安排	☐	☐	☐
	2. 按时完成组长分配的任务	☐	☐	☐
	3. 热心帮助小组其他成员	☐	☐	☐
项目完成	1. 气动回路设计、连接正确	☐	☐	☐
	2. 调试完成	☐	☐	☐
评价等级				
项目最终评价（自评 20%、组评 30%、师评 50%）				

评语

1. 自我评价

个人签字：　　　　　　日期：

2. 组长评价

组长签字：　　　　　　日期：

3. 教师评价

教师签字：　　　　　　日期：

拓展思考题

1. 气动系统方向控制阀包括哪些?
2. 绘制双电控二位五通换向阀、与门型梭阀、或门型梭阀的符号。

任务二　气动钻床压力回路的设计、分析和仿真

任务导入

图 7-2-1 所示为气动钻床工作示意，工作要求为：当钻屑工件时，需要先夹紧工件，此工作由夹紧缸 A 完成。夹紧完成后，钻孔缸 B 带动主轴完成钻孔。夹紧和钻孔需要的气体压力不同，请构建此调压回路。

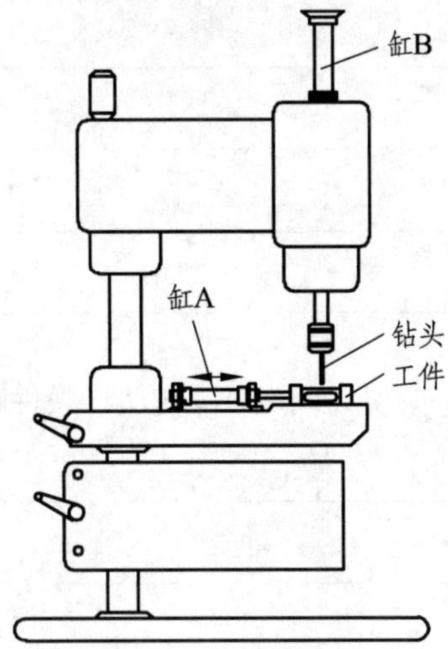

图 7-2-1　气动钻床

任务目标

【知识目标】

（1）掌握气压传动系统中压力控制元件的工作原理。

（2）掌握气压传动系统中压力控制元件的符号。

（3）掌握气动回路压力调节方法。

【能力目标】

（1）能根据要求选择气动压力控制元件。

（2）能够选择气动压力回路；

（3）能根据气动系统原理图完成气动系统仿真。

（4）能根据气动系统原理图连接气动回路。

【素质目标】

（1）培养学生要具有螺丝钉精神。

（2）培养学生的安全意识。

任务分组

班级		组号		指导老师	
组长		学号			
组员	小组成员	任务内容分配			

任务准备

引导问题 1：压力控制阀的类型有哪些？其原理、特点和符号是什么？

引导问题 2：气动三联件都包括什么？符号如何画？

任务实施

<table>
<tr><th>主要步骤</th><th colspan="8">操作流程记录</th></tr>
<tr><td rowspan="4">仿真</td><td>在仿真软件中选择各气动元件</td><td colspan="7"></td></tr>
<tr><td>在仿真软件中连接气动元件</td><td colspan="7"></td></tr>
<tr><td>在仿真软件中选择各控制电路元件</td><td colspan="7"></td></tr>
<tr><td>过程联合仿真</td><td colspan="7"></td></tr>
<tr><td rowspan="2">选择气动元件</td><td rowspan="2">选择的各气动元件名称和数量</td><td>名称</td><td></td><td></td><td></td><td></td><td></td><td></td></tr>
<tr><td>数量</td><td></td><td></td><td></td><td></td><td></td><td></td></tr>
<tr><td>在实验台合理布置气动元件</td><td>画出各气动元件布置位置图</td><td colspan="7"></td></tr>
<tr><td rowspan="2">正确连接元件各气口</td><td>回路连接顺序</td><td colspan="7"></td></tr>
<tr><td>检查各气口连接是否紧密</td><td colspan="7"></td></tr>
<tr><td rowspan="2">选择电路元件</td><td rowspan="2">选择的控制电路各元件名称和数量</td><td>名称</td><td></td><td></td><td></td><td></td><td></td><td></td></tr>
<tr><td>数量</td><td></td><td></td><td></td><td></td><td></td><td></td></tr>
<tr><td rowspan="2">连接电路</td><td>电路连接顺序</td><td colspan="7"></td></tr>
<tr><td>检查电路连接的正确性和各接头连接是否牢靠</td><td colspan="7"></td></tr>
</table>

相关知识点

气压传动压力控制元件

一、压力控制阀

（一）压力控制阀的类型

（1）压力控制阀按功能可分为减压阀（调压阀）、安全阀（溢流阀）和顺序阀。

（2）压力控制阀按结构特点可分为直动型和先导型。直动型压力阀的气压直接与弹簧力相平衡，操纵调压困难，性能差，故精密的高性能压力阀都采用先导型结构。

（二）减压阀

气压传动与液压传动系统一个不同的特点是液压传动系统的压力油一般是由安装在每台设备上的液压源直接提供的，而气压传动则是将压缩空气站中由气罐储存的压缩空气通过管道引出，并减压到适合于系统使用的压力。每台气动装置的供气压力都需要用减压阀来减压，并保持供气压力稳定。

图 7-2-2 所示为直动型减压阀的结构原理和符号。图示状况，阀芯 8 的台阶面上边形成一定的开口，压力为 p_1 的压缩空气流过此阀口后，压力降低为 p_2。与此同时，出口边的一部分气流经阻尼孔 7 进入膜片室，对膜片产生一个向上的推力与上方的弹簧力相平衡，减压阀便有稳定的压力输出。当输入压力 p_1 增高时，输出压力便随之增高，膜片室的压力也升高，将膜片向上推，阀芯 8 在复位弹簧 10 的作用下上移，使阀口开度减小，节流作用增强，直至输出压力降低到调定位为止：反之，若输入压力下降，则输出压力也随之下降。膜片下移，阀口开度增大，节流作用减弱，直至输出压力回升到调定值再保持稳定。通过调节调压手柄 1 控制阀口开度的大小即可控制输出压力的大小。一般直动型减压阀的最大输出压力为 0.6 MPa，调压范围为 0.1 ~ 0.6 MPa。

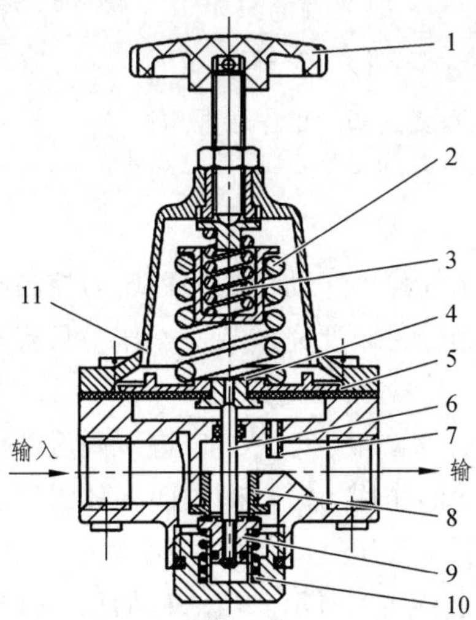

（a）结构

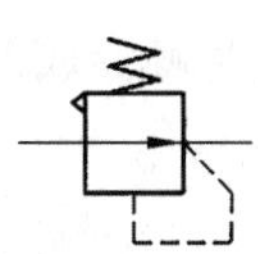

（b）图形符号

1—调压手柄；2，3—调压弹簧；4—溢流阀座；5—膜片；6—阀杆；7—阻尼孔；8—阀芯；9—进气阀口；10—复位弹簧；11—排气孔。

图 7-2-2　直动型减压阀的结构和符号

（三）溢流阀

溢流阀和安全阀在结构和功能方面往往是相似的，有时不加以区分。它们的作用是当气动系统中的压力超过调定压力时，能自动向外排气。实际上，溢流阀是一种用于保持回路压力恒定的压力控制阀，而安全阀是一种防止气动系统过载，保证气动系统安全的压力控制阀。

安全阀和溢流阀的过载原理是相同的，图 7-2-3 所示是一种直动式溢流阀的工作原理和符号。图（a）所示为阀的初始工作位置，预先调整手柄，使调压弹簧压缩，阀门关闭；图（b）所示为当气压达到给定值时，气体压力将克服弹簧预紧力，活塞上移，开启阀门排气；当系统内压力降至给定压力以下时，阀重新关闭。调节弹簧的预紧力可改变调定压力的大小。

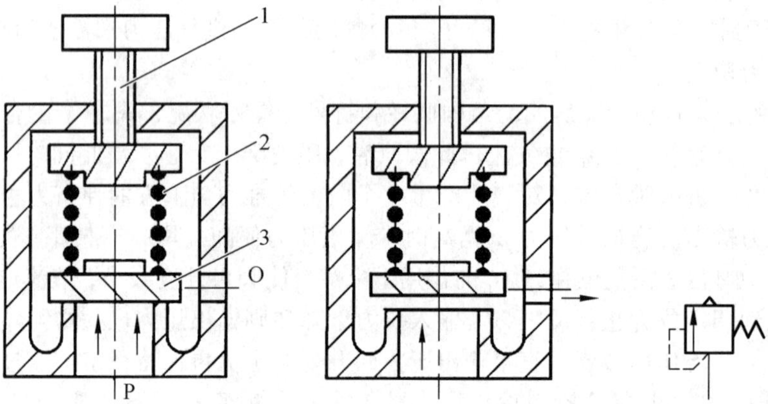

（a）初始状态　　（b）开启状态　　（c）职能符号

1—调节杆；2—弹簧；3—阀芯。

图 7-2-3　直动型溢流阀的工作原理和符号

（四）顺序阀

顺序阀是靠回路中的压力变化来控制气缸顺序动作的一种压力控制阀。在气动系统中，顺序阀通常安装在需要某一特定压力的场合，以便完成某一操作。只有达到需要的操作压力后，顺序阀才有压缩空气输出。

图 7-2-4 所示的是顺序阀的工作原理。压缩空气从 P 口进入阀后，作用在阀芯下面的环形活塞面积上，当此作用力低于调压弹簧的作用力时，阀关闭，如图 7-2-4（a）所示。当空气压力超过调定的压力值时即将阀芯顶起，气压立即作用于阀芯的全面积上，使阀达到全开状态，压缩空气便从 A 口输出，如图 7-2-4（b）所示。当 P 口的压力低于调定压力时，阀再次关闭。

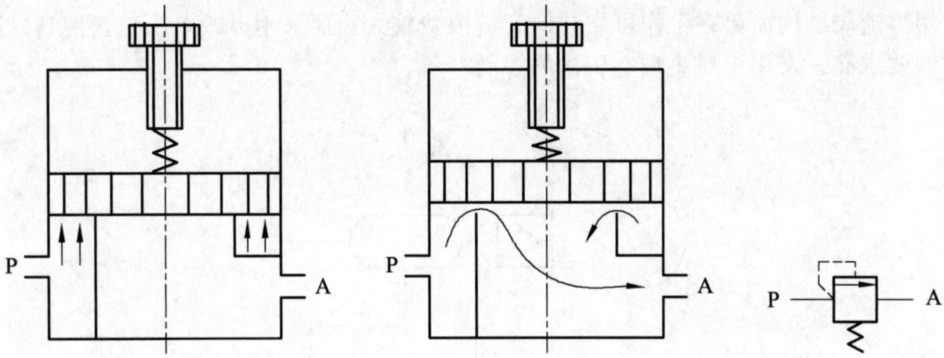

（a）初始状态　　（b）开启状态　　（c）职能符号

图 7-2-4　直动型顺序阀的工作原理和符号

图 7-2-5 所示为单向顺序阀。图（a）所示为气体正向流动时，进口 P 的气压力作用在活塞上，当它超过弹簧的预紧力时，活塞被推开，出口 A 有压缩空气输出；单向阀在压力差和弹簧预紧力作用下处于关闭状态。图 7-2-5（b）所示为气体反向流动时，进口变成出口，出口压力将推开单向阀，使 A 和 P 接通。调节手柄可改变顺序阀的开启压力。

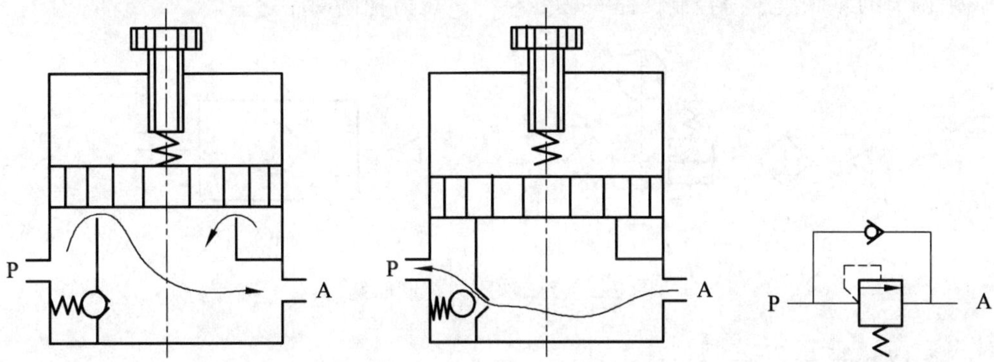

（a）顺序阀开启状态　　（b）单向阀开启状态　　（c）职能符号

图 7-2-5　单向顺序阀的工作原理和符号

二、压力控制回路

压力控制回路是使回路中的压力保持在一定范围内，或使回路得到高、低不同压力的基本回路。

气压传动
压力控制回路

（一）一次压力控制回路

一次压力控制回路用来控制储气罐内的压力，使它不超过规定的压力，故又称为气源压力控制回路，如图 7-2-6 所示。常采用溢流阀 1 和电接触点压力表 2 来控制。当采用溢流阀控制时，若贮气罐内的压力超过规定值时，溢流阀被打开，压缩机输出的压缩空气经溢流阀排入大气，溢流阀作为安全阀使用。当采用电接触点压力表控制时，它可直接控制压缩机的转动或停止，同样可使储气罐内的压力保持在规定值以内。

采用溢流阀结构简单，工作可靠，但气量浪费较大；而采用电接点压力表控制，则对电机及控制要求高，常用于对小型空压机的控制。

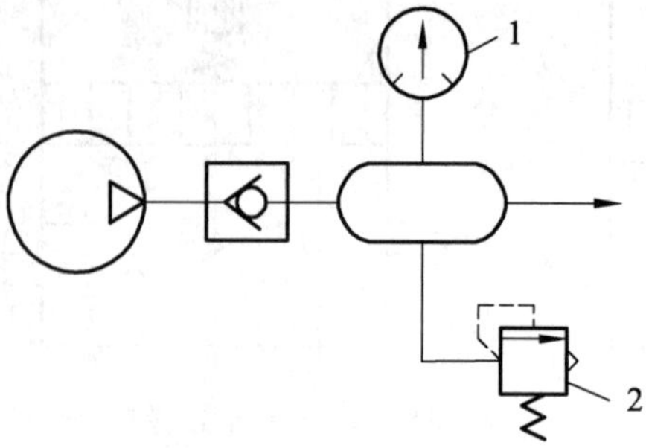

1—电接点压力表；2—溢流阀。

图 7-2-6　一次压力控制回路

（二）二次压力控制回路

图 7-2-7 所示为一种常用的二次压力控制回路，由气动三大件空气过滤器（分水滤气器）、减压阀与油雾器组成，主要用于对气控系统压力源压力的控制。输出压力的高低是用溢流式减压阀来调节的。二次压力控制回路一般处在一次压力控制回路之后。

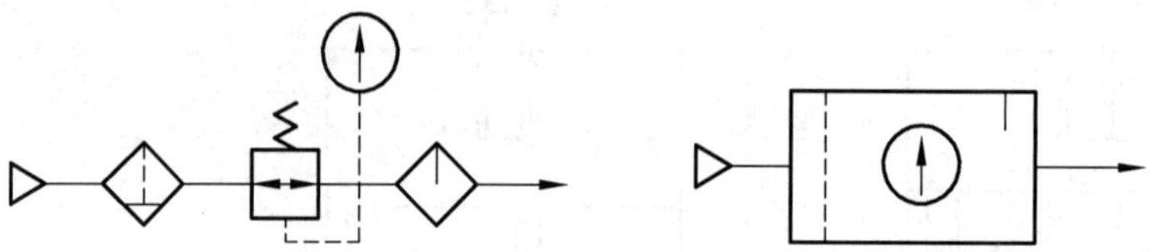

（a）　　　　　　　（b）

图 7-2-7　二次压力控制回路

（三）高、低压力控制回路

如图 7-2-8 所示，高、低压力控制回路由两个减压阀和一个换向阀组成，可以由换向阀控制输出气压在高压和低压之间进行转换，若去掉换向阀，就可以同时得到输出高压和低压两种气源。

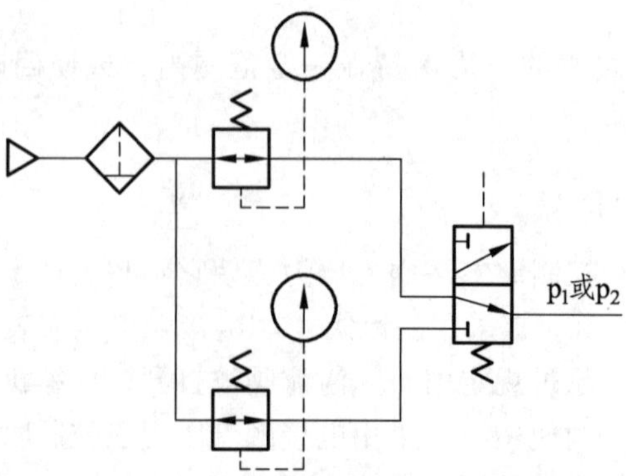

图 7-2-8　高低压力控制回路

考核评价

考核内容		自评	组长评价	教师评价
		达到标准画√，没达到标准画×		
作业完成	1. 按时完成任务	□	□	□
	2. 内容正确	□	□	□
	3. 字迹工整，整洁美观	□	□	□
操作过程	气动回路设计			
	1. 设计调压回路	□	□	□
	2. 设计控制电路	□	□	□
	3. 选择气动元件	□	□	□
	4. 合理布置气动元件	□	□	□
	5. 可靠连接各气口	□	□	□
	6. 选择控制电路各元件	□	□	□
	调试			
	1. 操作气源	□	□	□
	2. 调节气缸运动速度	□	□	□
	3. 使用测试仪器、设备	□	□	□
	4. 找到故障点并正确解决问题	□	□	□
工作态度	1. 不旷课	□	□	□
	2. 不迟到，不早退	□	□	□
	3. 学习积极性高	□	□	□
	4. 学习认真，虚心好学	□	□	□
职业操守	1. 安全、文明工作	□	□	□
	2. 具有良好的职业操守	□	□	□
团队合作	1. 服从组长的工作安排	□	□	□
	2. 按时完成组长分配的任务	□	□	□
	3. 热心帮助小组其他成员	□	□	□
项目完成	1. 气动回路设计、连接正确	□	□	□
	2. 调试完成	□	□	□
评价等级				
项目最终评价（自评 20%、组评 30%、师评 50%）				

评语

1. 自我评价

个人签字：　　　　日期：

2. 组长评价

组长签字：　　　　日期：

3. 教师评价

教师签字：　　　　日期：

拓展思考题

1. 气动系统用什么元件调整压力？画出其符号。
2. 气动三联件是哪三种器件？画出其符号。

任务三　气动钻床速度控制回路的设计、分析和仿真

任务导入

气动钻床的工作要求为：当钻屑工件时，需要先夹紧工件，此工作由夹紧缸 A 完成。夹紧完成后，钻孔缸 B 带动主轴完成钻孔。主轴在钻孔过程速度要能调整，并且要求速度稳定。本任务要求构建此调速回路。

任务目标

【知识目标】

（1）掌握气动系统常用的速度控制元件。

（2）掌握气动系统的典型调速方法。

（3）掌握气动系统调速回路的设计及仿真方法。

【能力目标】

（1）能根据气动速度控制要求合理选择气动控制元件。

（2）能够根据气动调速系统具体要求规范搭建气动调速回路。

（3）能根据气动系统原理图按正确流程完成气动系统仿真。

【素质目标】

（1）培养学生理论联系实际、解决工程实际问题的能力。

（2）强化学生的创新设计能力，培养主动创新的思维习惯。

（3）培养学生高度的责任心和科技报国的使命感。

任务分组

班级		组号		指导老师	
组长		学号			
组员	小组成员	任务内容分配			

任务准备

引导问题 1：流量控制阀的类型有哪些？其功用和符号是什么？

____

____

____

____

引导问题 2：速度控制回路的作用什么？有哪些类型？各适合于哪些场合？

____

____

____

____

任务实施

<table>
<tr><th>主要步骤</th><th colspan="8">操作流程记录</th></tr>
<tr><td rowspan="4">仿真</td><td>在仿真软件中选择各气动元件</td><td colspan="7"></td></tr>
<tr><td>在仿真软件中连接气动元件</td><td colspan="7"></td></tr>
<tr><td>在仿真软件中选择各控制电路元件</td><td colspan="7"></td></tr>
<tr><td>过程联合仿真</td><td colspan="7"></td></tr>
<tr><td rowspan="2">选择气动元件</td><td rowspan="2">选择的各气动元件名称和数量</td><td>名称</td><td></td><td></td><td></td><td></td><td></td><td></td></tr>
<tr><td>数量</td><td></td><td></td><td></td><td></td><td></td><td></td></tr>
<tr><td>在实验台合理布置气动元件</td><td>画出各气动元件布置位置图</td><td colspan="7"></td></tr>
<tr><td rowspan="2">正确连接元件各气口</td><td>回路连接顺序</td><td colspan="7"></td></tr>
<tr><td>检查各气口连接是否紧密</td><td colspan="7"></td></tr>
<tr><td rowspan="2">选择电路元件</td><td rowspan="2">选择的控制电路各元件名称和数量</td><td>名称</td><td></td><td></td><td></td><td></td><td></td><td></td></tr>
<tr><td>数量</td><td></td><td></td><td></td><td></td><td></td><td></td></tr>
<tr><td rowspan="2">连接电路</td><td>电路连接顺序</td><td colspan="7"></td></tr>
<tr><td>检查电路连接的正确性和各接头连接是否牢靠</td><td colspan="7"></td></tr>
</table>

相关知识点

一、流量控制阀

气压传动
流量控制元件

在气动系统中，要控制执行元件的运动速度，控制换向阀的切换时间，控制气动信号的传递速度，都需要通过调节压缩空气流量来实现。用于调节流量的控制阀有节流阀、单向节流阀、排气节流阀等。由于节流阀和单向节流阀的工作原理与液压阀中的同型阀相同，在此不再重复，下面只介绍排气节流阀和单向节流阀。

图 7-3-1 所示为排气消声节流阀的结构原理和符号。气流从 A 口进入阀内，由节流口 1 节流后经消声套 2 排出，因而它不仅能调节空气流量，还能起到降低排气噪声的作用。排气节流阀通常安装在换向阀的排气口处与换向阀联用，起单向节流阀的作用。它实际上只是节流阀的一种特殊形式，其结构简单，安装方便，能简化回路。

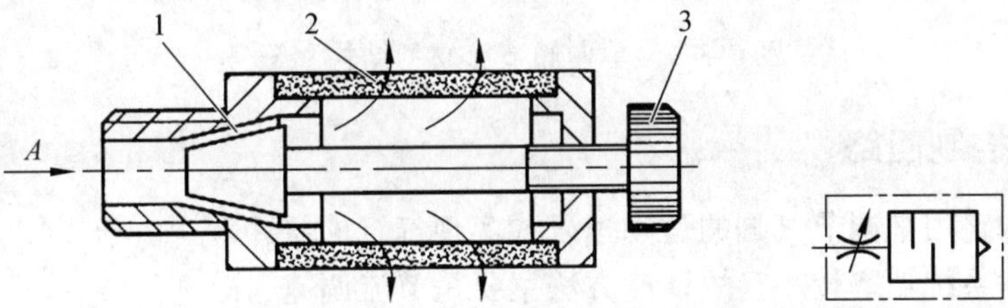

（a）结构　　（b）图形符号

1—节流口；2—消声套；3—调节手柄。

图 7-3-1　排气消声节流阀结构和符号

图 7-3-2 所示的是单向节流阀的工作原理，当压缩空气正向流动时（P—A），单向阀在弹簧和气压作用下关闭，气流经节流阀节流后从 A 口流出；而当气流反向流动时（A—P），单向阀被气体推开，大部分气体从阻力小、通流面积大的单向阀流过，较少部分气体经节流口流过，汇集从 P 口排出。

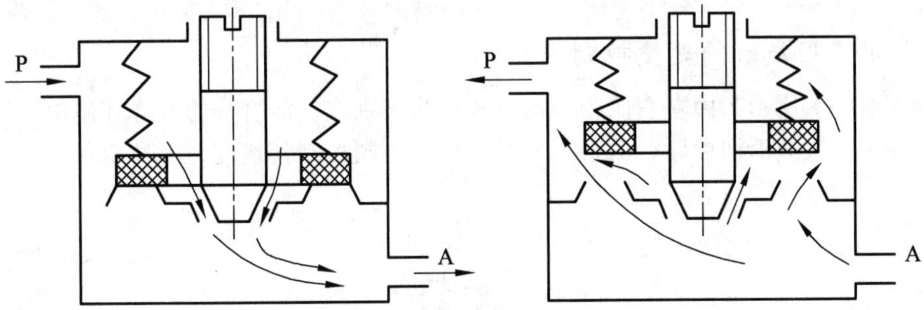

图 7-3-2　单向节流阀工作原理

图 7-3-3 所示为单向节流阀的结构。压缩空气从口 P 进入阀内，经过阀座与阀芯间的节流通道从输出口 A 输出。通过调节螺杆使阀芯上下移动，改变节流口通面积，实现流量的调节。单向节流阀主要用来调节气缸进口或出口流量组成调速回路。

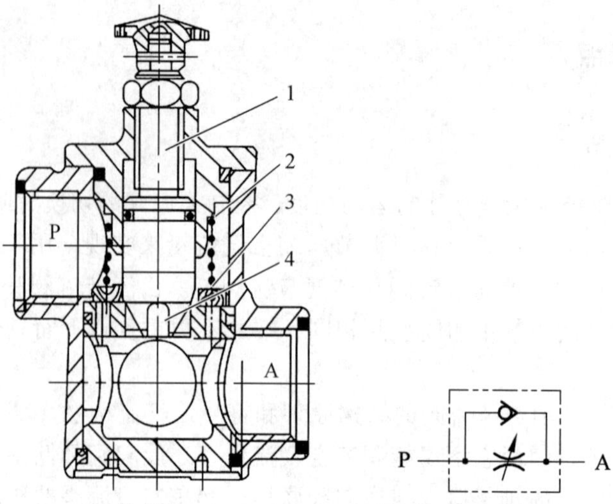

（a）结构　　（b）职能符号

1—调节螺杆；2—弹簧；3—单向阀阀片；4—节流阀。

图 7-3-3　单向阀节流阀的结构和符号

二、速度控制回路

气压传动
速度控制回路

速度控制回路用来调节气缸的运动速度或实现气缸的缓冲等。由于目前使用的气动系统功率较小，故调速方法主要是节流调速，即进气节流调速和排气节流调速。因气体具有可压缩性，所以应用气动流量控制阀对气动执行元件进行调速，比用液压流量控制阀调速要困难。用气动流量控制阀调速应注意以下几点，以防产生爬行。

（1）管道上不能有漏气现象；

（2）气缸、活塞间的润滑状态要好；

（3）流量控制阀应尽量安装在气缸或气马达附近；

（4）尽可能采用出口节流调速方式；

（5）外加负载应当稳定。

（一）单作用汽缸的速度控制回路

图 7-3-4（a）所示为由左右两个单向节流阀来分别控制活塞杆的升降速度的控制回路。图 7-3-4（b）是快速返回回路，活塞上升时，由节流阀控制其速度，活塞返回时，气缸下腔通过快速排气阀排气。

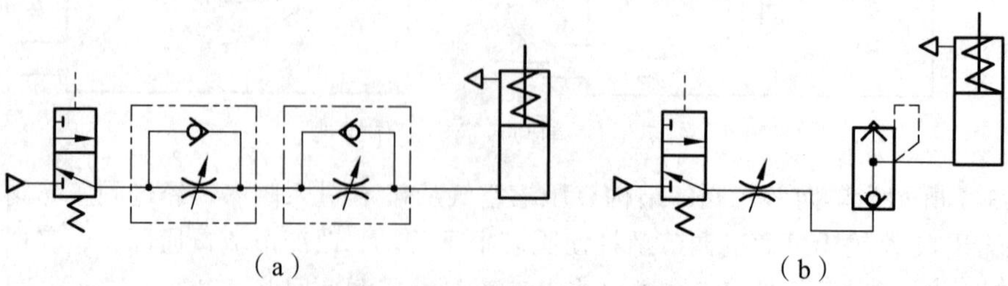

（a）　　（b）

图 7-3-4　单作用汽缸的速度控制回路

（二）双作用气缸的速度控制回路

1. 单向调速

图 7-3-5（a）所示为双作用缸的进气节流调速回路，图 7-3-5（b）所示为其排气节流调速回路。气动系统中，对水平安装的气缸，较少使用供气节流调速，主要是气缸在运动中易产生“爬行”或“跑空”现象。为获得稳定的运动速度，气动系统多采用排气节流调速。

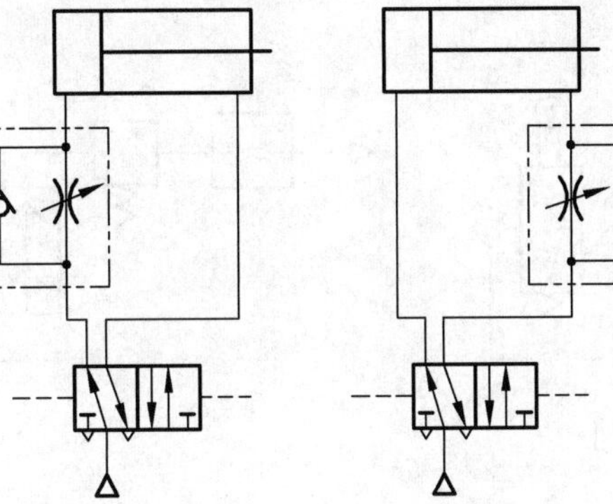

（a）　　　　　　（b）

图 7-3-5　双作用气缸单向调速回路

2. 双向调速回路

7-3-6（a）所示为采用两个单向节流阀的调速回路，调节节流阀的开度可调整气缸的往复运动速度。图 7-3-6（b）所示为采用两个排气节流阀的调速回路。它们都是排气节流调速，调速时气缸的进气阻力小，且能承受负值载荷变化影响小，因而比进气节流的调速效果好。

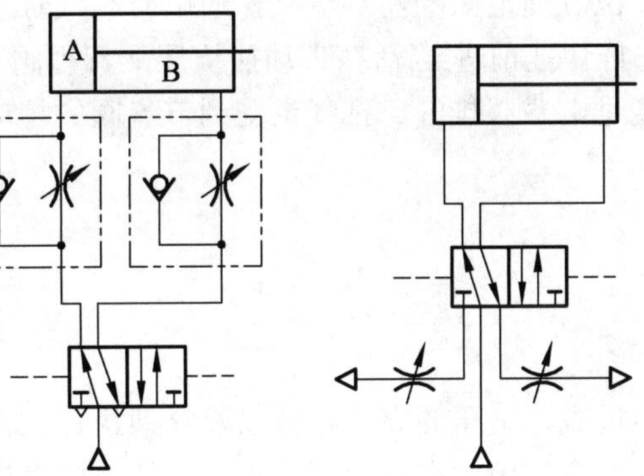

（a）　　　　　　（b）

图 7-3-6　双作用气缸双向调速回路

（三）缓冲回路

一般气动执行元件的运动速度较快，为了避免活塞在到达终点时，与缸盖发生碰撞，产生冲击和噪声，影响设备的工作精度以至损坏零件，在气动系统中常使用缓冲回路，以此来降低活塞到达终点时的速度。

图 7-3-7（a）所示的缓冲回路，当活塞向右运动时，气缸右腔的气体经二位二通行程阀和三位五通换向阀排出。直到活塞运动到末端，挡块压下行程阀时，气体经节流阀排出，活塞运动速度得到缓解。调整行程阀的安装位置即可调缓冲开始时间。此回路适用于活塞惯性较大的场合。图 7-3-7（b）所示的缓冲回路的特点是当活塞向左返回到行程末端时，其左腔的压力已经下降到打不开顺序阀 2，余气只能经节流阀 1 和二位五通换向阀排出，因此活塞得到缓冲。这种回路常用于行程长、速度快的场合。

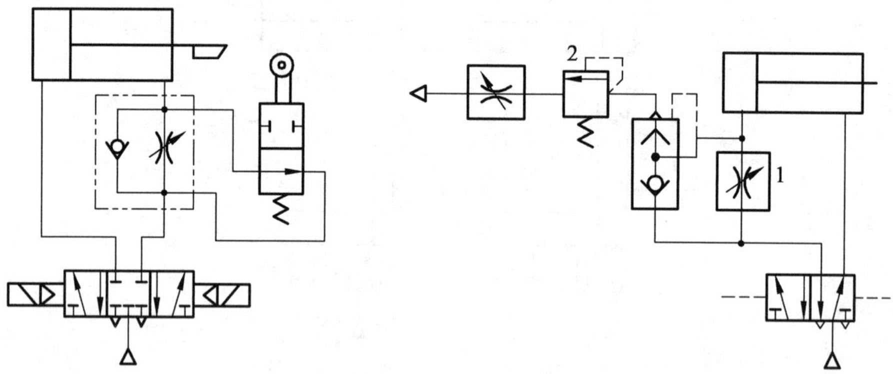

（a）用于活塞惯性较大场合　　（b）用于行程长、速度快场合

1—节流阀；2—顺序阀。

图 7-3-7　缓冲回路

（四）速度换接回路

速度换接回路用于执行元件快慢速之间的换接。7-3-7（a）所示的缓冲回路同样可作为速度换接回路使用。当三位五通电磁阀左端电磁铁通电时，气缸左腔进气，右腔直接经过二位二通行程阀排气，活塞杆快速前进.当活塞带动撞块压下行程阀时，行程阀关闭，气缸右腔只能通过单向节流阀再经过电磁阀排气，排气量受到节流阀的控制，活塞运动速度减慢，从而实现速度换接。

三、其他回路

（一）安全保护回路

由于气动机构负荷的过载、气压的突然降低以及气动执行机构的快速动作等原因，都可能危及操作人员或设备的安全，因此在气动回路中，常常需要设计安全保护回路。

1. 过载保护回路

图 7-3-8 所示为典型的过载保护回路，当气缸右行中遇到障碍而过载时，气缸左腔压力因外力升高，超过调定值后，打开顺序阀 3，使阀 2 换向，阀 4 随即复位，活塞立即退回，实现过载保护。若无障碍物 6，气缸向前运动时压下机控换向阀 5，活塞即刻返回。

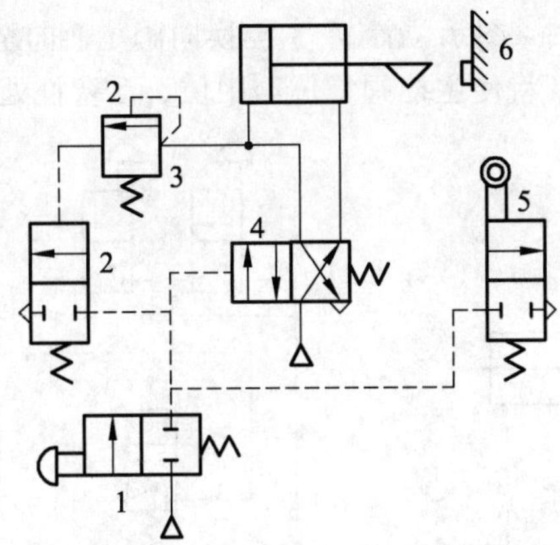

1—手动换向阀；2—气控换向阀；3—顺序阀；4—二位四通气控换向阀；
5—机控换向阀；6—障碍物。

图 7-3-8　过载保护回路

2. 互锁回路

图 7-3-9 所示为互锁回路。气缸主控阀的换向受 3 个串联的机动三通阀控制，只有这 3 个阀都接通后，主控阀才能换向，气缸才能动作。

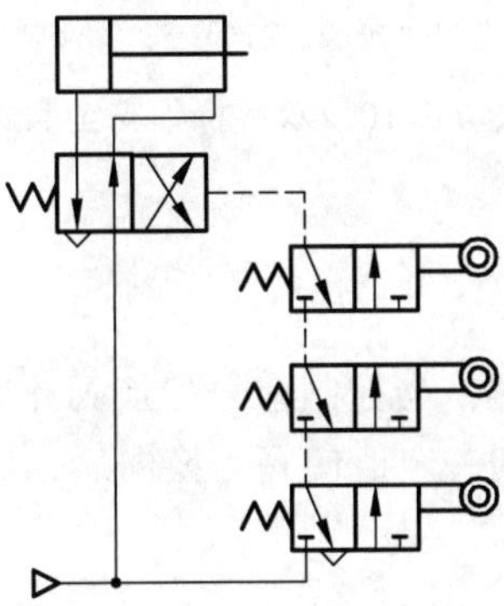

图 7-3-9　互锁回路

3. 双手操作安全回路

双手同时操作回路就是使用两个启动用的手动阀，只有同时按动两个阀才动作的回路。这种回路主要是为了安全。在锻造、冲压机械上常用来避免误动作，以保护操作者的安全。

图 7-3-10（a）所示回路为使用逻辑“与”的双手操作回路，为使主控阀换向，必须使压缩空气信号进入其左端，故两只三通手动阀要同时换向，另外这两个阀必须安装在单手不能同时操作的位置上。在操作时，如任何一只手离开则控制信号消失，主控阀复位，活塞杆退回。

图 7-3-10（b）所示的是使用三位主控阀的双手操作回路，把此主控换向阀 1 的信号 A 作为手动换向阀 2 和 3 的逻辑“与”回路，即只有手动换向阀 2 和 3 同时动作时，主控换向阀 1 换向至上位，活塞杆前进；把信号 B 作为手动换向阀 2 和 3 的逻辑“或非”回路，即当

手动换向阀 2 和 3 同时松开时（图示位置），主控换向阀 1 换向至下位，活塞杆退回；若手动换向阀 2 或 3 任何一个动作，将使主控阀复位至中位，活塞杆处于停止状态。

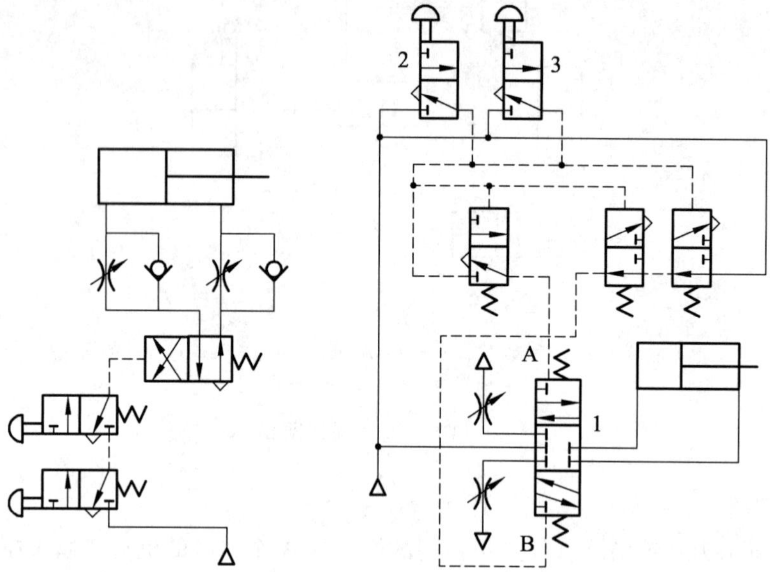

（a）　　（b）

1—主控换向阀；2，3—手动换向阀。

图 7-3-10　双手操作安全回路

（二）延时控制回路

1. 延时输出回路

图 7-3-11 所示为延时输出回路。当控制信号切换阀 4 后，压缩交气经单向节流阀 3 向气容 2 充气。充气压力延时升高达到一定值使阀 1 换向后，压缩空气就从该阀输出。

2. 延时退回回路

图 7-3-12 所示为延时退回回路。按下按钮阀 1，主控阀 2 换向，活塞杆伸出，至行程终端，挡块压下行程阀 5，其输出的控制气经节流阀 4 向气容 3 充气，当充气压力延时升高达到一定值后，阀 2 换向，活塞杆退回。

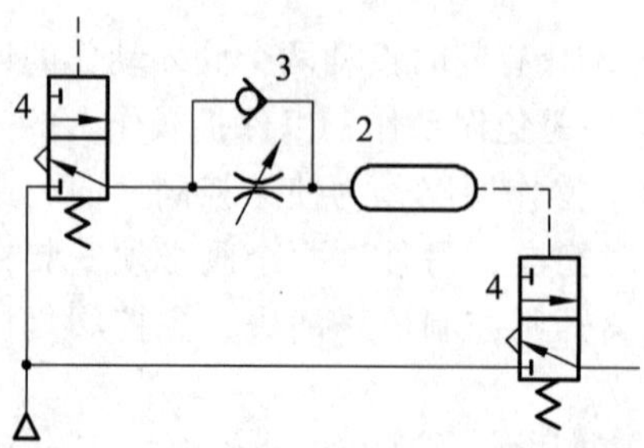

1，4—换向阀；2—气容；3—节流阀。

图 7-3-11　延时输出回路

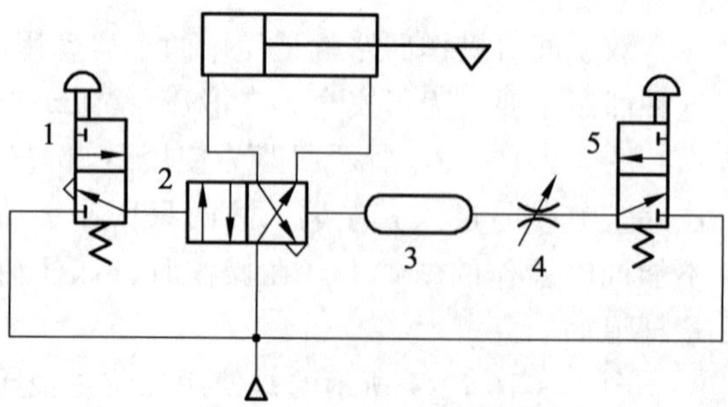

1—按钮阀；2—主控阀；3—气容；4—节流阀；5—形成阀。

图 7-3-12　延时退回回路

考核评价

<table>
<tr><th colspan="2" rowspan="2">考核内容</th><th>自评</th><th>组长评价</th><th>教师评价</th></tr>
<tr><th colspan="3">达到标准画√，没达到标准画×</th></tr>
<tr><td rowspan="3">作业完成</td><td>1. 按时完成任务</td><td>□</td><td>□</td><td>□</td></tr>
<tr><td>2. 内容正确</td><td>□</td><td>□</td><td>□</td></tr>
<tr><td>3. 字迹工整，整洁美观</td><td>□</td><td>□</td><td>□</td></tr>
<tr><td rowspan="12">操作过程</td><td>气动回路设计</td><td></td><td></td><td></td></tr>
<tr><td>1. 设计调速回路</td><td>□</td><td>□</td><td>□</td></tr>
<tr><td>2. 设计控制电路</td><td>□</td><td>□</td><td>□</td></tr>
<tr><td>3. 选择气动元件</td><td>□</td><td>□</td><td>□</td></tr>
<tr><td>4 合理布置气动元件</td><td>□</td><td>□</td><td>□</td></tr>
<tr><td>5 可靠连接各气口</td><td>□</td><td>□</td><td>□</td></tr>
<tr><td>6. 选择控制电路各元件</td><td>□</td><td>□</td><td>□</td></tr>
<tr><td>调试</td><td></td><td></td><td></td></tr>
<tr><td>1. 操作气源</td><td>□</td><td>□</td><td>□</td></tr>
<tr><td>2. 调节气缸运动速度</td><td>□</td><td>□</td><td>□</td></tr>
<tr><td>3. 使用电气元件</td><td>□</td><td>□</td><td>□</td></tr>
<tr><td>4. 找到故障点并正确解决问题</td><td>□</td><td>□</td><td>□</td></tr>
<tr><td rowspan="4">工作态度</td><td>1. 不旷课</td><td>□</td><td>□</td><td>□</td></tr>
<tr><td>2. 不迟到，不早退</td><td>□</td><td>□</td><td>□</td></tr>
<tr><td>3. 学习积极性高</td><td>□</td><td>□</td><td>□</td></tr>
<tr><td>4. 学习认真，虚心好学</td><td>□</td><td>□</td><td>□</td></tr>
<tr><td rowspan="2">职业操守</td><td>1. 安全、文明工作</td><td>□</td><td>□</td><td>□</td></tr>
<tr><td>2. 具有良好的职业操守</td><td>□</td><td>□</td><td>□</td></tr>
<tr><td rowspan="3">团队合作</td><td>1. 服从组长的工作安排</td><td>□</td><td>□</td><td>□</td></tr>
<tr><td>2. 按时完成组长分配的任务</td><td>□</td><td>□</td><td>□</td></tr>
<tr><td>3. 热心帮助小组其他成员</td><td>□</td><td>□</td><td>□</td></tr>
<tr><td rowspan="2">项目完成</td><td>1. 气动回路设计、连接正确</td><td>□</td><td>□</td><td>□</td></tr>
<tr><td>2. 调试完成</td><td>□</td><td>□</td><td>□</td></tr>
<tr><td>评价等级</td><td></td><td></td><td></td><td></td></tr>
<tr><td colspan="2">项目最终评价（自评 20%、组评 30%、师评 50%）</td><td colspan="3"></td></tr>
</table>

评语

1. 自我评价

个人签字：　　　　日期：

2. 组长评价

组长签字：　　　　日期：

3. 教师评价

教师签字：　　　　日期：

拓展思考题

气动系统为什么很少使用调速阀？

电气控制篇

项目八　液压气动系统电气控制回路设计、仿真

任务一　液压钻床液压回路电气控制回路设计、仿真

任务导入

液压钻床的夹紧和钻削由液压系统控制，工作时先夹紧工件，然后钻削，结束时主轴先退回，再松开工件。本任务要求完成用继电器控制的顺序动作电路设计。

任务目标

【知识目标】

（1）掌握继电器控制电路的常用元件的特点和符号。

（2）掌握用经验法设计液压传动的控制回路。

（3）掌握液压单缸自动连续往复回路的设计方法。

【能力目标】

（1）能够根据需要合理地选择控制电路元器件。

（2）能够用经验法设计液压系统控制电路。

（3）能够完成液压和电气控制回路联合设计。

【素质目标】

（1）培养学生民族自豪感。

（2）培养学生厚积薄发的学习态度。

（3）培养学生遵守严格职业规范的工作态度。

任务分组

班级		组号		指导老师	
组长		学号			
组员	小组成员	任务内容分配			

任务准备

引导问题 1：液压系统电气控制回路常用哪些控制电路？

____

____

____

____

引导问题 2：液压系统图和电气控制回路图之间如何连接？

____

____

____

____

任务实施

<table>
<tr><th>主要步骤</th><th colspan="8">操作流程记录</th></tr>
<tr><td rowspan="4">仿真</td><td>在仿真软件中选择各液压元件</td><td colspan="7"></td></tr>
<tr><td>在仿真软件中连接液压元件</td><td colspan="7"></td></tr>
<tr><td>在仿真软件中选择各控制电路元件</td><td colspan="7"></td></tr>
<tr><td>过程联合仿真</td><td colspan="7"></td></tr>
<tr><td rowspan="2">选择液压元件</td><td rowspan="2">选择的各液压元件名称和数量</td><td>名称</td><td></td><td></td><td></td><td></td><td></td><td></td></tr>
<tr><td>数量</td><td></td><td></td><td></td><td></td><td></td><td></td></tr>
<tr><td>在实验台合理布置液压元件</td><td>画出各液压元件布置位置图</td><td colspan="7"></td></tr>
<tr><td rowspan="2">用油管正确连接元器件的各油口</td><td>回路连接顺序</td><td colspan="7"></td></tr>
<tr><td>检查各油口连接是否紧密</td><td colspan="7"></td></tr>
<tr><td rowspan="2">选择电路元件</td><td rowspan="2">选择的控制电路各元件名称和数量</td><td>名称</td><td></td><td></td><td></td><td></td><td></td><td></td></tr>
<tr><td>数量</td><td></td><td></td><td></td><td></td><td></td><td></td></tr>
<tr><td rowspan="2">连接电路</td><td>电路连接顺序</td><td colspan="7"></td></tr>
<tr><td>检查电路连接的正确性和各接头连接是否牢靠</td><td colspan="7"></td></tr>
</table>

相关知识点

一、电气控制的基本知识

电气控制回路主要由按钮开关、行程开关、继电器及其触点、电磁铁线圈等组成。通过按钮或行程开关使电磁铁通电或断电来控制触点接通或断开被控制的主回路，这种回路也称为继电器控制回路。电路中的触点有常开触点和常闭触点两种。

气压传动常用电气控制元件

控制继电器是一种当输入量变化到一定值时，电磁铁线圈通电励磁，吸合或断开触点，接通或断开交、直流小容量控制电路中的自动化电器。它被广泛应用于电力拖动、程序控制、自动调节与自动检测系统中。控制继电器的种类繁多，常用的有电压继电器、电流继电器、中间继电器、时间继电器、热继电器、温度继电器等。在电气气动控制系统中常用中间继电器和时间继电器。图 8-1-1 所示为中间继电器的外观。

图 8-1-1　中间继电器外观

（一）中间继电器（Relay）

中间继电器由线圈、铁心、衔铁、复位弹簧、触点及端子组成，如图 8-1-2 所示，由线圈产生的磁场来接通或断开触点。当继电器线圈流过电流时，衔铁就会在电磁力的作用下克服弹簧压力，使常闭触点断开，常开触点闭合；当继电器线圈无电流时，电磁力消失，衔铁在返回弹簧的作用下复位，使常闭触点闭合，常开触点打开（见图 8-1-3）。因为继电器线圈消耗电力很小，所以用很小的电流通过线圈即可使电磁铁励磁，而其控制的触点，可通过相当大的电压电流，这就是继电器触点的容量放大机能。

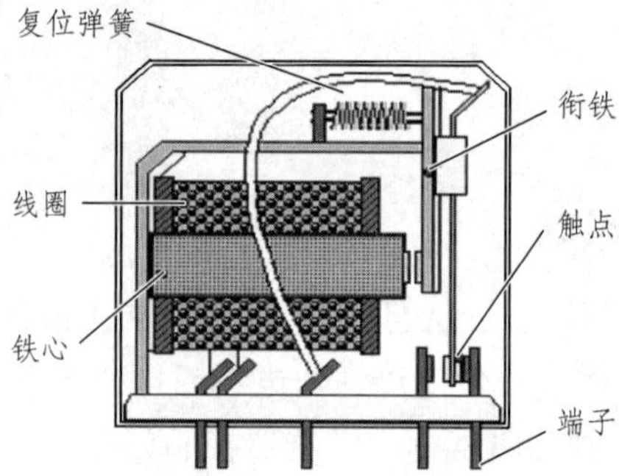

图 8-1-2　中间继电器组成

图 8-1-3　线圈及触点职能符号

（二）时间继电器（Timer）

时间继电器目前在电气控制回路中应用非常广泛。它与中间继电器相同之处是都由线圈与触点构成，而不同的是在时间继电器中，当输入信号时，电路中的触点经过一定时间后才闭合或断开。按照其输出触点的动作形式分为以下两种：

（1）延时闭合继电器（On delay timer）：当继电器线圈流过电流时，经过预置时间延时，继电器触点闭合；当继电器线圈无电流时，继电器触点断开，如图 8-1-4（a）所示。

（2）延时断开继电器（Off delay timer）：当继电器线圈流过电流时，继电器触点闭合；当继电器线圈无电流时经过预置时间延时，继电器触点断开，如图 8-1-4（b）所示。

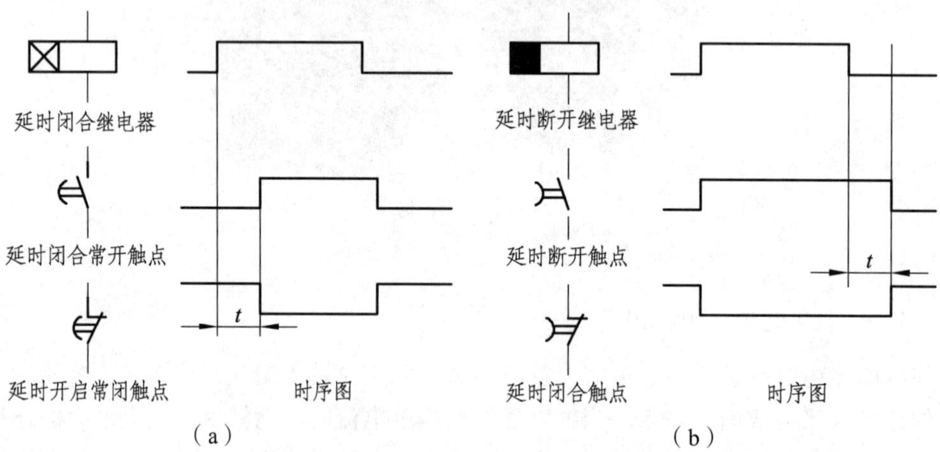

图 8-1-4　时间继电器线圈触点职能符号和时序图

二、电气回路图绘图原则

电气回路图通常以一种层次分明的梯形法表示，也称梯形图。它是利用电气元件符号进行顺序控制系统设计的最常用的一种方法。梯形图表示法可分为水平梯形回路图及垂直梯形回路图两种。在液压传动中，用了垂直梯形图表示法，本任务仅介绍前一种方法。图 8-1-5 所示为水平型电路图，图中上下两平行线代表控制回路图的电源线，称为母线。

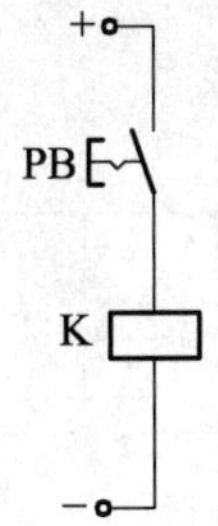

图 8-1-5　水平型电路

梯形图的绘图原则如下：

（1）图中上端为火线，下端为接地线。

（2）电路图的构成是由左向右进行的。为便于读图，接线上要加上线号。

（3）控制元件的连接线，接于电源母线之间，且尽可能用直线。

（4）连接线与实际的元件配置无关，由上而下依照动作顺序来决定。

（5）连接线所连接的元件均用电气符号表示，且均为未操作时的状态。

（6）在连接线上，所有的开关、继电器等的触点位置由水平电路上侧的电源母线开始连接。

（7）一个梯形图网络由多个梯级组成，每个输出元素（继电器线圈等）可构成一个梯级。

（8）在连接线上，各种负载，如继电器、电磁线圈、指示灯等的位置通常是输出元素，要放在水平电路的下侧。

（9）在以上的各元件的电气符号旁注上文字符号。

三、基本电气回路

（一）是门电路（YES）

是门电路是一种简单的通、断电路，能实现是门逻辑电路。图 8-1-6 所示为是门电路，按下按钮 PB，电路 1 导通，继电器线圈 K 励磁，其常开触点闭合，电路 2 导通，指示灯亮。若放开按钮，则指示灯熄灭。

常用控制回路

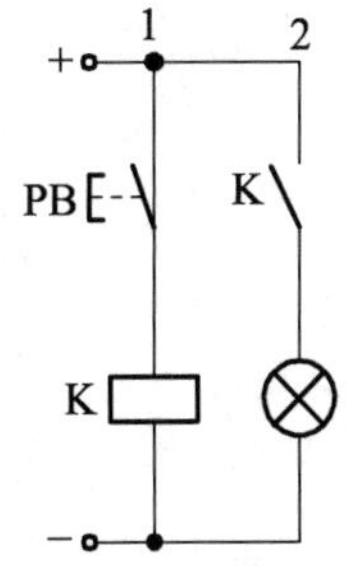

图 8-1-6　是门电路

（二）或门电路（OR）

图 8-1-7 所示的或门电路也称为并联电路。只要按下 3 个手动按钮中的任何 1 个开关，使其闭合，就能使继电器线圈 K 通电。例如，要求在一条自动生产线上的多个操作点可以作业。或门电路的逻辑方程为 $S = a + b + c$。

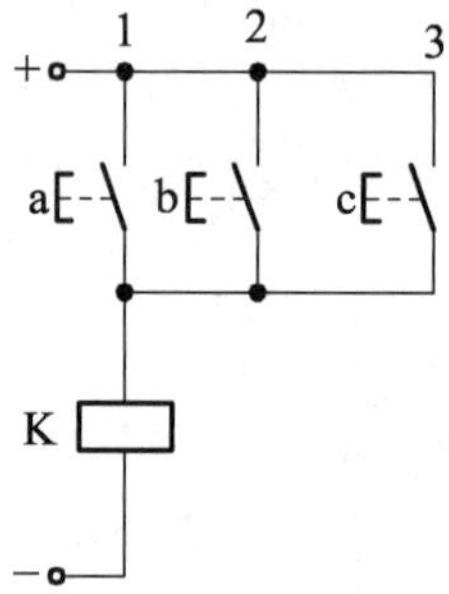

图 8-1-7 或门电路

（三）自保持电路

自保持电路又称为记忆电路，在各种液、气压装置的控制电路中很常用，尤其是使用单电控电磁换向阀控制液、气压缸的运动时，需要自保持回路。图 8-1-8 列出了两种自保持回路。

在图 8-1-8（a）中，按钮 PB1 按一下即放开，是一个短信号，继电器线圈 K 得电，第 2 条线上的常开触点 K 闭合，即使松开按钮 PB1，继电器 K 也将通过常开触点 K 继续保持得电状态，使继电器 K 获得记忆。图 8-1-8（a）中的 PB2 是用来解除自保持的按钮。当 PB1 和 PB2 同时按下时，PB2 先切断电路，PB1 按下是无效的，因此这种电路也称为停止优先自保持回路。

图 8-1-8（b）所示为另一种自保持回路，在这种电路中，当 PB1 和 PB2 同时按下时，PB1 使继电器线圈 K 得电，PB2 无效，这种电路也称为启动优先自保持回路。上述两种电路略有差异，可根据要求恰当使用。

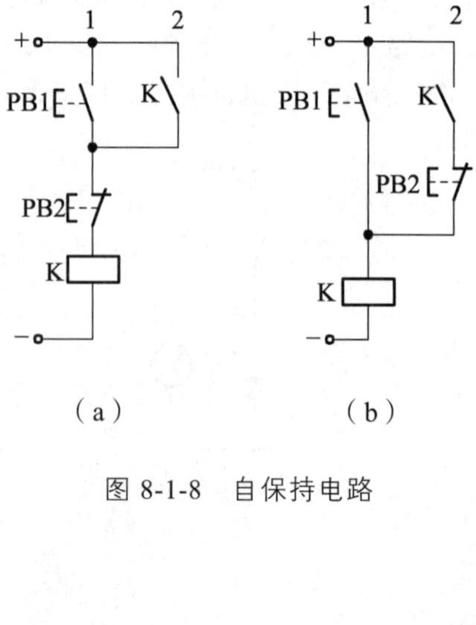

（a）　　（b）

图 8-1-8 自保持电路

（四）互锁电路

互锁电路用于防止错误动作的发生，以保护设备、人员安全，如电机的正转与反转，气缸的伸出与缩回。为防止同时输入相互矛盾的动作信号，使电路短路或线圈烧坏，控制电路应加互锁功能。如图 8-1-9 所示，按下按钮 PB1，继电器线圈 K1 得电，第 2 条线上的触点 K1 闭合，继电器 K1 形成自保，第 3 条线上 K1 的常闭触点断开，此时若再按下按钮 PB2，则继电器线圈 K2 一定不会得电。同理，若先按下按钮 PB2，则继电器线圈 K2 得电，继电器线圈 K1 一定不会得电。

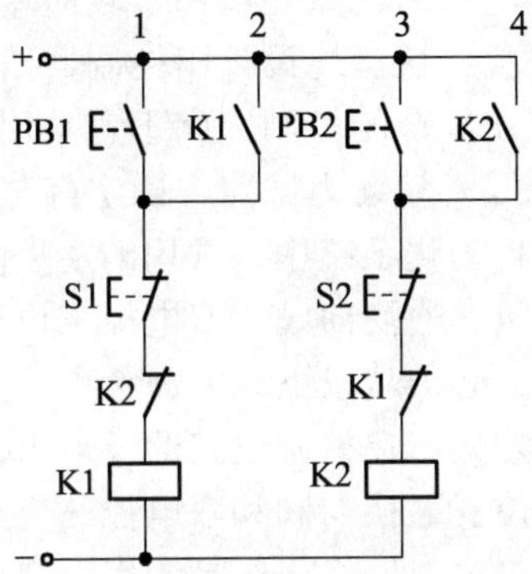

图 8-1-9　互锁电路

（五）延时电路

随着自动化设备的功能和工序越来越复杂，各工序之间需要按一定的时间紧密、巧妙的配合，要求各工序时间可在一定时间内调节，这需要利用延时电路来加以实现。延时控制分为两种，即延时闭合和延时断开。

图 8-1-10（a）所示为延时闭合电路，当按下开关 PB 后，延时继电器 T 开始计时，经过设定的时间后，时间继电器触点闭合，电灯点亮。放开 PB 后，延时继电器 T 立即断开，电灯熄灭。

图 8-1-10（b）所示为延时断开电路，当按下开关 PB 后，时间继电器 T 的触点也同时接通，电灯点亮，当放开 PB 后，延时断开继电器开始计时，到规定时间后，时间继电器触点 T 才断开，电灯熄灭。

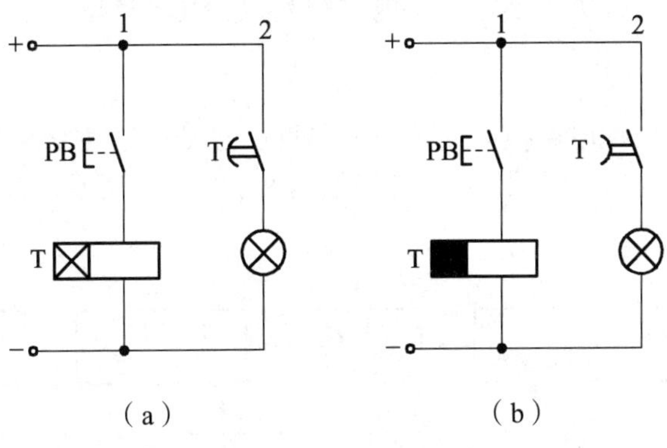

图 8-1-10　延时电路

四、电气气动控制回路构建

在设计电气气动程序控制系统时，应将电气控制回路和气动动力回路分开画，两个图上的文字符号应一致，以便对照。

电气控制回路的设计方法有多种，本任务主要介绍直觉法和串级法。

（一）用直觉法（经验法）构建电气回路图

经验法设计控制回路

用直觉法设计电气回路图即是应用气动的基本控制方法和自身的经验来设计。用此方法设计控制电路的优点是适用于较简单的回路设计，可凭借设计者本身积累的经验，快速地设计出控制回路。此方法的缺点是设计方法较主观，对于较复杂的控制回路不宜采用。在设计电气回路图之前，必须首先设计好气动动力回路，确定好与电气回路图有关的主要技术参数。在气动自动化系统中，常用的主控阀有单电控二位三通换向阀、单电控二位五通换向阀、双电控二位五通换向阀、双电控三位五通换向阀等 4 种。

在用直觉法设计控制电路时，必须从以下几方面考虑：

（1）分清电磁换向阀的结构差异。在控制电路的设计中，按电磁阀的结构不同将其分为脉冲控制和保持控制。双电控二位五通换向阀和双电控三位五通换向阀是利用脉冲控制的。单电控二位三通换向阀和单电控二位五通换向阀是利用保持控制的。在这里，电流是否持续保持，是电磁阀换向的关键。利用脉冲控制的电磁阀，因其具有记忆功能，无须自锁，所以此类电磁阀没有弹簧。为避免因误动作造成电磁阀两边线圈同时通电而烧毁线圈，在设计控制电路时必须考虑互锁保护。利用保持电路控制的电磁阀，必须考虑使用继电器实现中间记忆，此类电磁阀通常具有弹簧复位或弹簧中位，这种电磁阀比较常用。

（2）注意动作模式。如气缸的动作是单个循环，用按钮开关操作前进，利用行程开关或按钮开关控制回程。若气缸动作为连续循环，则利用按钮开关控制电源的通、断电，在控制电路上比单个循环多加一个信号传送元件（如行程开关），使气缸完成一次循环后能再次动作。

（3）对行程开关（或按钮开关）是常开触点还是常闭触点的判别。用二位五通或二位三通单电控电磁换向阀控制气缸运动，欲使气缸前进，控制电路上的行程开关（或按钮开关）以常开触点接线，只有这样，当行程开关（或按钮开关）动作时，才能把信号传送给使气缸前进的电磁线圈。相反，若使气缸后退，必须使通电的电磁线圈断电，电磁阀复位，气缸才能后退，控制电路上的行程开关（或按钮开关）在控制电路上必须以常闭触点形式接线，这样，当行程开关（或按钮开关）动作时，电磁阀复位，气缸后退。

（二）设计实例

设计用二位五通双电控电磁换向阀控制的单气缸自动连续往复回路。

气动回路如图 8-1-11（a）所示，动作流程如图 8-1-11（b）所示。依照设计步骤完成 8-1-11（c）所示的电气回路图。

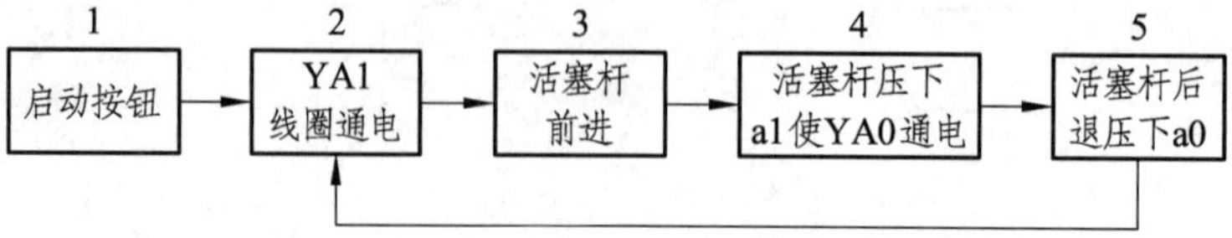

（b）

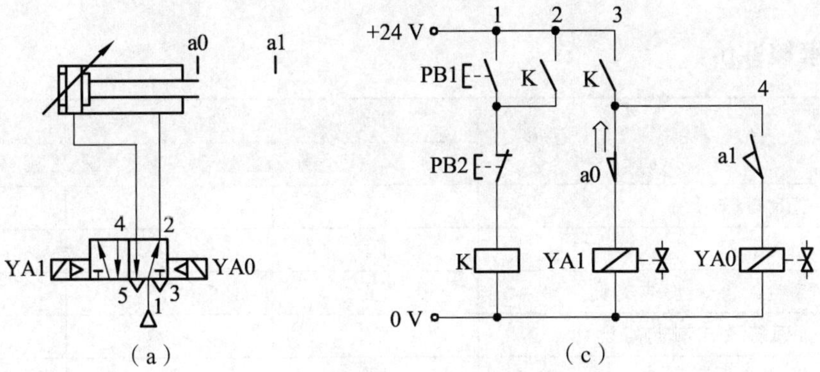

图 8-1-11　单气缸自动连续往复回路

设计步骤：

（1）将启动按钮 PB1 和电磁阀线圈 K 置于 1 号线上。当按下 PB1 后立即放开时，线圈 K 和 YA1 通电，电磁阀换向，活塞前进，达到图 8-1-11（b）中方框 1、2 和 3 的要求。

（2）将行程开关 a1 以常开触点的形式和线圈 YA0 置于 4 号线上。当活塞前进时，压下 a1，YA0 通电，电磁阀复位，活塞后退，完成图 8-1-11（b）中方框 4 和 5 的要求。

（3）为得到下一次循环，必须在电路上加一个起始行程开关 a0，使活塞杆后退，压下 a0 时，将信号传给线圈 YA1，使 YA1 再次通电。为完成此项工作，a0 以常开触电的形式接于 3 号线上。

系统在未启动之前，活塞在起始点位置，a0 被活塞杆压住，故其起始状态为接通状态。PB2 为停止按钮。

动作说明：

（1）按下 PB1，继电器线圈 K 通电，2 号线上的继电器常开触点闭合，继电器 K 形成自保，且 3 号线接通，电磁铁线圈 YA1 通电，活塞前进。

（2）当活塞杆离开 a0 时，电磁铁线圈 YA1 断电。

（3）当活塞杆前进压下 a1 时，4 号线接通，电磁铁线圈 YA0 通电，活塞退回。当活塞杆后退压下 a0 时，3 号线又接通，电磁铁线圈 YA1 再次通电，第二个循环开始。

图 8-1-11（c）所示电路的缺点：当活塞前进时，按下停止按钮 PB2，活塞杆前进，且压在行程开关 a1 上，活塞无法退回起始位置。按下停止按钮 PB2，无论活塞处于前进还是后退状态，均能使活塞马上退回到起始位置。将按钮开关 PB2 换成按钮转换开关，其电路如图 8-1-12 所示，就可以实现这一功能。

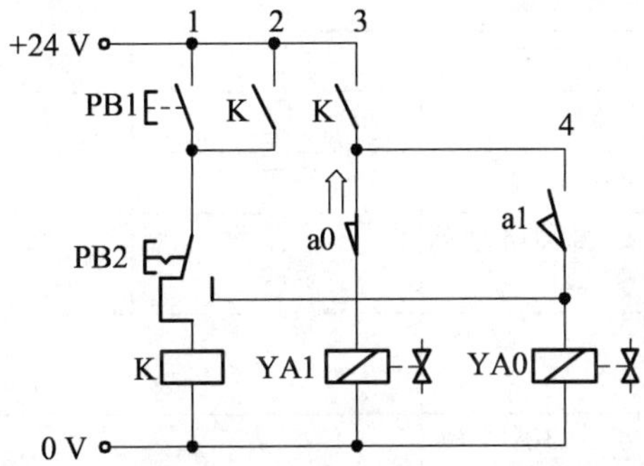

图 8-1-12　在任意位置可复位的单气缸自动连续往复回路

考核评价

<table>
<tr><th colspan="2" rowspan="2">考核内容</th><th>自评</th><th>组长评价</th><th>教师评价</th></tr>
<tr><th colspan="3">达到标准画√，没达到标准画×</th></tr>
<tr><td rowspan="3">作业完成</td><td>1. 按时完成任务</td><td>□</td><td>□</td><td>□</td></tr>
<tr><td>2. 内容正确</td><td>□</td><td>□</td><td>□</td></tr>
<tr><td>3. 字迹工整，整洁美观</td><td>□</td><td>□</td><td>□</td></tr>
<tr><td rowspan="13">操作过程</td><td>液压回路及控制电路设计</td><td></td><td></td><td></td></tr>
<tr><td>1. 设计液压回路</td><td>□</td><td>□</td><td>□</td></tr>
<tr><td>2. 设计控制电路</td><td>□</td><td>□</td><td>□</td></tr>
<tr><td>3. 通过电路和液压换向回路联合仿真</td><td>□</td><td>□</td><td>□</td></tr>
<tr><td>4. 选择液压元件</td><td>□</td><td>□</td><td>□</td></tr>
<tr><td>5. 合理布置液压元件</td><td>□</td><td>□</td><td>□</td></tr>
<tr><td>6. 选择控制电路各元件</td><td>□</td><td>□</td><td>□</td></tr>
<tr><td>7. 连接控制电路各元件</td><td>□</td><td>□</td><td>□</td></tr>
<tr><td>调试</td><td></td><td></td><td></td></tr>
<tr><td>1. 启动液压泵</td><td>□</td><td>□</td><td>□</td></tr>
<tr><td>2. 调整系统的工作压力</td><td>□</td><td>□</td><td>□</td></tr>
<tr><td>3. 调整行程开关的位置</td><td>□</td><td>□</td><td>□</td></tr>
<tr><td rowspan="4">工作态度</td><td>1. 不旷课</td><td>□</td><td>□</td><td>□</td></tr>
<tr><td>2. 不迟到，不早退</td><td>□</td><td>□</td><td>□</td></tr>
<tr><td>3. 学习积极性高</td><td>□</td><td>□</td><td>□</td></tr>
<tr><td>4. 学习认真，虚心好学</td><td>□</td><td>□</td><td>□</td></tr>
<tr><td rowspan="2">职业操守</td><td>1. 安全、文明工作</td><td>□</td><td>□</td><td>□</td></tr>
<tr><td>2. 具有良好的职业操守</td><td>□</td><td>□</td><td>□</td></tr>
<tr><td rowspan="3">团队合作</td><td>1. 服从组长的工作安排</td><td>□</td><td>□</td><td>□</td></tr>
<tr><td>2. 按时完成组长分配的任务</td><td>□</td><td>□</td><td>□</td></tr>
<tr><td>3. 热心帮助小组其他成员</td><td>□</td><td>□</td><td>□</td></tr>
<tr><td rowspan="2">项目完成</td><td>1. 液压回路设计、连接正确</td><td>□</td><td>□</td><td>□</td></tr>
<tr><td>2. 电路设计正确、连接正确</td><td>□</td><td>□</td><td>□</td></tr>
<tr><td rowspan="3">项目报告</td><td>1. 报告书规范、排版好</td><td>□</td><td>□</td><td>□</td></tr>
<tr><td>2. 结构完整，内容翔实</td><td>□</td><td>□</td><td>□</td></tr>
<tr><td>3. 能将任务的设计过程及结果完整展现</td><td>□</td><td>□</td><td>□</td></tr>
<tr><td>评价等级</td><td></td><td></td><td></td><td></td></tr>
<tr><td colspan="2">项目最终评价（自评 20%、组评 30%、师评 50%）</td><td colspan="3"></td></tr>
</table>

评语

1. 自我评价

<table><tr><td>

个人签字：　　　　　　日期：</td></tr></table>

2. 组长评价

<table><tr><td>

组长签字：　　　　　　日期：</td></tr></table>

3. 教师评价

<table><tr><td>

教师签字：　　　　　　日期：</td></tr></table>

拓展思考题

1. 液压回路的继电器控制回路主要用到哪些电器元件？绘制其符号。
2. 经验法设计液压气动系统的控制电路应注意哪些事项？

任务二　生产线供料单元气动系统电气控制回路设计、仿真

任务导入

在自动化生产线的供料单元中，工件垂直叠放在料仓中，推料缸处于料仓的底层并且其活塞杆可从料仓的底部通过。当活塞杆在退回位置时，它与最下层工件处于同一水平位置，而夹紧气缸则与次下层工件处于同一水平位置。在需要将工件推出到物料台上时，首先使夹紧气缸的活塞杆推出，压住次下层工件；然后使推料气缸活塞杆推出从而把最下层工件推到物料台上。在推料气缸返回并从料仓底部抽出后，再使夹紧气缸返回，松开次下层工件。这样料仓中的工件在重力的作用下，就自动向下移动一个工件，为下一次推出工件做好准备。

任务目标

【知识目标】

（1）掌握继电器的功用和在回路中的用途。

（2）熟悉电气回路图绘制原则。

（3）掌握基本的电气回路。

【能力目标】

（1）能够设计用继电器控制的气动系统控制电路。

（2）能根据气动回路图和控制电路图在仿真计算机上完成仿真运行。

【素质目标】

（1）培养学生认真仔细的学习态度。

（2）培养学生发现自然规律的洞察力与辩证思维能力。

（3）培养学生严格遵守职业规范的工作态度。

任务分组

班级		组号		指导老师	
组长		学号			
组员	小组成员	任务内容分配			

任务准备

引导问题 1：串级法设计液压气动系统控制电路包括哪些步骤？

引导问题 2：用串级法设计控制电路如果只完成一次循环如何启动？

任务实施

<table>
<tr><th>主要步骤</th><th colspan="8">操作流程记录</th></tr>
<tr><td rowspan="4">仿真</td><td>仿真软件中选择各气动元件</td><td colspan="7"></td></tr>
<tr><td>仿真软件中连接气动元件</td><td colspan="7"></td></tr>
<tr><td>仿真软件中选择各控制电路元件</td><td colspan="7"></td></tr>
<tr><td>过程联合仿真</td><td colspan="7"></td></tr>
<tr><td rowspan="2">选择气动元件</td><td rowspan="2">选择的各气动元件名称和数量</td><td>名称</td><td></td><td></td><td></td><td></td><td></td><td></td></tr>
<tr><td>数量</td><td></td><td></td><td></td><td></td><td></td><td></td></tr>
<tr><td>在实验台合理布置气动元件</td><td>画出各气动元件布置位置图</td><td colspan="7"></td></tr>
<tr><td rowspan="2">用气管正确连接元器件的各油口</td><td>回路连接顺序</td><td colspan="7"></td></tr>
<tr><td>检查各气口连接是否紧密</td><td colspan="7"></td></tr>
<tr><td rowspan="2">选择电路元件</td><td rowspan="2">选择的控制电路各元件名称和数量</td><td>名称</td><td></td><td></td><td></td><td></td><td></td><td></td></tr>
<tr><td>数量</td><td></td><td></td><td></td><td></td><td></td><td></td></tr>
<tr><td rowspan="2">连接电路</td><td>电路连接顺序</td><td colspan="7"></td></tr>
<tr><td>检查电路连接的正确性和各接头连接是否牢靠</td><td colspan="7"></td></tr>
</table>

相关知识点

对于复杂的电气回路用经验法设计容易出错。本任务介绍串级法设计电气回路，其原则与设计纯气动控制回路相似。用串级法设计电气回路并不能保证使用最少的继电器，但却能提供一种方便而有规则可循的方法。根据此法设计的回路易懂，可不必借助位移-步骤图来分析其动作，减少了对设计技巧和经验的依赖。

一、串级法设计控制电路的步骤

串级法设计控制电路

串级法既适用于双电控电磁阀控制的电气回路，也适用于单电控电磁阀控制的电气回路。

用串级法设计电气回路的基本步骤如下：

（1）画出气动动力回路图，按照程序要求确定行程开关位置，并确定使用双电控电磁阀或单电控电磁阀。

（2）按照气缸动作的顺序分组。

（3）根据各气缸动作的位置，决定其行程开关。

（4）根据步骤（3）画出电气回路图。

（5）加入各种控制继电器和开关等辅助元件。

在用串级法设计双电控电磁阀的电气回路图的过程中，气缸的动作顺序经分组后，在任意时刻，只有其中某一组在动作状态中，如此可避免双电控电磁阀因误动作而导致通电，其详细设计步骤如下：

（1）写出气缸的动作顺序并分组，分组的原则是每个气缸的动作在每组中仅出现一次，即同一组中气缸的英文字母代号不得重复出现。

（2）每一组用一个继电器控制动作，且在任意时间，仅其中一组继电器处于动作状态。

（3）第一组继电器由启动开关串联最后一个动作所触动的行程开关的常开触点控制，并形成自保。

（4）各组的输出动作按照各气缸的运动位置及所触动的行程开关来确定，并按顺序设计回路。

（5）第二组和后续各组继电器由前一组气缸最后触动的行程开关的常开触点串联前一组继电器的常开触点控制，并形成自保。由此可避免行程开关被触动一次以上而产生错误的顺序动作，或是不按正常顺序触动行程开关而造成不良影响。

（6）每一组继电器的自保回路由下一组继电器的常闭触点切断，但最后一组继电器除外。最后一组继电器的自保回路由最后一个动作完成时所触动的行程开关的常闭触点切断。

（7）如果在回路中有两次动作以上的电磁铁线圈，那么必须在其动作回路上串联该动作所属组别的继电器的常开触点，以避免逆向电流造成不正确的继电器或电磁线圈被励磁。

如果将动作顺序分成两组，则通常只需用一个继电器（一组用继电器常开触点，一组用继电器常闭触点）；如果将动作顺序分成三组以上，则通常每一组用一个继电器控制，但在任意时刻，只有一个继电器通电。

二、串级法应用实例

串级法设计实例

[例]　A、B 两缸的动作顺序为 A+B+B－A－，两缸的位移-步骤图如图 8-2-1（a）所示，其气动回路如图 8-2-1（b）所示，试设计其电气回路图。

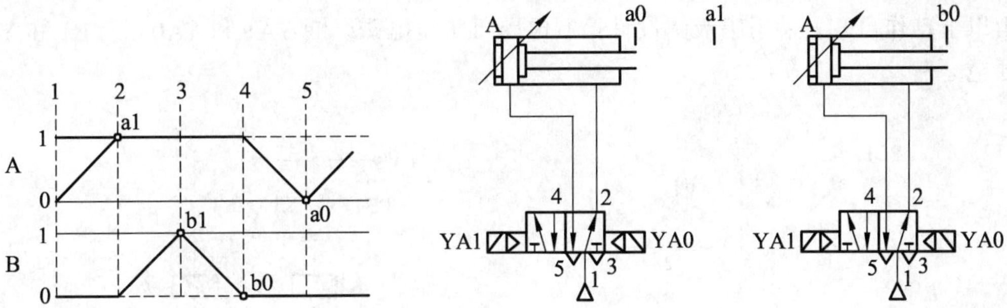

（a）　　（b）

图 8-2-1　两缸位移-步骤和气动回路图

设计步骤：

（1）将两缸的动作按顺序分组，如图 8-2-2（a）所示。

（2）由于动作顺序只分成两组，因此只用 1 个继电器控制即可。第一组由继电器常开触点控制，第二组由继电器常闭触点控制。

（3）建立启动回路：将启动按钮 PB1 和继电器线圈 K1 置于 1 号线上，继电器 K1 的常开触点置于 2 号线上且和启动按钮并联。这样，当按下启动按钮 PB1，继电器线圈 K1 通电并自保。

（4）第一组的第一个动作为 A 缸伸出，故将 K1 的常开触点和电磁线圈 YA1 串联于 3 号线上。这样，当 K1 通电，A 缸即伸出，电路如图 8-2-2（b）所示。

（5）当 A 缸前进压下行程开关 a1 时，发信号使 B 缸伸出，故将 a1 的常开触点和电磁线圈 YB1 串联于 4 号线上且和电磁线圈 YA1 并联，电路如图 8-2-2（c）所示。

（6）当 B 缸伸出压下行程开关 b1 时，产生换组动作（由 1 组换到 2 组），即线圈 K1 断电，故必须将 b1 的常闭触点接于 1 号线上。

（7）第二组的第一个动作为 B－，故将 K1 的常闭触点和电磁线圈 YB0 串联于 5 号线上，电路如图 8-2-2（d）所示。

（8）当 B 缸缩回压下行程开关 b0 时，A 缸缩回，故将 b0 的常开触点和电磁线圈 YA0 串联且和电磁线圈 YB0 并联。

（9）将行程开关 a0 的常开触点接于 5 号线上，以防止在未按下启动按钮 PB1 之前，电磁线圈 YA0 和 YB0 通电。

（10）完成电路，如图 8-2-2（e）所示。

动作说明：

（1）按下启动按钮，继电器 K1 通电，2 号和 3 号线上 K1 所控制的常开触点闭合，5 号线上的常闭触点断开，继电器 K1 形成自保。

（2）3 号线通路，5 号线断路，电磁线圈 YA1 通电，A 缸前进。A 缸伸出压下行程开关

a1，a1 闭合，4 号线通路，电磁线圈 YB1 通电，B 缸前进。

（3）B 缸前进压下行程开关 b1，b1 断开，电磁线圈 K1 断电，K1 控制的触点复位，继电器 K1 的自保消失，3 号线断路，5 号线通路。此时，电磁线圈 YB0 通电，B 缸缩回。

（4）B 缸缩回压下行程开关 b0，b0 闭合，6 号线通路，电磁线圈 YA0 通电，A 缸缩回。

（5）A 缸后退压下 a0，a0 断开。

由以上动作可知，采用串级法设计控制电路可防止电磁线圈 YA1 和 YA0 及 YB1 和 YB0 同时通电。

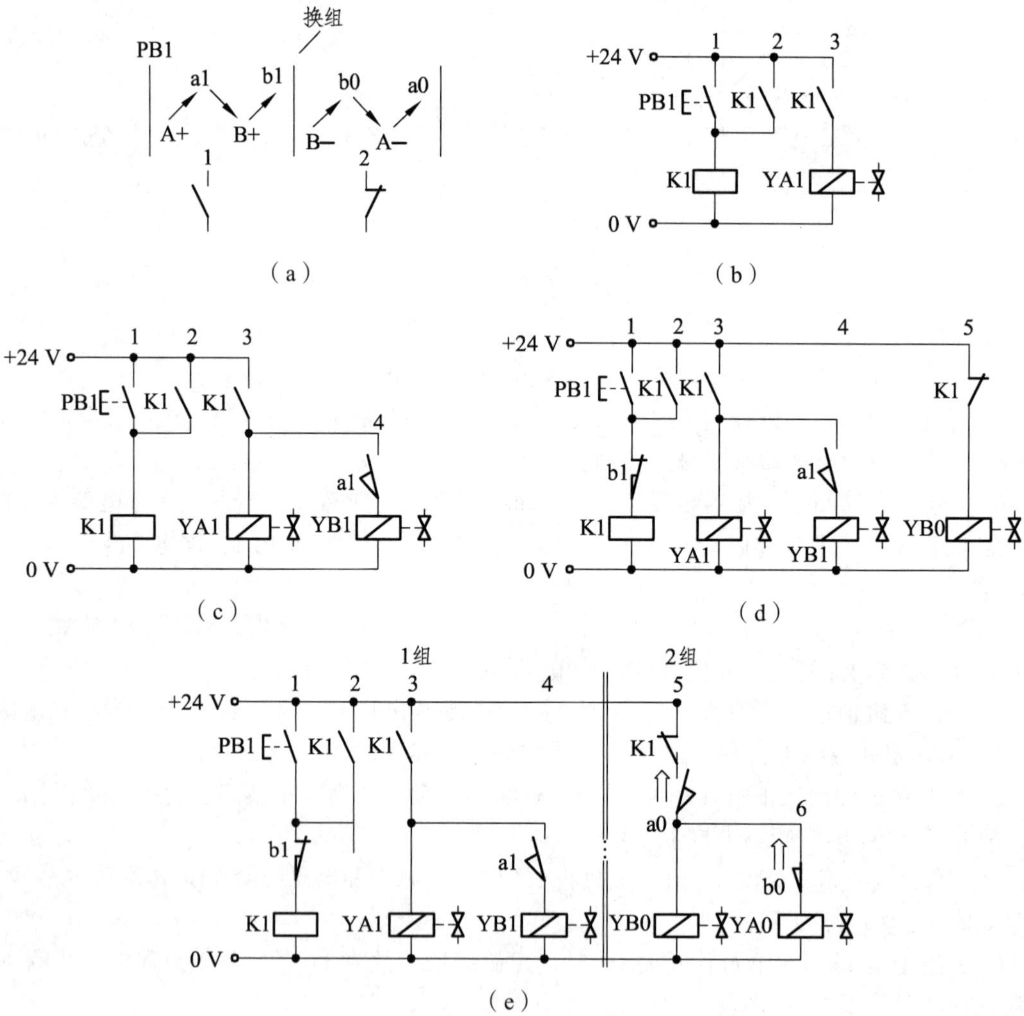

图 8-2-2　供料装置参考气路

考核评价

考核内容		自评	组长评价	教师评价
		达到标准画√，没达到标准画×		
作业完成	1. 按时完成任务	□	□	□
	2. 内容正确	□	□	□
	3. 字迹工整，整洁美观	□	□	□
操作过程	气动回路设计			
	1. 设计气动回路	□	□	□
	2. 设计控制电路	□	□	□
	3. 选择气动元件	□	□	□
	4. 完成气电联合仿真			
	5. 合理布置气动元件	□	□	□
	6. 选择控制电路各元件	□	□	□
	调试			
	1. 操作气源	□	□	□
	2. 调整气缸的运动顺序	□	□	□
	3. 使用测试仪器、设备	□	□	□
	4 找到故障点并正确解决问题	□	□	□
工作态度	1. 不旷课	□	□	□
	2. 不迟到，不早退	□	□	□
	3. 学习积极性高	□	□	□
	4. 学习认真，虚心好学	□	□	□
职业操守	1. 安全、文明工作	□	□	□
	2. 具有良好的职业操守	□	□	□
团队合作	1. 服从组长的工作安排	□	□	□
	2. 按时完成组长分配的任务	□	□	□
	3. 热心帮助小组其他成员	□	□	□
项目完成	1. 气动回路设计、连接正确	□	□	□
	2. 调试完成	□	□	□
评价等级				
项目最终评价（自评 20%、组评 30%、师评 50%）				

评语

1. 自我评价

个人签字：　　　　　　日期：

2. 组长评价

组长签字：　　　　　　日期：

3. 教师评价

教师签字：　　　　　　日期：

拓展思考题

串级法设计控制电路分哪些步骤？

任务三　生产线供料单元气动系统 PLC 控制设计、仿真

任务导入

钻床在钻削工件时，首先由夹紧气缸把工件夹紧，夹紧完成后，主轴气缸带动钻头完成钻削到要求的深度。钻头在孔底停留 5 s 后返回，接着主轴气缸返回，主轴气缸返回后夹紧气缸返回，完成一个工作过程。本任务需要设计气动系统回路和用 PLC 控制的控制电路。

任务目标

【知识目标】

（1）掌握 PLC 控制系统设计方法。

（2）熟悉 PLC 控制程序的编写。

（3）掌握钻床气动系统的安装调试方法和步骤。

【能力目标】

（1）能根据要求设计气动系统回路图，并能选择检测活塞位置的检测元件。

（2）能够设计用 PLC 控制的气动系统控制电路。

（3）能根据气动回路图和控制电路图在仿真计算机上完成仿真运行。

【素质目标】

（1）培养学生的团队协作意识。

（2）培养学生的创新思维。

（3）培养学生严格遵守职业规范的工作态度。

任务分组

班级		组号		指导老师	
组长		学号			
组员	小组成员	任务内容分配			

任务准备

引导问题：用 PLC 控制的液压气动系统的优点是什么？

____

____

____

____

任务实施

<table>
<tr><th>主要步骤</th><th colspan="8">操作流程记录</th></tr>
<tr><td rowspan="4">仿真</td><td>在仿真软件中选择各气动元件</td><td colspan="7"></td></tr>
<tr><td>在仿真软件中连接气动元件</td><td colspan="7"></td></tr>
<tr><td>在仿真软件中选择各控制电路元件</td><td colspan="7"></td></tr>
<tr><td>过程联合仿真</td><td colspan="7"></td></tr>
<tr><td rowspan="2">选择气动元件</td><td rowspan="2">选择的各气动元件名称和数量</td><td>名称</td><td></td><td></td><td></td><td></td><td></td><td></td></tr>
<tr><td>数量</td><td></td><td></td><td></td><td></td><td></td><td></td></tr>
<tr><td>在实验台合理布置气动元件</td><td>画出各气动元件布置位置图</td><td colspan="7"></td></tr>
<tr><td rowspan="2">用气管正确连接元器件的各油口</td><td>回路连接顺序</td><td colspan="7"></td></tr>
<tr><td>检查各气口连接是否紧密</td><td colspan="7"></td></tr>
<tr><td rowspan="2">选择电路元件</td><td rowspan="2">选择的控制电路各元件名称和数量</td><td>名称</td><td></td><td></td><td></td><td></td><td></td><td></td></tr>
<tr><td>数量</td><td></td><td></td><td></td><td></td><td></td><td></td></tr>
<tr><td rowspan="2">连接电路</td><td>电路连接顺序</td><td colspan="7"></td></tr>
<tr><td>检查电路连接的正确性和各接头连接是否牢靠</td><td colspan="7"></td></tr>
</table>

相关知识点

一、可编程控制器控制的设计步骤

可编程控制器也可以作为液压、气动系统的控制元件。具体设计步骤如下：

气压传动 PLC 控制回路设计

（1）根据被控对象的控制要求，确定整个系统的输入/输出设备的数量，从而确定 PLC 的 I/O 点数，包括开关量 I/O、模拟量 I/O 以及特殊功能模块等。

（2）充分估计被控制对象和以后发展的需要，所选 PLC 的 I/O 点数应留有一定余量。

（3）确定选用的 PLC 机型。

（4）建立 I/O 地址分配表，绘制 PLC 控制系统的输入/输出硬件接线图。

（5）根据控制要求绘制用户程序流程图。

（6）编制用户程序，并将用户程序装入 PLC 的用户程序存储器。

（7）离线调试用户程序。

（8）进行现场联机调试用户程序。

（9）编制技术文件。

二、气动系统 PLC 控制设计实例

钻床在钻削工件时，首先由夹紧气缸把工件夹紧，夹紧完成后，主轴气缸带动钻头完成钻削到要求的深度。钻头在孔底停留 5 s 后返回，接着主轴气缸返回，主轴气缸返回后夹紧气缸返回，完成一个工作过程。设计气动系统回路和用 PLC 控制的控制电路。

气压传动 PLC 控制设计实例

气动回路：选择带两个磁性开关传感器的单杆双作用气缸为执行元件，选择先导式单电控二位五通换向阀为方向控制元件。气源装置为气动三联件。

控制电路：选择西门子 S7-200 可编程控制器为控制元件，用 4 个磁性开关检测气缸的工作位置，并以此作为 PLC 的 4 个输入，用 PLC 的 2 个输出点控制单电控二位五通阀的 2 个电磁铁 CT1 和 CT2。

参考气动回路如图 8-3-1 所示，PLC 的外部接线如图 8-3-2 所示，控制程序如图 8-3-3 所示。

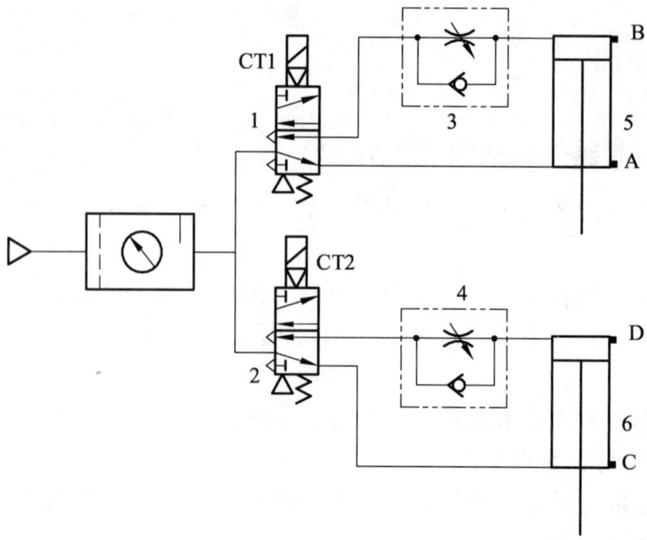

图 8-3-1　钻床气动系统参考气路

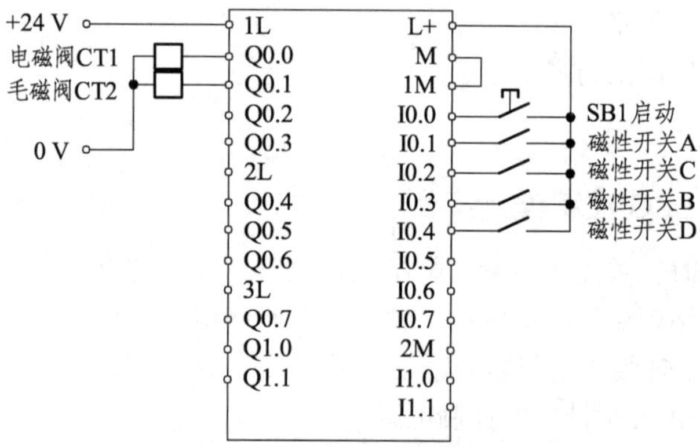

图 8-3-2　钻床气动系统参考 PLC 外部接线路

```
LD      SM0.1
FILL    0, MW0, 2
FILL    0, QW0, 1
FILL    0, IW0, 1
LD      启动按钮:I0.0
O       电磁阀CT1:Q0.0
AN      CT1断电:M0.1
=       电磁阀CT1:Q0.0
LD      磁性开关A:I0.1
O       电磁阀CT2:Q0.1
AN      CT2断电:M0.0
=       电磁阀CT2:Q0.1
LD      磁性开关C:I0.2
O       CT2断电:M0.0
AN      磁性开关B:I0.3
=       CT2断电:M0.0
LD      磁性开关D:I0.4
A       CT2断电:M0.0
O       CT1断电:M0.1
AN      磁性开关B:I0.3
=       CT1断电:M0.1
```

图 8-3-3　钻床气动系统参考 PLC 控制程序

考核评价

考核内容		自评	组长评价	教师评价
		达到标准画√，没达到标准画×		
作业完成	1. 按时完成任务	☐	☐	☐
	2. 内容正确	☐	☐	☐
	3. 字迹工整，整洁美观	☐	☐	☐
操作过程	气动回路设计			
	1. 设计气动回路	☐	☐	☐
	2. 设计控制电路	☐	☐	☐
	3. 选择气动元件	☐	☐	☐
	4. 合理布置气动元件	☐	☐	☐
	5. 可靠连接各气口	☐	☐	☐
	6. 选择控制电路各元件	☐	☐	
	7. 控制程序编写	☐	☐	☐
	调试			
	1. 操作气源	☐	☐	☐
	2. 调气缸运动速度	☐	☐	☐
	3. 使用测试仪器、设备	☐	☐	☐
工作态度	1. 不旷课	☐	☐	☐
	2. 不迟到，不早退	☐	☐	☐
	3. 学习积极性高	☐	☐	☐
	4. 学习认真，虚心好学	☐	☐	☐
职业操守	1. 安全、文明工作	☐	☐	☐
	2. 具有良好的职业操守	☐	☐	☐
团队合作	1. 服从组长的工作安排	☐	☐	☐
	2. 按时完成组长分配的任务	☐	☐	☐
	3. 热心帮助小组其他成员	☐	☐	☐
项目完成	1. 气动回路设计、连接正确	☐	☐	☐
	2. 控制程序设计正确	☐	☐	☐
评价等级				
项目最终评价（自评 20%、组评 30%、师评 50%）				

评语

1. 自我评价

个人签字： 日期：

2. 组长评价

组长签字： 日期：

3. 教师评价

教师签字： 日期：

拓展思考题

设计 PLC 控制的液压气动系统的控制电路有哪些步骤？

参考文献

[1] 徐钢涛 岳丽敏. 液压与气动技术[M]. 北京：高等教育出版社，2021.

[2] 王振国. 液压传动与气动技术[M]. 北京：机械工业出版社，2023.

[3] 杨广明，陈科，吴犖. 液压与气动技术[M]. 重庆：重庆大学出版社，2020.

[4] 梁新平. 液压与气动技术应用[M]. 重庆：重庆大学出版社，2012.

[5] 侯会喜，蔺国民，等. 液压与气动技术[M]. 北京：北京理工大学出版社，2010.

[6] 朱梅. 液压与气动技术[M]. 西安：西安电子科技大学出版社，2006.

附　录

常用液压与气压元件图形符号

1 阀			
1.1 控制机构			
图形	说明	图形	说明
	带有可拆卸把手和锁定要素的控制机构	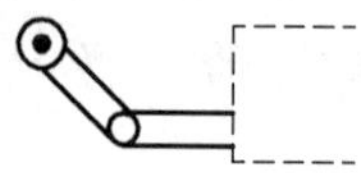	用于单向行程控制的滚轮杠杆
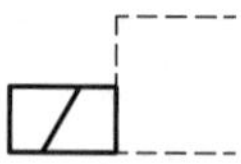	带有一个线圈的电磁铁(动作指向阀芯)	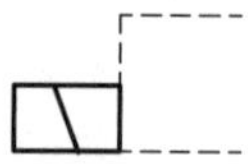	带有一个线圈的电磁铁（动作背离阀芯）
	带有两个线圈的电气控制装置(一个动作指向阀芯，另一个动作背离阀芯)	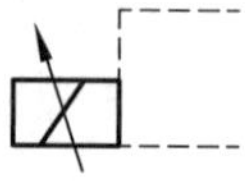	带有一个线圈的电磁铁（动作指向阀芯，连续控制）
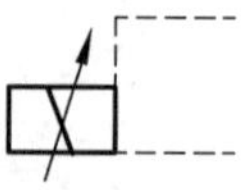	带有一个线圈的电磁铁(动作背离阀芯，连续控制)	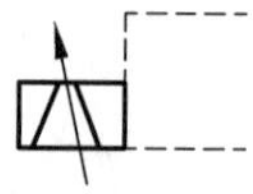	带两个线圈的电气控制装置(一个动作指向阀芯,另一个动作背离阀芯，连续控制)
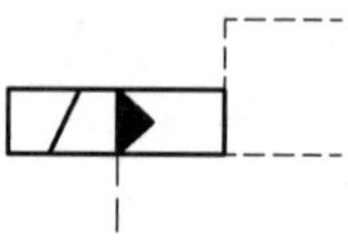	外部供油的电液先导控制机构	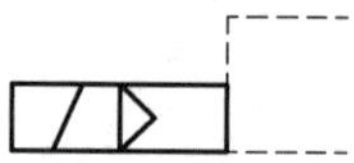	电控气动先导控制机构
1.2 方向控制阀			
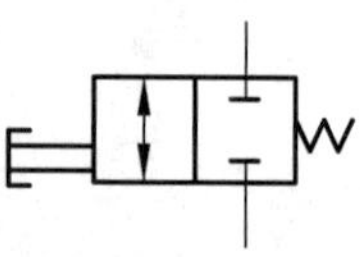	二位二通万向控制阀（双向流动，推压控制，弹簧复位，常闭）	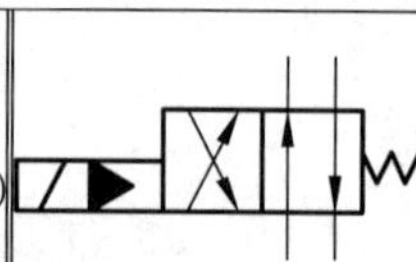	二位四通方向控制阀（电液先导控制，弹簧复位）
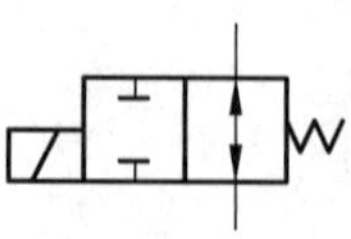	二位二通方向控制阀(电磁铁控制，弹簧复位，常开)	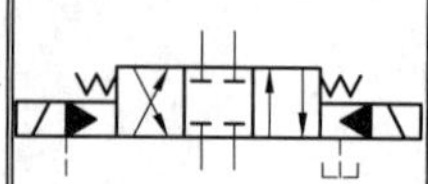	三位四通方向控制阀（电液先导控制，先导级电气控制，主级液压控制，先导级和主级弹簧对中，外部先导供油，外部先导回油）
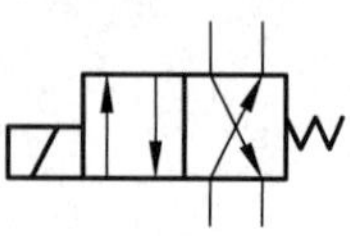	二位四通方向控制阀(电磁铁控制，弹簧复位)	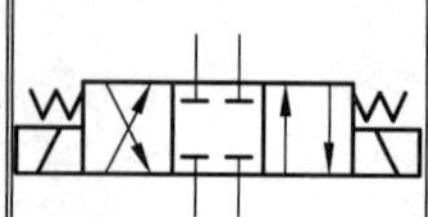	三位四通方向控制阀（双电磁铁控制，弹簧对中）
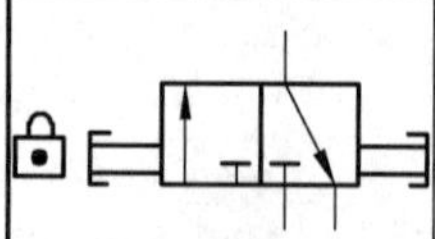	二位三通方向控制阀(带有挂锁)	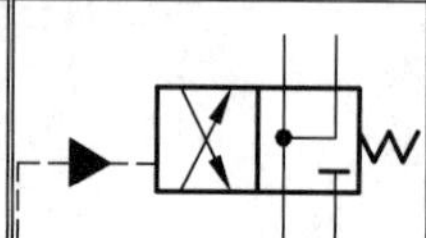	二位四通方向控制阀（液压控制，弹簧复位）

续附表

图形	说明	图形	说明
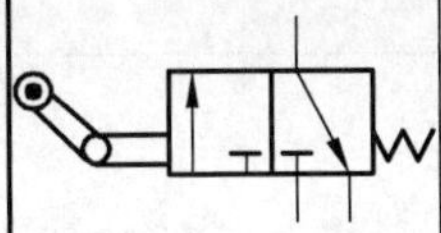	二位三通方向控制阀（单向行程的滚轮杠杆控制，弹簧复位）	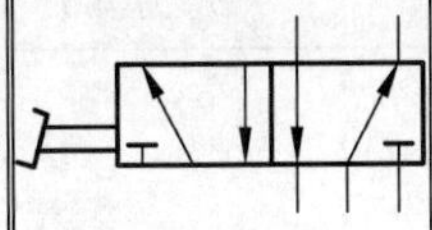	三位四通方向控制阀（液压控制，弹簧对中）
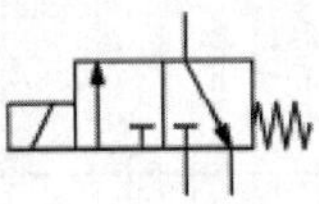	二位三通方向控制阀（单电磁铁控制，弹簧复位）	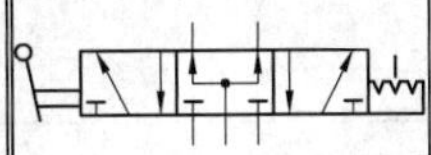	三位五通方向控制阀（手柄控制，带有定位机构）
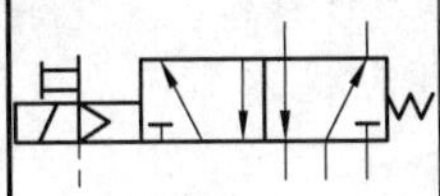	二位五通方向控制阀（单电磁铁控制，外部先导供气，手动辅助控制，弹簧复位）	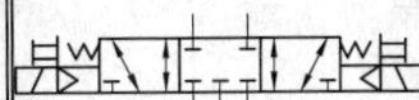	三位五通气动方向控制阀（中位断开，两侧电磁铁与内部气动先导和手动辅助控制，弹簧复位至中位）
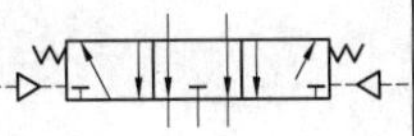	三位五通直动式气动方向控制阀（弹簧对中，中位时两出口都排气）		
1.3 压力控制阀			
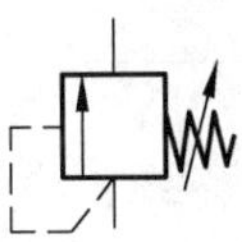	溢流阀（直动式，开启压力由弹簧调节）	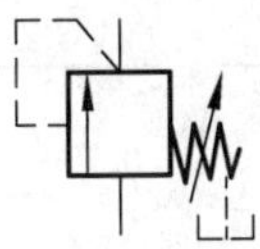	二通减压阀（直动式，外泄型）
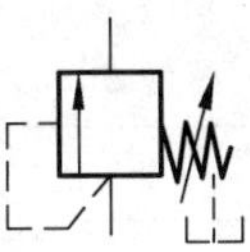	顺序阀（直动式，手动调节设定值）	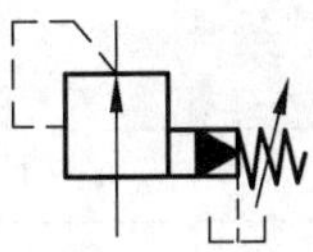	二通减压阀（先导式，外泄型）
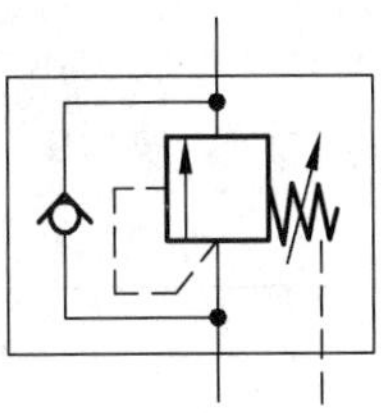	顺序阀（带有旁通单向阀）	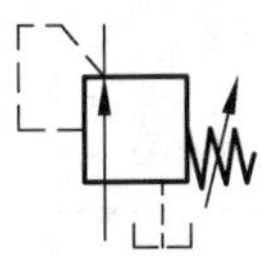	三通减压阀（超过设定压力时，通向油箱的出口开启）
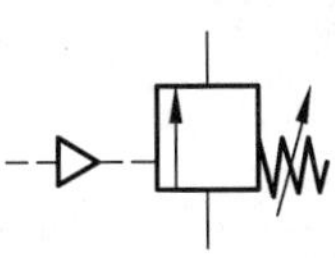	顺序阀（外部控制）	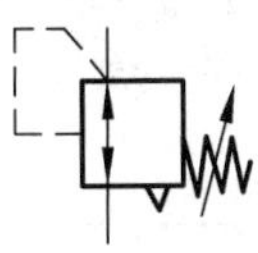	减压阀（内部流向可逆）
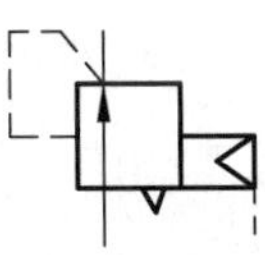	减压阀（远程先导可调，只能向前流动）	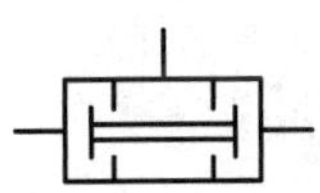	双压阀（逻辑为“与”，两进气口同时有压力时，低压力输出）

续附表

图形	说明	图形	说明
1.4 流量控制阀			
	节流阀	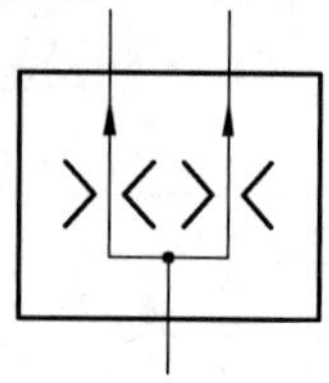	分流阀（将输入流量分成两路输出流量）
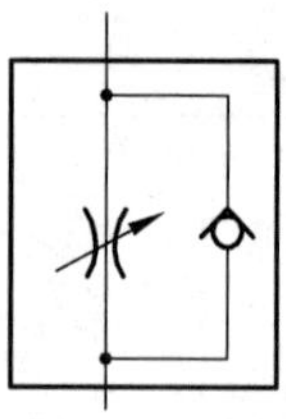	单向节流阀	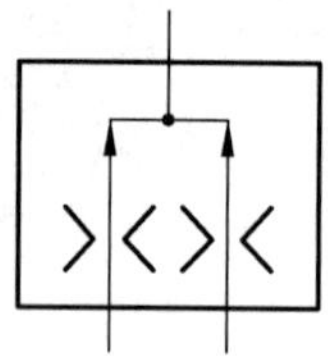	集流阀（将两路输入流量合成一路输出流量）
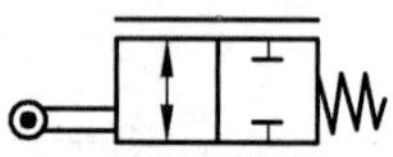	流量控制阀（滚轮连杆控制，弹簧复位）	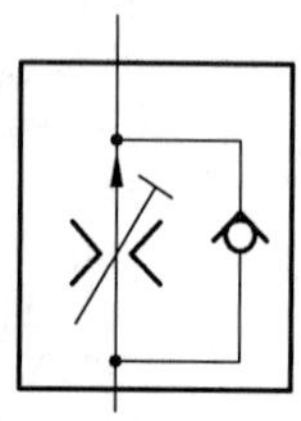	二通流量控制阀（开口度预设置，单向流动，流量特性基本与压降和黏度无关，带有旁路单向阀）
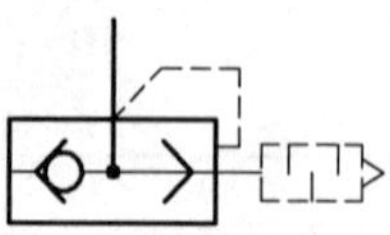	快速排气阀（带消音器）		
1.5 单向阀和梭阀			
	单向阀（只能在一个方向自由流动）		单向阀（带有弹簧，只能在一个方向自由流动，常闭）
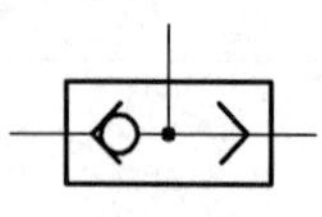	梭阀（逻辑为“或”，压力高的入口自动与出口接通）	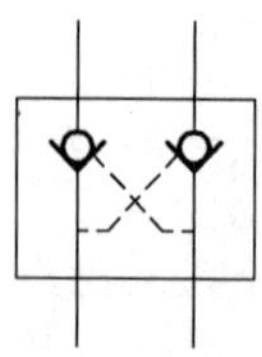	双液控单向阀
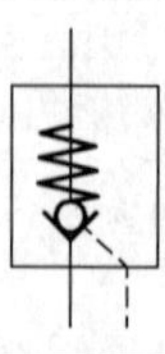	液控单向阀（带有弹簧，先导压力控制，双向流动）		

续附表

图形	说明	图形	说明
2 泵、空气压缩机和马达			
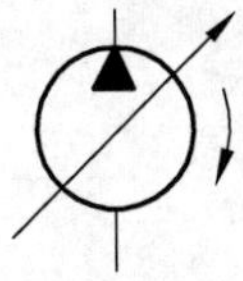	变量泵（顺时针单向旋转）	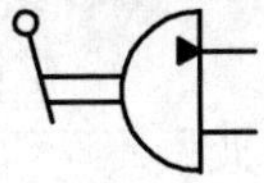	手动泵（限制旋转角度，手柄控制）
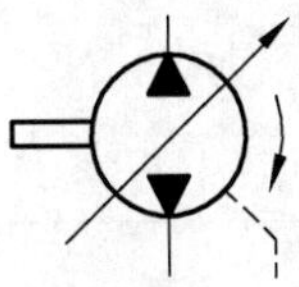	变量泵（双向流动，带有外泄油路，顺时针单向旋转）	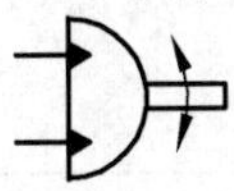	摆动执行器/旋转驱动装置（带有限制旋转角度功能，双作用）
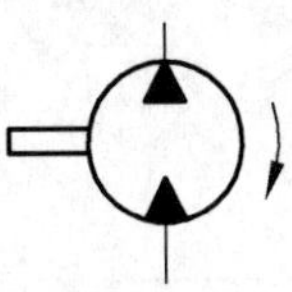	定量泵/马达（顺时针单向旋转）	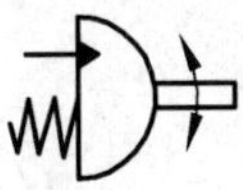	摆动执行器/旋转驱动装置（单作用）
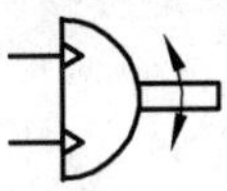	摆动执行器/旋转驱动装置（带有限制旋转角度功能，双作用）	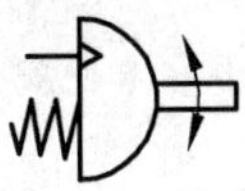	摆动执行器/旋转驱动装置（单作用）
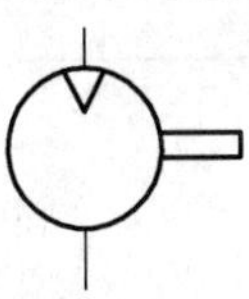	气马达	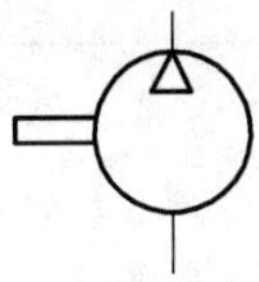	空气压缩机
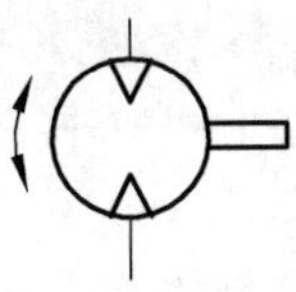	气马达（双向流通，固定排量，双向旋转）	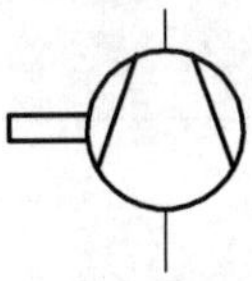	真空泵
3 缸			
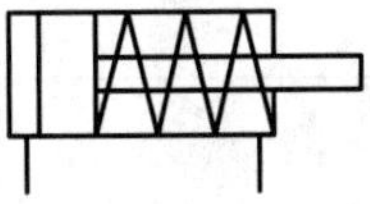	单作用单杆缸（靠弹簧力回程，弹簧腔带连接油口）	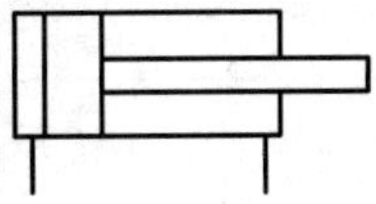	双作用单杆缸
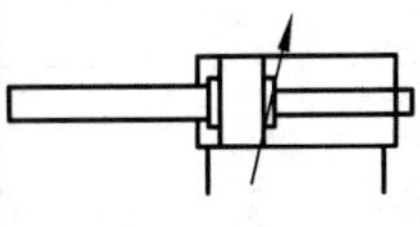	双作用双杆缸（活塞杆直径不同，双侧缓冲，右侧缓冲带调节）	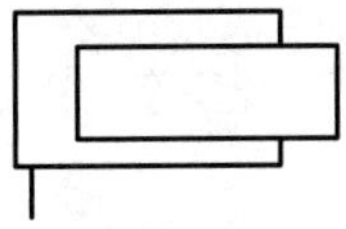	单作用柱塞缸
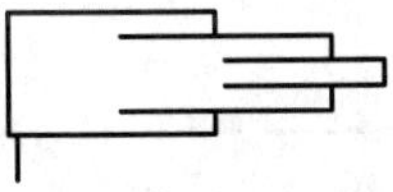	单作用多级缸	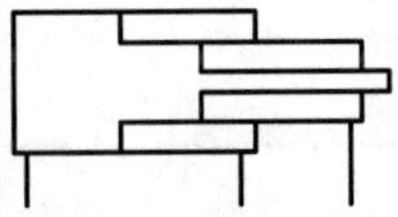	双作用多级缸

续附表

图形	说明	图形	说明
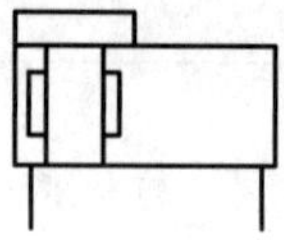	双作用带式无杆缸(活塞两端带有位置缓冲)		永磁活塞双作用夹具
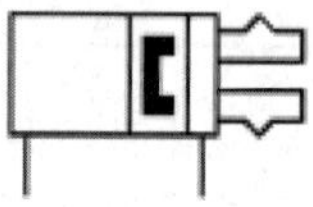	永磁活塞双作用夹具		永磁活塞单作用夹具
4 附件			
	软管总成	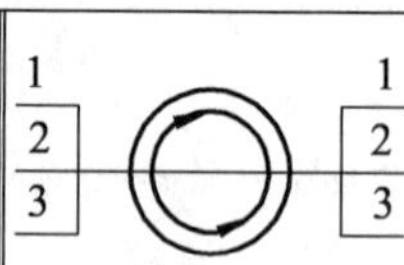	三通旋转式接头
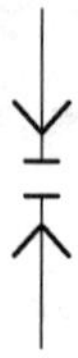	快换接头(不带有单向阀，断开状态)	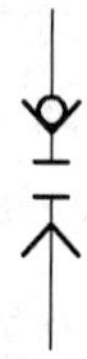	快换接头（带有一个单向阀，断开状态）
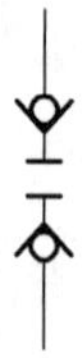	快换接头(带有两个单向阀，断开状态)		快换接头（不带有单向阀，连接状态）
	快换接头(带有一个单向阀，连接状态)		快换接头（带有两个单向阀，连接状态）
	压力表		压差表
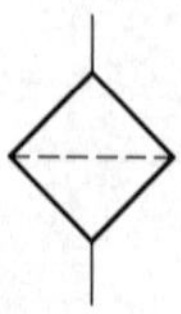	过滤器		隔膜式蓄能器

注：摘自《流体传动系统及元件图形符号和回路图　第一部分　图形符号》(GB786—2021)。